工业和信息化**精品系列**教材

信息技术基础

Windows 10+WPS Office | 翻转课堂版

王韦伟 钱政◎主编

胡北辰◎副主编

人民邮电出版社

北京

图书在版编目（CIP）数据

信息技术基础 : Windows 10+WPS Office : 翻转课堂版 / 王韦伟, 钱政主编. -- 北京 : 人民邮电出版社, 2025. --（工业和信息化精品系列教材）. -- ISBN 978-7-115-67316-9

Ⅰ. TP316.7；TP317.1

中国国家版本馆 CIP 数据核字第 2025A8R292 号

内容提要

本书内容以 Windows 10 操作系统及 WPS Office 办公应用软件为基础，特别融入了 WPS AI 功能和协同编辑功能，在课程的体系设计、案例设计中引入翻转课堂教学理念。本书的主要内容包括信息技术基础知识，Windows 操作和应用——管理计算机资源，WPS 文字基本编排、表格制作及其 AI 应用——制作新生报到须知文档，WPS 文字图文混排与长文档编排——设备使用说明书编排，协同编辑——设备使用说明书多人协同编辑，WPS 表格数据输入与格式设置——制作员工信息表，WPS 表格数据编辑、运算、统计操作及其 AI 应用——制作员工工资表、员工出勤情况统计表，WPS 表格数据管理的应用——商品销售表的管理与分析，WPS 演示文稿制作及其 AI 应用——大学生职业生涯规划演示文稿制作，计算机网络应用——AI 工具使用、信息检索，新一代信息技术，信息素养等。

本书参考《高等职业教育专科信息技术课程标准（2021 年版）》，同时结合最新版本全国计算机等级考试（NCRE）一级计算机基础及 WPS Office 应用考试大纲和全国高等学校计算机水平考试（CCT）一级考试大纲的要求，并融入“1+X”证书 WPS 办公应用职业技能等级标准编写而成。本书采用项目任务式结构，注重实用性及可操作性，鼓励自主学习与课堂互动相结合，全面提升高职学生综合信息素养。

本书可作为职业院校信息技术及计算机应用基础课程的教材，也可作为 CCT 和 NCRE 相关一级考试培训用书，还可以作为信息技术从业人员的学习参考书。

◆ 主　　编　王韦伟　钱　政

副 主 编　胡北辰

责任编辑　刘晓东

责任印制　王　郁　焦志炜

◆ 人民邮电出版社出版发行　　北京市丰台区成寿寺路 11 号

邮编　100164　　电子邮件　315@ptpress.com.cn

网址　https://www.ptpress.com.cn

保定市中画美凯印刷有限公司印刷

◆ 开本：787×1092　1/16

印张：15.75　　2025 年 8 月第 1 版

字数：410 千字　　2025 年 8 月河北第 1 次印刷

定价：59.80 元

读者服务热线：(010)81055256　印装质量热线：(010)81055316

反盗版热线：(010)81055315

前 言 FOREWORD

本书全面贯彻党的二十大精神，积极培育和践行社会主义核心价值观，遵循职业教育、技术技能人才成长和学生身心发展规律，强化学生职业素养养成和专业技术积累。本书深入挖掘和融入专业精神、职业精神和工匠精神，全面提升学生综合信息素养，激发并培养其信息意识与计算思维，帮助学生树立正确的信息社会价值观和责任感，为全面建设社会主义现代化国家添砖加瓦。

本书内容

本书充分考虑高素质、技能型人才培养对学生信息素养的要求，参照《高等职业教育专科信息技术课程标准（2021 年版）》，并融入“1+X”证书 WPS 办公应用职业技能等级标准，兼顾全国高等学校计算机水平考试（CCT）和全国计算机等级考试（NCRE）的实际需求，内容不仅覆盖了全国计算机等级考试一级计算机基础及 WPS Office 应用考试大纲要求，还注重培养学生的实际操作能力和职场适应性，确保学生在掌握理论知识的同时，能够熟练运用 WPS Office 的各项功能，尤其是企业智能办公助手 AI 功能和协同办公功能，以适应现代办公环境的需要。

本书内容分为以下三大板块。首先介绍信息技术基础和操作系统应用，涵盖信息技术基础知识与 Windows 操作和应用——管理计算机资源两个项目，为学生构建一个信息技术领域的宏观认知框架，奠定学生的信息技术认知与计算机操作基础。其次深入办公软件高级应用，包含 WPS 文字基本编排、表格制作及其 AI 应用——制作新生报到须知文档，WPS 文字图文混排与长文档编排——设备使用说明书编排，协同编辑——设备使用说明书多人协同编辑，WPS 表格数据输入与格式设置——制作员工信息表，WPS 表格数据编辑、运算、统计操作及其 AI 应用——制作员工工资表、员工出勤情况统计表，WPS 表格数据管理的应用——商品销售表的管理与分析，WPS 演示文稿制作及其 AI 应用——大学生职业生涯规划演示文稿制作 7 个项目，本部分内容支持办公应用软件国产化，依托 WPS Office 套件，循序渐进地实现各项任务。最后聚焦综合素养与信息技术前沿，包括计算机网络应用——AI 工具使用、信息检索，新一代信息技术，信息素养三个项目，通过强化学生的信息意识、计算思维及新一代信息技术认知，全面提升其职业素养与未来竞争力。

本书特色

本书具有以下特色。

（1）素质元素深度融合。本书在教学项目中深度融合素质元素，构建“价值塑造—

能力培养—知识传递”素质教育实施路径，通过展示国家成就、数据安全法规、中华优秀传统文化，激发学生的爱国情怀、责任感与使命感。

（2）适合翻转课堂和混合式教学。遵循“学生主体，教师主导”原则，内容设计基于真实工作情境，采用课前、课中、课后三段式架构，鼓励学生自主学习与课堂互动，激发学生学习积极性和创新能力。

（3）聚焦细节，遵循学习认知规律，注重实用性及可操作性。注重学习认知规律，内容从易到难，通过“项目总要求”导入任务，课前预习基础知识，课中深化理解，课后技能拓展，配有预习测试及解析，促进学生自主学习与反思评价。

（4）紧贴行业发展动态，强化 AI 与协同工作技能。突出 WPS Office 的高级应用，包括 AI 智能助手及协同编辑功能，通过实战案例，让学生掌握利用 AI 提升工作效率的技巧，以及高效协同办公的能力，适应现代数字化工作环境的需求。

配套资源说明

本书提供课程标准、教学设计、授课计划、课件、预习测试操作素材、正文案例素材、课后实践案例素材、课后习题及答案等配套资源，读者可以登录人邮教育社区（www.ryjiaoyu.com）搜索本书书名，或者扫描本书封面二维码，在“资源”菜单下获取相关资源。与本书配套数字课程“计算机应用基础（MOOC）”在国家智慧教育公共服务平台上线，学习者可以登录学习。

本书由安徽电子信息职业技术学院王韦伟、钱政任主编，安徽电子信息职业技术学院胡北辰任副主编，参加编写的人员还有朱正月、蔡瑞瑞、王大灵、王平霞。由于编者水平有限，书中难免存在不足之处，敬请广大读者指正。

编　者

2025 年 1 月

目录 CONTENTS

项目一　信息技术基础知识

学习目标

随着社会的发展和进步，信息技术已成为经济社会转型发展的主要驱动力，是建设创新型国家、制造强国、网络强国、数字中国、智慧社会的基础支撑。通过对本项目的学习，读者能够掌握全国计算机等级考试（NCRE）及全国高等学校计算机水平考试（CCT）的相关知识点，达到下列学习目标。

知识目标：

- 了解计算机的发展与应用、熟悉计算机的特点与分类。
- 了解计算机的系统基本结构及工作原理。
- 了解计算机系统软件、应用软件、计算机语言。

技能目标：

- 掌握不同数制之间的转换方法。
- 掌握开、关机和文字录入等计算机基本操作。

1.1　项目总要求

小明是一名大一新生，为了更好地学习专业课程并为将来应用信息技术解决实际问题打下基础，他需要系统地了解信息技术知识。

小明将通过完成以下任务，形成对信息技术系统的认知。首先，了解计算机的发展、应用及其特点，并掌握其基本操作方法；其次，掌握数制的概念以及数制之间的转换方法；再次，掌握计算机的工作原理以及系统组成；最后，了解软件系统。

1.2　任务一　认识人类的好助手——计算机

1.2.1　课前准备

为保证任务能够顺利完成，请在实际操作前预习以下内容：了解计算机的发展与应用，熟悉计算机的特点与分类，会进行计算机基本操作。

一、课前预习

进入 21 世纪以来，计算机的发展非常迅速，已经渗透科学技术、国防事业、国民经济、工农业生产以及社会生活等各个领域，成为目前信息社会不可缺少的一部分。

1．计算机的发展与应用

（1）计算机的产生

1946 年 2 月，世界上第一台通用电子计算机——电子数字积分计算机（Electronic Numerical Integrator and Computer，ENIAC）在美国宾夕法尼亚大学研制成功，如图 1-1 所示。ENIAC 共用了 18000 多个电子管，占地约 170 m^2，总重约 30 t，功率约为 150 kW，它的运算速度是一秒 5000 次加法或 400 次乘法，主要用于计算弹道轨迹。

在研制 ENIAC 的过程中，美籍匈牙利人约翰·冯·诺依曼（John von Neumann）（后简称冯·诺依曼）发表了一个全新的“存储程序通用电子计算机方案”——EDVAC（Electronic Discrete Variable Automatic Computer），并以“关于 EDVAC 的报告草案”为题，起草了长达 101 页的总结报告，广泛而具体地介绍了制造电子计算机和设计程序的新思想。这份报告是计算机发展史上一个划时代的文献，它向世界宣告电子计算机的时代开始了。EDVAC 明确了新机器由运算器、控制器、存储器、输入和输出设备五部分组成，并描述了这五部分的功能和相互关系。在报告中，冯·诺依曼对 EDVAC 的两大设计思想做了进一步的论证，为计算机的设计树立了一座里程碑。

图 1-1　世界上第一台通用电子计算机——ENIAC

EDVAC 的两大设计思想如下。

① 在计算机中采用二进制代码。在计算机中，程序和数据均采用二进制代码表示。

② 存储程序控制。程序和数据存放在存储器中，计算机在执行程序时，能自动运行并得到预期的结果。

由冯·诺依曼提出的 EDVAC 可知，计算机是一种在存储的指令集的控制下，接收输入数据、存储数据、处理数据，并产生输出的电子设备。这些理论的提出，解决了计算机运算自动化的问题和速度配合问题，对后来的计算机的发展起到决定性的作用，因此冯·诺依曼被称为“计算机之父”。

（2）计算机发展的 4 个阶段

科学技术的进步推动了计算机的快速发展，计算机的功能越来越强，体积越来越小，应用范围越来越广。按计算机所采用的电子元器件（各种电子元器件如图 1-2～图 1-4 所示）来划分，计算机的发展经历了表 1-1 所示的 4 个阶段。

表 1-1　计算机的发展经历的 4 个阶段

代次	时间	采用的电子元器件	数据处理方式	运算速度	应用领域
第一代	1946—1957 年	电子管	机器语言	每秒几千至几万次	军事、科学研究
第二代	1958—1964 年	晶体管	高级语言	每秒几万至几十万次	工程设计、数据处理
第三代	1965—1970 年	中小规模集成电路	操作系统、高级语言	每秒几十万至几百万次	工业控制、文字处理
第四代	1971 年至今	大规模和超大规模集成电路	分时、实时数据处理，计算机网络	每秒几百万至上亿次	工业、生活等各方面

图 1-2　电子管

图 1-3　晶体管

图 1-4　集成电路

目前，第五代智能计算机已成为各国的重点研究对象。第五代计算机将把信息存储、数据采集、信息处理、通信和人工智能等密切结合在一起，能理解自然语言、声音、文字和图像，并具有推理、联想、学习和解释能力。

（3）计算机的发展趋势

计算机将向微型化、巨型化、网络化和智能化方向发展。

① 微型化。自 20 世纪 70 年代以来，由于大规模和超大规模集成电路的飞速发展，微处理器芯片的集成度越来越高，计算机的元器件越来越小，使得计算机的运算速度更快、功能更强、体积更小、价格更低。

② 巨型化。巨型化是指计算机的运算速度更快、存储容量更大、功能更强。目前，正在研制的巨型计算机的运算速度可达每秒亿亿次，甚至更高。巨型计算机主要用于尖端科学技术、军事国防系统、气象等领域的研究开发。巨型计算机的发展集中体现了计算机科学技术的发展水平。

③ 网络化。网络化是指利用通信技术和计算机技术，把分布在不同地点的计算机互联起来，按照网络协议相互通信，以达到所有用户都可共享软件、硬件和数据资源的目的。

④ 智能化。智能化要求计算机能模拟人的感觉和思维能力，也是第五代计算机要实现的目标。智能化计算机的研究领域有很多，其中最有代表性的领域是专家系统和机器人。智能化是未来计算机发展的总趋势，第五代计算机将会代替人类某些方面的脑力劳动。

（4）计算机的应用

党的二十大报告指出，必须坚持科技是第一生产力、人才是第一资源、创新是第一动力。计算机的应用领域已渗透到社会的各行各业，正在改变着传统的工作方式、学习方式和生活方式，推动着社会的发展。计算机的主要应用领域如下。

① 科学计算。科学计算一直是计算机应用的一个重要领域，主要是指利用计算机来解决科学研究和工程设计中提出的数学计算问题。在现代科学技术工作中，利用计算机的高速计算、大存储容量和连续运算的能力，可以解决人工无法解决的各种科学计算问题。

② 信息管理（数据处理）。信息管理包括对数据资料的收集、存储、加工、分类、检索等一系列工作。数据处理已广泛应用于办公自动化、企事业计算机辅助管理与决策、情报检索、图书管理、电影电视动画设计、会计电算化等领域。

③ 实时控制。实时控制也称为过程控制，采用计算机进行过程控制，不仅可以极大地提高控制的自动化水平，而且可以提高控制的及时性和准确性，从而改善劳动条件、提高产品质量及合格率。因此，计算机过程控制已在机械、冶金、石油、化工、纺织、水电、航天等领域得到广泛的应用。

④ 计算机辅助技术。计算机辅助技术是指利用计算机系统辅助设计人员进行工程或产品设计，以实现设计效果的一种技术。计算机辅助技术包括计算机辅助设计（Computer-Aided Design，CAD）、计算机辅助制造（Computer-Aided Manufacturing，CAM）及计算机辅助教学（Computer-Aided Instruction，CAI）等。计算机辅助技术被广泛应用于交通运输、机械、电子、建筑和轻工业等领域。

⑤ 电子商务与电子政务。电子商务是指利用计算机技术、网络技术和通信技术，实现整个商务（买卖）过程中的电子化、数字化和网络化。电子商务主要为电子商户提供服务，实现消费者的网上购物、商户之间的网上交易和在线电子支付的新型商业模式。电子政务是指政府机构在其管理和服务职能中运用现代信息技术，实现政府组织结构和工作流程的重组优化，不受时间、空间和部门分隔的制约，构建一个精简、高效、廉洁、公平的政府运作模式。

它包含多方面的内容，如政府办公自动化、政府部门间的信息共建共享、政府实时信息发布、公民网上查询政府信息、电子化民意调查和社会经济统计等。

⑥ 人工智能。人工智能是指计算机能模拟人类的智能活动，如模拟人类的感知、判断、理解、学习、问题求解等活动。人工智能的研究领域包括专家系统、模式识别、机器翻译、自动定理证明、自动程序设计、智能机器人、知识工程等。

⑦ 办公自动化。办公自动化是指将现代化办公和计算机网络功能结合起来的一种新型的办公方式。办公自动化主要表现为“无纸办公”，Internet 平台可以为企业员工提供信息的共享、交换、组织、传递、监控等功能，提供协同工作的环境。

⑧ 家庭生活。计算机已经成为人们工作、娱乐、学习和通信必不可少的工具。人们可以在家中通过计算机浏览全世界的信息，通过邮件、QQ 等方式和亲友联系，还可以通过在线学习接受更多的教育等。

2. 计算机的特点

虽然各种类型的计算机在用途、性能、结构等方面有所不同，但它们都具备以下特点。

① 运行高度自动化。计算机能在程序控制下自动、连续地快速运算。用户只需根据实际应用需求，事先设计、存储运行步骤和程序，计算机就会严格地按照程序规定的步骤操作，整个过程无须人工干预。

② 具有记忆和逻辑判断能力。计算机的存储系统由内存储器和外存储器组成，具有存储大量信息的能力，能把大量的数据、程序存入存储器，进行处理和计算，并保存结果。计算机借助逻辑运算可以进行逻辑判断，并根据判断结果自动确定下一步该做什么。

③ 运算速度快。目前的巨型计算机的运算速度已达到每秒亿亿次，微型计算机也可达每秒几百万次以上，使大量复杂的科学计算问题得以解决。过去依靠人工计算需要几年甚至更长时间才能完成的工作，现在用计算机只需几天甚至几分钟就可以完成。

④ 计算精度高。科学技术的发展需要高精度的计算。一般计算机可以有十几位甚至几十位（二进制）的有效数字，计算精度可达千万分之几到百万分之几，这是其他任何计算工具望尘莫及的。

⑤ 可靠性高。大规模和超大规模集成电路的发展，使计算的可靠性得到极大的提高，现代计算机连续无故障运行的时间可达几十万小时。

3. 计算机基本操作

（1）开关机操作

在进行计算机操作之前，需要先打开计算机。虽然操作比较简单，但是不恰当的操作方法可能会对计算机造成损坏。

① 启动计算机。步骤 1：启动显示器。显示器的电源开关一般在屏幕右下角，旁边还有一个指示灯，轻轻地按到底，再轻轻地松开，指示灯变亮表示显示器电源已经接通。步骤 2：启动主机。主机的开关一般在机箱正面，有的在机箱上面，是最大的一个按钮，旁边也有指示灯，轻轻地按到底，再轻轻地松开，指示灯变亮，可以听到机箱里发出声音，这时显示器的指示灯一般会由黄色变为黄绿色，表示主机电源已经接通。

② 关闭计算机。关闭计算机是指关闭计算机的系统并切断电源。关闭所有打开软件的窗口后，单击屏幕左下方的“开始”菜单，依次单击“电源”按钮和“关机”按钮。

屏幕提示“正在关闭计算机...”，然后主机上的电源指示灯熄灭，显示器上的指示灯变成橘黄色，再按一下显示器的电源开关，关闭显示器，显示器的指示灯熄灭，这时计算机就安全关闭了。

（2）计算机键盘布局与打字指法

① 键盘布局。计算机标准键盘分成 5 个小区：上面一行是功能键区和状态指示区；下面的 5 行是主键盘区、控制键区和数字键区。计算机标准键盘布局如图 1-5 所示。

图 1-5　计算机标准键盘布局

文字录入时最常使用的是主键盘区，它包括 26 个英文字母、10 个阿拉伯数字、一些特殊符号和一些功能键。

② 打字指法。准备打字时，除大拇指外的 8 根手指分别放在基准键上，大拇指放在空格键上，10 根手指分工明确。其中，F 键、J 键的键帽下方往往会有小凸起，作为左右手食指的基准键。每根手指除了操作指定的基准键，还分别操作其他键。键盘手指键位如图 1-6 所示。

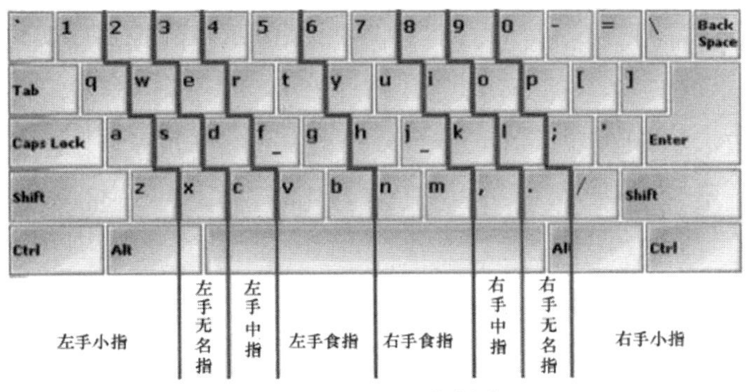

图 1-6　键盘手指键位

二、预习测试

单项选择题

（1）电子计算机与其他计算工具的本质区别是____。

A. 能进行算术运算　　B. 运算速度快

C. 计算精度高　　D. 存储并自动执行程序

（2）计算机之所以能自动连续运算，是因为采用了____工作原理。

A. 布尔逻辑　B. 存储程序　C. 数字电路　D. 集成电路

（3）现代计算机采用的电子元器件是____。

A. 电子管　　B. 中、小规模集成电路

C. 大规模、超大规模集成电路　　D. 晶体管

（4）以下关于计算机发展趋势的描述中错误的是____。

A. 微型化　　B. 巨型化　　C. 智能化　　D. 规范化

（5）利用计算机进行工业锅炉温度控制属于____。

A. 科学计算　　B. 电子商务

C. 计算机辅助设计　　D. 实时控制

（6）按照计算机应用分类，使用计算机在淘宝上完成购物属于____。

A. 电子商务　　B. 动画设计　　C. 科学计算　　D. 实时控制

（7）使用百度搜索引擎在网络上搜索资料，在计算机应用领域中属于____。

A. 数据处理　　B. 科学计算　　C. 过程控制　　D. 计算机辅助测试

（8）使用计算机解决科学研究与工程设计中的数学问题属于____。

A. 科学计算　　B. 计算机辅助制造

C. 过程控制　　D. 娱乐休闲

三、预习情况解析

1. 涉及知识点

计算机的产生与发展，计算机的分类，计算机的应用领域。

2. 预习测试题解析

见表 1-2。

表 1-2 “认识人类的好助手——计算机”预习测试题解析

测试题序号	答案	参考知识点	测试题序号	答案	参考知识点
（1）	D	见课前预习“1.（1）”	（5）	D	见课前预习“1.（4）”
（2）	B	见课前预习“1.（1）”“2.”	（6）	A	见课前预习“1.（4）”
（3）	C	见课前预习“1.（2）”	（7）	A	见课前预习“1.（4）”
（4）	D	见课前预习“1.（3）”	（8）	A	见课前预习“1.（4）”

1.2.2 任务实现

人们若要使用计算机来解决各种问题，首先要将现实问题转换为计算机能够识别的计算机指令，使用计算机解决问题的过程如图 1-7 所示。

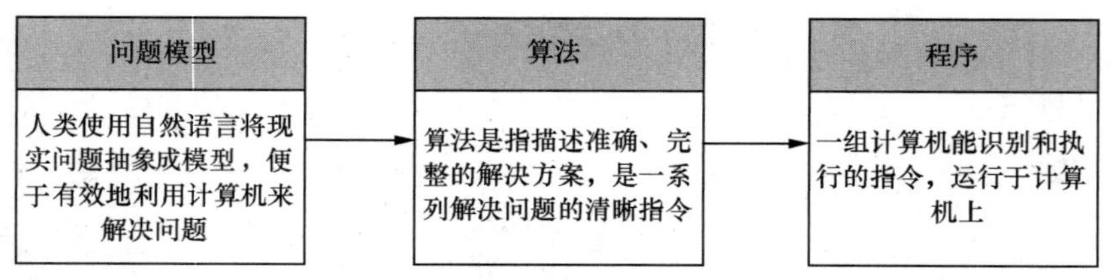

图 1-7 使用计算机解决问题的过程

一、数据在计算机中的表示

数据是计算机处理的对象。数据的形式有数值、文字、图形、图像、视频等。由于技术实现简单、运算规则简明、适合逻辑运算、易于进行转换等，计算机中的数据和指令都是用二进制代码表示的。

1. 数制

按进位的原则进行记数称为进位计数制，简称“数制”。长期以来，人们在日常生活中形成了多种进位计数制。数制不仅有经常使用的十进制，还有十二进制（计年）、六十进制（计时）等。计算机内部使用二进制，但由于二进制数冗长，书写和阅读都不太方便，因此在编写程序时多用八进制数、十进制数、十六进制数等来代替二进制数。

（1）十进制数

十进制数使用数字符号 0～9 来表示数值，且采用“逢十进一”的进位计数制。十进制数中处于不同位置上的数字符号代表不同的值。例如，小数点左边第 1 位为个位，小数点左边第 2 位为十位，而小数点右边第 1 位为十分位等，这称为数的位权。十进制数中每个数字符号的位权由 10 的幂次决定，10 称为十进制的基数。例如，1234.5 可表示为以下形式。

$$1234.5 = 1\times10^3 + 2\times10^2 + 3\times10^1 + 4\times10^0 + 5\times10^{-1}$$

事实上，无论是哪种数制，其计数和运算都具有相似的规律与特点。采用位权表示的数制具有以下 3 个特点。

① 数字符号的总个数等于基数，如十进制数使用 10 个数字符号（0～9）。

② 最大的数字符号比基数小 1，如十进制数中最大的数字符号为 9。

③ 每个数字符号都要乘以基数的幂次，该幂次由每个数字符号所在的位置决定。

一般地，对于 N 进制而言，基数为 N，使用 N 个数字符号表示数值，其中最大的数字符号为 $N-1$。任何一个具有 $n+1$ 位整数和 m 位小数的 N 进制数 A 可以表示为以下形式。

$$A = A_n A_{n-1} A_{n-2} \cdots A_1 A_0 A_{-1} A_{-2} \cdots A_{-m}$$

也可表示为以下形式。

$$\begin{aligned} A &= A_n A_{n-1} A_{n-2} \cdots A_1 A_0 A_{-1} A_{-2} \cdots A_{-m} \\ &= A_n \times N^n + A_{n-1} \times N^{n-1} + A_{n-2} \times N^{n-2} + \cdots + A_1 \times N^1 + \\ &\quad A_0 \times N^0 + A_{-1} \times N^{-1} + A_{-2} \times N^{-2} + \cdots + A_{-m} \times N^{-m} \\ &= \sum_{i=n}^{0} A_i \times N^i + \sum_{i=-1}^{-m} A_i \times N^i \\ &= \sum_{i=n}^{-m} A_i \times N^i \end{aligned}$$

（2）二进制数

二进制数使用数字符号 0、1 来表示数值，且采用“逢二进一”的进位计数制。二进制数中每个数字符号的位权由 2 的幂次决定，二进制数的基数为 2。例如，二进制数 $(1001.1011)_2$ 可表示为以下形式。

$$(1001.1011)_2 = 1\times2^3 + 0\times2^2 + 0\times2^1 + 1\times2^0 + 1\times2^{-1} + 0\times2^{-2} + 1\times2^{-3} + 1\times2^{-4}$$

（3）八进制数

八进制数使用数字符号 0～7 来表示数值，且采用“逢八进一”的进位计数制。八进制数中每个数字符号的位权由 8 的幂次决定，八进制数的基数为 8。例如，八进制数 $(32.17)_8$ 可表示为以下形式。

$$(32.17)_8 = 3\times8^1 + 2\times8^0 + 1\times8^{-1} + 7\times8^{-2}$$

（4）十六进制数

十六进制数使用数字符号 0～9 和字母 A、B、C、D、E、F 来表示数值，其中 A、B、C、D、E、F 分别对应十进制数 10、11、12、13、14、15。十六进制数的计数方法为“逢十六进一”，十六进制数中每个数字符号的位权由 16 的幂次决定，十六进制数的基数为 16。例如，十六进制数$(5D6)_{16}$可表示为以下形式。

$$(5D6)_{16}=5\times16^2+13\times16^1+6\times16^0$$

以上介绍的几种常用数制的基数、数字符号及符号表示见表 1-3。

表 1-3　常用数制的基数、数字符号及符号表示

数制属性	十进制	二进制	八进制	十六进制
基数	10	2	8	16
数字符号	0～9	0、1	0～7	0～9、A、B、C、D、E、F
符号表示	D 或 10	B 或 2	O 或 8	H 或 16

2. 不同数制之间的转换

将数由一种进制数转换为另一种进制数称为数制之间的转换。在计算机中引入八进制、十进制和十六进制是为了书写和表示上的方便，计算机内部信息的存储和处理仍然采用二进制。

（1）将十进制数转换为其他进制数

将十进制数转换为其他进制数分为整数和小数部分的转换。

① 将十进制整数转换为其他进制整数。转换原则为除基取余法，即将十进制整数逐次除以转换数制的基数，直到商为 0 为止，然后将所得的余数倒序排列。

② 将十进制小数转换为其他进制小数。转换原则为乘基取整法，即将十进制小数逐次乘以转换数制的基数，直到小数的当前值等于 0 或满足所要求的精度为止，最后将所得到的乘积的整数部分顺序排列。

【例 1-1】将十进制数 46.25 转换为二进制数。

【解】46÷2=23　…余 0

23÷2=11　…余 1

11÷2=5　…余 1

5÷2=2　…余 1

2÷2=1　…余 0

1÷2=0　…余 1

0.25×2=0.5 …取整得 0

0.5×2=1.0　…取整得 1

结果为：46.25D=101110.01B

（2）将其他进制数转换为十进制数

转换原则为按位权展开求和。

【例 1-2】将二进制数 10111.11 转换为十进制数。

【解】$10111.11B=(1\times2^4+0\times2^3+1\times2^2+1\times2^1+1\times2^0+1\times2^{-1}+1\times2^{-2})D$

$=23.75D$

【例 1-3】将八进制数 172 转换为十进制数。

【解】$172O=(1\times8^2+7\times8^1+2\times8^0)\ D=122D$

（3）二进制数与八进制数、十六进制数之间的转换

① 二进制数与八进制数之间的转换。转换原则为 3 位一组法。

【例 1-4】将二进制数 11100010011 转换为八进制数。

【解】11100010011B=(011 100 010 011)B　　——高位不足 3 位补 0

3　4　2　3

=3423O

② 二进制数与十六进制数之间的转换。转换原则为 4 位一组法。

【例 1-5】将二进制数 11100011101 转换为十六进制数。

【解】11100011101B=(0111 0001 1101)B　　——高位不足 4 位补 0

7　1　D

=71DH

表 1-4 列出了二进制数、八进制数、十进制数和十六进制数的对应关系，借助该表读者可以快速地进行数制之间的转换。

表 1-4　二进制数、八进制数、十进制数和十六进制数的对应关系

二进制数	八进制数	十进制数	十六进制数	二进制数	八进制数	十进制数	十六进制数
0000	0	0	0	1001	11	9	9
0001	1	1	1	1010	12	10	A
0010	2	2	2	1011	13	11	B
0011	3	3	3	1100	14	12	C
0100	4	4	4	1101	15	13	D
0101	5	5	5	1110	16	14	E
0110	6	6	6	1111	17	15	F
0111	7	7	7	10000	20	16	10
1000	10	8	8	……	……	……	……

3. 数据单位

任何类型的数据在计算机中均表示为二进制形式，二进制在计算机中有不同的度量单位。

（1）位

位（bit）也称为比特，是计算机存储数据的最小单位，是二进制数据中的一个位，一个二进制位表示二进制信息 0 或 1。一个二进制位能表示 $2^1=2$ 种状态，如 ASCII 用 7 位二进制数组合编码，能表示 $2^7=128$ 个信息。

（2）字节

字节（Byte）简记为 B，规定一个字节等于 8 个二进制位，即 1 B=8 bit。字节是数据处理的基本单位，即以字节为单位存储和解释信息。通常，一个 ASCII 用一个字节存放，一个汉字国标码用两个字节存放。

在计算机中，经常使用的度量单位有 KB、MB、GB 和 TB，它们之间的换算如下。

1 KB=2^{10} B=1024 B　　1 MB=2^{10} KB=1024 KB

1 GB=2^{10} MB=1024 MB　　1 TB=2^{10} GB=1024 GB

4. 信息编码方式

由于计算机中采用二进制的方式计数，因此输入计算机中的各种数字、文字、符号或图形等数据都使用二进制数编码。不同类型的字符数据，其编码方式是不同的，编码的方式也很多。下面介绍最常用的 ASCII 和汉字编码。

（1）ASCII

ASCII 是由美国国家标准委员会制定的一种包括数字、字母、通用符号、控制符号在内的字符编码，全称为美国信息交换标准代码（American Standard Code for Information

Interchange）。

ASCII 能表示英文字符集，包括 128 种国际上通用的西文字符，只需用 7 位二进制数（$2^7=128$）表示。ASCII 采用 7 位二进制数表示一个字符时，为了便于对字符进行检索，把 7 位二进制数分为高 3 位（$b_6b_5b_4$）和低 4 位（$b_3b_2b_1b_0$）。7 位 ASCII 如表 1-5 所示。利用该表可查找字母、运算符、标点符号以及控制字符与 ASCII 之间的对应关系。例如，大写字母“A”的 ASCII 为 1000001，小写字母“a”的 ASCII 为 1100001。

表 1-5　7 位 ASCII

$b_3b_2b_1b_0$	$b_6b_5b_4$							
	000	001	010	011	100	101	110	111
0000	NUL	DLE	SP	0	@	P	’	p
0001	SOH	DC1	!	1	A	Q	a	q
0010	STX	DC2	"	2	B	R	b	r
0011	ETX	DC3	#	3	C	S	c	s
0100	EOT	DC4	$	4	D	T	d	t
0101	ENQ	NAK	%	5	E	U	e	u
0110	ACK	SYN	&	6	F	V	f	v
0111	BEL	ETB	‘	7	G	W	g	w
1000	BS	CAN	(	8	H	X	h	x
1001	HT	EM	)	9	I	Y	i	y
1010	LF	SUB	*	:	J	Z	j	z
1011	VT	ESC	+	;	K	[	k	{
1100	FF	FS	,	<	L	\	l	|
1101	CR	GS	-	=	M	]	m	}
1110	SO	RS	.	>	N	^	n	～
1111	SI	US	/	?	O	_	o	DEL

表中高 3 位为 000 和 001 的两列是一些控制符。例如，“NUL”表示空白、“ETX”表示文本结束、“CR”表示回车等。

（2）汉字编码

计算机在处理汉字时也要将汉字转换为二进制数，这就需要对汉字进行编码。由于汉字输入、输出、存储和处理过程不同，所使用的汉字编码也不同。例如，录入汉字需用输入码，计算机内部汉字的存储和处理要用机内码，汉字在通信中使用国标码，汉字输出用字形码等。

① 输入码。汉字主要是从键盘输入，汉字的输入码是计算机输入的汉字代码，是代表某个汉字的一组键盘符号。汉字的输入码也称为外部码（简称“外码”）。现行的汉字输入法众多，常用的有拼音输入法和五笔字型输入法等。每种输入法对同一汉字的输入代码都不相同，但经过转换后存入计算机的机内码相同。

② 国标码。我国根据有关国际标准于 1980 年制定并颁布了汉字编码的国家标准：《信息交换用汉字编码字符集 基本集》（GB/T 2312—1980），简称“国标码”。国标码的字符集共收录 6763 个常用汉字和 682 个非汉字图形符号，其中使用频率较高的 3755 个汉字为一级字符，以汉语拼音为序排列，使用频率稍低的 3008 个汉字为二级字符，以偏旁部首进行排列。682 个非汉字图形符号主要包括拉丁字母、俄文字母、日文平假名、希腊字母、汉语拼音符

号、汉语注音字母、数字、常用符号等。

③ 机内码。汉字的机内码是计算机系统内部统一对汉字进行存储、处理、传输等操作的代码，又称为汉字内码。由于汉字数量多，一般用两个字节来存放一个汉字的机内码。在计算机内，汉字字符必须与英文字符区别开，以免造成混乱。英文字符的机内码是用一个字节来存放 ASCII，一个 ASCII 占一个字节的低 7 位，最高位为 0。为了区分，汉字的机内码中两个字节的每个字节的最高位置为 1。

④ 字形码。存储在计算机内的汉字在屏幕上显示或在打印机上输出时，必须以汉字字形输出，才能被人们接受和理解。计算机中汉字字形是以点阵方式表示汉字的，即将汉字分解成由若干个“点”组成的点阵字形，将此点阵字形置于网状方格上，每个小方格中可以绘制一个“点”。以 24 × 24 网状方格为例，横向划分为 24 格，纵向也切分成 24 格，有字形笔画的黑色用点表示，形成的点阵就可以描写出汉字的字形。图 1-8 所示为汉字“永”的字形点阵。

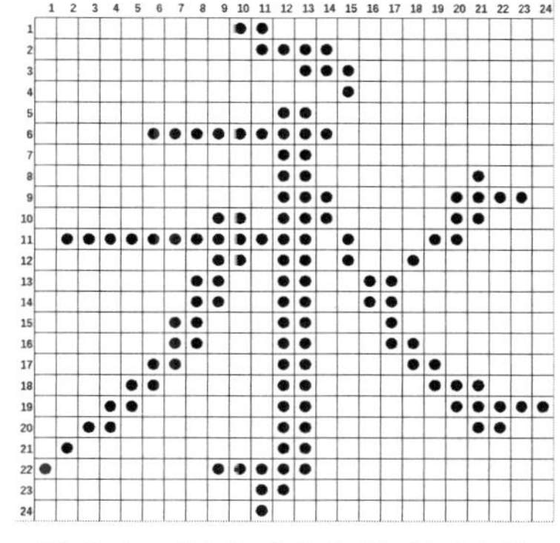

图 1-8 汉字“永”的字形点阵

根据汉字输出精度的要求，有不同密度的点阵。汉字字形点阵中每个点的信息用一位二进制码来表示，1 表示对应位置处是黑色，0 表示对应位置处是白色。

字形点阵的信息量很大，所占存储空间也很大。例如，16 × 16 网状方格形成的点阵，每个汉字要占 32 个字节；24 × 24 网状方格形成的点阵，每个汉字要占 72 个字节。因此，字形点阵只用来构成“字库”，而不能用来代替机内码用于机内存储，字库中存储了每个汉字的字形点阵代码，不同的字体对应不同的字库。在输出汉字时，计算机要先到字库中找到它的字形描述信息，然后输出字形。汉字信息处理过程如图 1-9 所示。

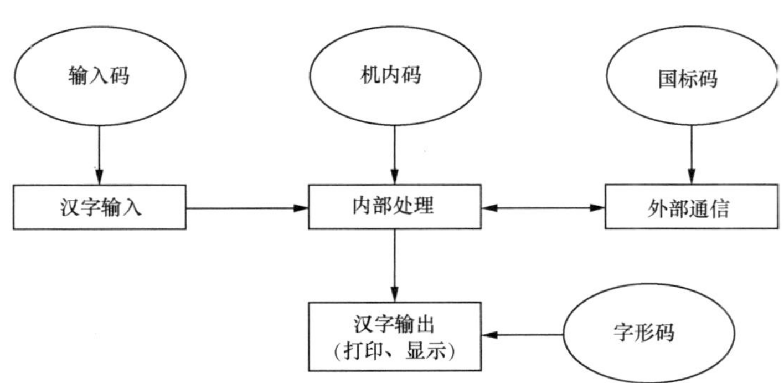

图 1-9 汉字信息处理过程

二、计算机的工作原理及硬件系统的组成

1. 计算机的工作原理

计算机采用了“存储程序”的工作原理，这一理论主要由美籍匈牙利科学家冯 · 诺依曼所领导的研究小组提出，其核心是程序的存储与控制。该工作原理是计算机能连续自动工作的基础。

2. 计算机基本结构

计算机硬件系统（简称硬件）由运算器、存储器、输入设备、输出设备和控制器五大部件组成。其中，运算器用于实现各种算术运算及逻辑运算；存储器用于存储需要计算机处理的数据、命令及结果；输入设备用于输入原始数据及相关处理方法；输出设备实现数据的输出显示；控制器用于实现对计算机内部工作流程的控制。计算机的基本结构如图 1-10 所示。

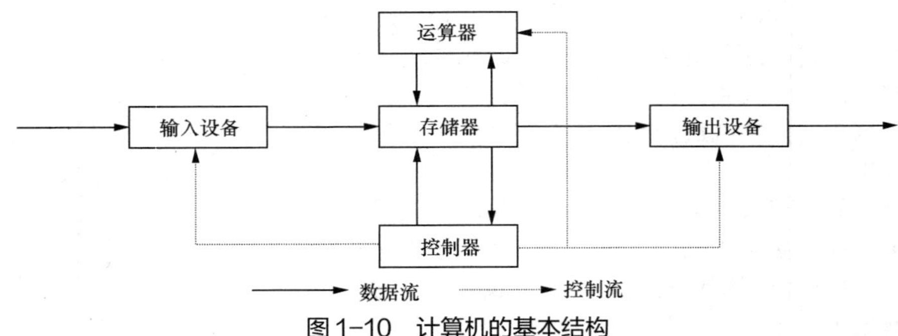

图 1-10　计算机的基本结构

3. 计算机硬件系统

计算机硬件系统的组成如图 1-11 所示，硬件之间通过系统总线连接为一个整体。

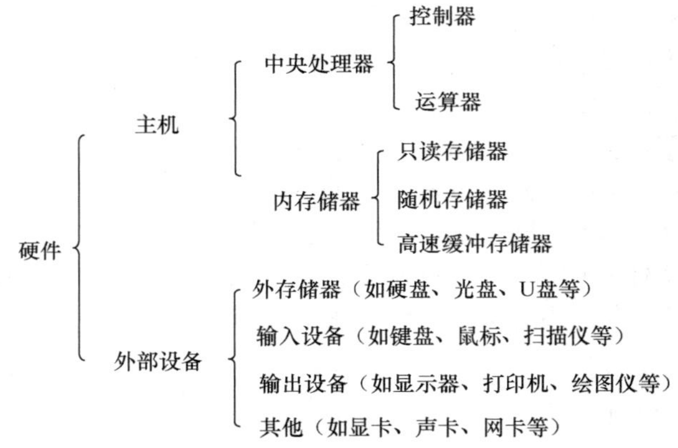

图 1-11　计算机硬件系统的组成

（1）CPU

中央处理器（Central Processing Unit，CPU）是计算机的核心部件，由运算器和控制器组成。CPU 是判断计算机性能高低的首要标准，它一般安装在主板的 CPU 插槽上。

目前，世界上最大的 CPU 生产厂商是美国的英特尔（Intel）公司和超威（AMD）公司，图 1-12（a）、图 1-12（b）所示分别为英特尔公司和超威公司的 CPU 产品。我国也于 2002 年研发了“龙芯一号”CPU，2005 年正式发布“龙芯二号”CPU，其性能与英特尔公司的 1 GHz 奔腾 4 处理器相当。2019 年 12 月，龙芯中科发布了的龙芯 3A4000 与 3B4000 处理器，该芯片采用 28 nm 工艺，工作主频为 1.8～2.0 GHz。2020 年龙芯中科推出了龙芯指令系统架构——龙架构（LoongArch）。基于龙架构，龙芯中科于 2021 年研制成功面向桌面应用的四核 64 位处理器芯片龙芯 3A5000，工作主频为 2.5 GHz；于 2022 年研制成功面向服务器应用的 16 核 64 位处理器芯片龙芯 3C5000，工作主频为 2.0～2.2 GHz。图 1-12（c）所示为龙芯中科的 CPU 产品。

党的二十大报告提出，“坚持面向世界科技前沿、面向经济主战场、面向国家重大需求、面向人民生命健康，加快实现高水平科技自立自强”。目前，龙芯 3A5000 与龙芯 3C5000 已在电子政务、能源、交通、金融、通信、教育等领域得到广泛应用。龙架构生态已形成一定基础并正在高速发展，为构建新型信息技术体系和产业生态命运共同体贡献一份力量。

（a）

（b）

（c）

图 1-12　英特尔公司、超威公司和龙芯中科的 CPU 产品

① CPU 的基本功能。

CPU 包含两大部件：运算器和控制器。

a. 运算器（Arithmetic Unit）。运算器是计算机的核心部件，是计算机中直接执行各种操作的部件。运算器不断地从存储器中得到要加工的数据，对其进行算术运算和逻辑运算，并将最后的结果送回存储器中，整个过程在控制器的指挥下有条不紊地进行。

b. 控制器（Control Unit）。控制器是计算机的指挥控制中心，主要作用是使计算机能够自动地执行命令。控制器负责从存储器中取出指令，对指令进行分析，根据指令的要求，按时间的先后顺序向其他部件发出相应的控制信号，指挥整个计算机各部件及其之间的工作。

② CPU 性能指标。

a. 字长是指 CPU 一次能处理的二进制数据的位数，能处理的字长越长，CPU 的运算能力越强、精度越高。

b. 主频是指 CPU 的时钟频率，通常用来表示 CPU 的运行速度，单位是赫兹（Hz），主频越高，CPU 性能越好。

c. 运算速度是指 CPU 每秒能执行的指令数。

（2）内存储器

内存储器又称为主存储器，简称“内存”，是具有“记忆”功能的物理部件，由一组高度集成的互补金属氧化物半导体（Complementary Metal-Oxide-Semiconductor，CMOS）集成电路组成，用来存放数据和程序。内存储器中的每个基本单元都有一个唯一的序号，称此序号为这个内存单元的地址。相比外存储器，内存储器的容量相对较小，可以采用虚拟存储器来扩大内存储器的寻址空间。图 1-13 所示为内存储器。

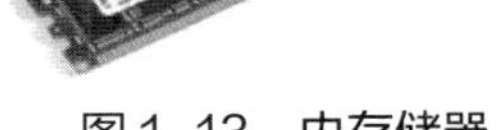
图 1-13　内存储器

内存储器按其功能可分为只读存储器（Read-Only Memory，ROM）、随机存储器（Random Access Memory，RAM）和高速缓冲存储器（Cache）。

① 只读存储器。只读存储器主要用于存储由计算机厂家为该计算机编写的一些基本的检测、控制、引导程序和系统配置等，如基本输入/输出系统（Basic Input/Output System，BIOS）（主板上常用 CMOS 芯片保存 BIOS 设置数据，因此 BIOS 设置有时也称为 CMOS 设置）。只读存储器的特点是存储的信息只能被读取，不能被写入，断电后信息不会丢失。

② 随机存储器。随机存储器又称为读写存储器，随机存储器有两个特点：一是既可以被读出数据，又可以被写入数据，它主要用于存放当前正在使用或经常要使用的程序和数据；二是易失性，一旦断电则用它存储的内容立即丢失。因此，微型计算机每次启动时都要对随机存储器重新进行配置。

③ 高速缓冲存储器。高速缓冲存储器按其功能可分为两种：CPU 内部的高速缓冲存储器和 CPU 外部的高速缓冲存储器。CPU 内部的高速缓冲存储器称为一级高速缓冲存储器，它是 CPU 内核的一部分，负责 CPU 内部的寄存器与外部的高速缓冲存储器之间的缓冲。CPU

外部的高速缓冲存储器称为二级高速缓冲存储器，它是独立于 CPU 的部件，主要用于扩充 CPU 内部高速缓冲存储器的容量，负责 CPU 与内存储器之间的缓冲。

（3）外存储器

外存储器简称“外存”，它是内存储器的延伸，主要用于存储暂时不用又需要保存的系统文件、应用程序、用户程序、文档、数据等。CPU 不直接访问外存储器，当 CPU 需要执行外存储器中的某个程序或调用数据时，首先由外存储器将相应程序调入内存储器，然后才能供 CPU 访问，即通过内存储器访问外存储器。

与内存储器相比，外存储器的特点是存储容量大、价格较低，而且在断电的情况下也可以长期保存信息，所以又称为永久型存储器。外存储器主要包括软盘、硬盘、光盘、U 盘、移动硬盘等。

① 软盘。软盘是个人计算机（Personal Computer，PC）中最早使用的可移动存储介质，但现在已基本被淘汰。

② 硬盘。硬盘是微型计算机中最重要的一种外部存储器，它的存储容量大，主要用于存储系统文件、用户的应用程序和数据。目前硬盘分为机械式硬盘和固态硬盘两类。

机械式硬盘是由若干张磁性盘片组成的，每张磁性盘片都是一种涂有磁性材料的铝合金圆盘，被永久性地密封、固定在硬盘驱动器中，通过主板上的集成驱动电接口（Integrated Drive Electronics interface，IDE interface）与系统单元连接。在实际使用中，需要对硬盘进行分区和格式化操作，将一个物理硬盘分为几个逻辑硬盘。常见的硬盘如图 1-14 所示。

固态硬盘（Solid State Disk，SSD），是指用固态电子存储芯片阵列而成的硬盘，由控制单元和存储单元组成。固态硬盘已经进入存储市场的主流行列，它具有传统机械硬盘不具备的快速读写、质量轻、能耗低及体积小等特点，它在接口的规范、定义、功能及使用方法上与普通硬盘完全相同，在产品外形和尺寸上也基本与普通的 2.5 in（1 in≈2.54 cm）硬盘一致。固态硬盘被广泛应用于军事、车载、视频监控、网络监控、网络终端、电力、医疗、航空、导航设备等领域。

③ 光盘。光盘利用光学方式读写数据，利用塑料基片的凸凹来记录信息。常见的光盘如图 1-15 所示。光盘的特点是记录密度高、存储容量大、数据保存时间长。

目前被使用较多的光盘主要有 3 类：只读存储光盘、一次性写入光盘和可擦写光盘。

a. 只读存储光盘（CD-ROM）。只读存储光盘上的信息只能读出，不能写入，可提供 680 MB 存储空间。

b. 一次性写入光盘（CD-R）。一次性写入光盘只能写一次，写后不能修改，必须采用专用的光盘刻录机才能刻录信息。

c. 可擦写光盘（CD-RW）。可擦写光盘是可反复擦写的光盘。这种光盘的驱动器既可作为光盘刻录机，用来写入信息；又可作为普通光盘驱动器，用来读取信息。

④ U 盘。U 盘又称为闪盘，采用闪速存储器（Flash Memory）存储数据，它是一种能直接在通用串行总线（Universal Serial Bus，USB）接口上进行读写的新一代外存储器。U 盘目前被广泛使用，其特点是容量大、体积小、保存信息可靠和易于携带等。常见的 U 盘如图 1-16 所示。

图 1-14　常见的硬盘

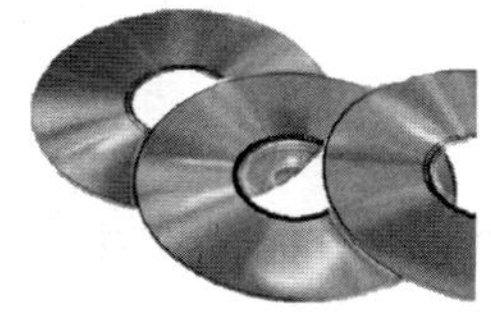

图 1-15　常见的光盘

图 1-16　常见的 U 盘

⑤ 移动硬盘。移动硬盘是一种采用了计算机外设标准接口（USB 或 IEE 1394）的便携式、大容量存储系统。移动硬盘一般由硬盘体加上带有 USB 或 IEE 1394 的控制芯片及外围电路板的配套硬盘盒构成。移动硬盘具有以下特性：容量大（能提供太字节的储存空间甚至更大）、存取速度快、兼容性好、具有良好的抗震性能。

（4）输入/输出设备

① 输入设备。输入设备是用于将信息输入计算机的装置，常用的输入设备有键盘、鼠标、扫描仪、视频摄像头、数码照相机和数码摄像机等。

② 输出设备。输出设备是将计算机中的数据信息传送给用户的设备，显示器、打印机、绘图仪、音箱等都是常用的输出设备。

（5）总线

总线（Bus）是连接 CPU、内存储器和外部设备（输入/输出设备）等主机功能部件的公共信息通道。按照计算机所传输的信息种类，计算机的系统总线可以划分为数据总线、地址总线和控制总线，分别用来传输数据、数据地址和控制信号。

（6）主板

主板（MainBoard）又称为母板（MotherBoard），它安装在机箱内，是微型计算机最基本、最重要的部件之一。主板一般为矩形集成电路板，由微处理器模块、内存模块、输入输出接口（用于连接 CPU 和输入/输出设备）、中断控制器、直接存储器访问（Direct Memory Access，DMA）控制器及系统总线组成。主板是整个计算机内部结构的基础，无论是 CPU、内存、显卡，还是鼠标、键盘、声卡、网卡，都是由主板来协调工作的。因此，主板的质量将直接影响计算机性能的发挥。主板主要包括 CPU 插座、内存插槽、总线扩展槽、外设接口插座、串行和并行端口等部分，如图 1-17 所示。

图 1-17　主板

三、计算机软件系统

计算机系统由硬件系统和软件系统两部分组成，软件系统（简称软件）必须在硬件系统的支持下才能运行，两者构成了统一、协调的整体。丰富的软件功能是对硬件功能强有力的扩充，使计算机系统的功能更强，可靠性更高，使用更方便。

软件（Software）是计算机系统中各类程序、相关文档以及所需要的数据的总称。软件是计算机的核心，其包括指挥、控制计算机各部分协调工作并完成各种功能的程序和数据。

1. 计算机语言

用于编写计算机程序的语言称为程序设计语言或计算机语言。计算机语言是根据相应的规则由相应的符号构成的符号串的集合。计算机程序由算法和数据结构组成，计算机中对解决问题的操作步骤的描述称为算法，算法会直接影响程序效果的优劣。计算机语言经历了机器语言、汇编语言、高级语言三代的发展。

① 机器语言。机器语言采用二进制数码 0 和 1 表示，是能被计算机直接识别和执行的语言。机器语言程序是计算机能够唯一识别的、可直接执行的程序，因此，机器语言的优点是执行效率高、执行速度快；缺点是不便于阅读、记忆，易出错，难以修改和维护。

② 汇编语言。汇编语言用助记符号表示机器语言中的指令和数据，如 MOV 表示传送指令、ADD 表示加法指令等。相对于机器语言程序来说，汇编语言程序更容易理解，便于记忆。

但对计算机来说，汇编语言程序不能直接执行，必须将汇编语言程序翻译成机器语言程序，然后执行。用汇编语言编写的程序称为汇编语言源程序，被翻译成的机器语言程序称为目标程序。汇编语言比机器语言使用起来更方便，但因为不同型号的计算机系统一般有不同的汇编语言，导致程序不能移植，通用性较差。

③ 高级语言。为了进一步提高效率，解决机器语言和汇编语言依赖于机器、通用性差的问题，人们发明了接近于人类自然语言的高级语言。例如，在 C 语言中，printf 表示输出，用符号+、－、*、/表示加、减、乘、除等。另外，高级语言和计算机硬件无关，使用者不需要熟悉计算机的指令系统，只需要考虑解决的问题和算法即可。计算机高级语言的种类很多，常用的有 C、C++、C#、Visual Basic 和 Java 语言等。进行程序设计的语言可分为结构化程序设计语言和面向对象程序设计语言两种，C 语言使用常见的结构化程序设计语言，而 C++、Java 语言采用面向对象程序设计语言。结构化程序设计包含顺序结构、选择结构和循环结构 3 种基本结构。

2. 计算机软件系统的组成

计算机软件系统的组成极为丰富，通常分为系统软件和应用软件两大类，如图 1-18 所示。

（1）系统软件

系统软件的主要功能是对整个计算机系统进行调度、管理、监视和服务，还可以为用户使用计算机提供方便，扩大计算机功能，提高使用效率。代表性的系统软件有操作系统、语言处理程序、数据库管理系统、系统辅助处理程序等。

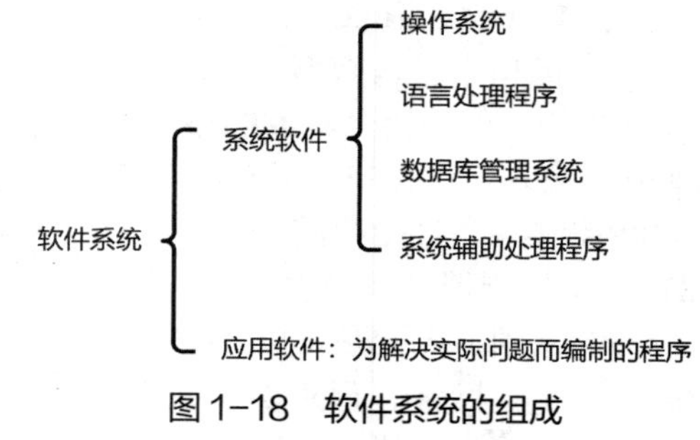

图 1-18　软件系统的组成

操作系统（Operating System，OS）是最基本、最重要的系统软件。操作系统是对计算机系统进行控制和管理的程序，它可以有效地管理计算机的所有硬件和软件资源，合理地组织计算机的工作流程，并为用户提供一个良好的环境和接口。

操作系统是用户和计算机硬件系统之间的接口，其主要功能是进行 CPU 管理、作业管理、存储管理、文件管理和设备管理。当代操作系统一般允许一个用户同时运行多个程序，具有多任务处理功能。

（2）应用软件

应用软件是指为了解决各种计算机应用中的实际问题而编制的程序，如为了延长显示器寿命而编制的屏幕保护程序。应用软件具有很强的实用性、专业性，使计算机的应用日益渗透到社会的方方面面。应用软件主要包括办公软件、网络软件、多媒体软件、分析软件以及商务软件等。

软件按是否收费常分为收费软件和免费软件，收费软件中的共享软件是在试用基础上提供的商业软件。

1.3 项目总结

在本项目中，我们了解了计算机的发展历史、工作原理以及分类与特点，学习数据在计算机中的表示、计算机的工作原理和软件系统，体会到信息技术在现代社会中的重要性和广泛应用。

完成本项目后，读者能够掌握计算机的基本操作与应用技能，对信息技术形成系统的认知。

1.4 技能拓展

1.4.1 理论考试练习

1. 单项选择题

（1）计算机的发展阶段通常是按计算机所采用的____来划分的。

A. 内存容量　B. 操作系统　C. 程序设计语言　D. 电子元器件

（2）现代计算机中的微处理器属于超大规模集成电路，这些计算机属于____计算机。

A. 第一代　B. 第二代　C. 第三代　D. 第四代

（3）现代数字电子计算机运行时遵循的存储程序工作原理最初是由____提出的。

A. 图灵　B. 冯·诺依曼　C. 乔布斯　D. 布尔

（4）目前的智能手机也属于现代计算机的范畴，其处理器主要应用____技术制造。

A. 电子管　B. 晶体管

C. 集成电路　D. 超大规模集成电路

（5）淘宝网的网上购物属于计算机现代应用领域中的____。

A. 计算机辅助系统　B. 电子政务

C. 电子商务　D. 办公自动化

（6）按照计算机应用分类，12306 火车票网络购票系统属于计算机的____应用领域。

A. 数据处理　B. 动画设计　C. 科学计算　D. 实时控制

（7）计算机中采用二进制，二进制的基数是____。

A. 0、1　B. 16　C. 10　D. 2

（8）在二进制编码中，若用 4 位二进制数表示颜色信息，最多能表示____不同颜色。

A. 4 种　B. 8 种　C. 16 种　D. 32 种

（9）“神舟八号”飞船使用计算机进行飞行状态的调整属于计算机的____应用领域。

A. 科学计算　B. 数据处理

C. 实时控制　D. 计算机辅助设计

（10）CAM 是计算机主要应用领域之一，其含义是____。

A. 计算机辅助制造　B. 计算机辅助设计

C. 计算机辅助测试　D. 计算机辅助教学

（11）以下设备中属于输出设备的是____。

A. 键盘　B. 鼠标　C. 打印机　D. 扫描仪

（12）使用搜狗输入法进行汉字“安徽”的输入时，会在键盘上分别按下 A、N、H、U、I 键，这属于汉字的____。

A. 输入码　B. 机内码　C. 国标码　D. ASCII

（13）内存储器中只读存储器（ROM）的特点是____。

A. 可读写，断电后信息丢失　B. 只读，断电后信息丢失

C. 可读写，断电后信息不丢失　D. 只读，断电后信息不丢失

（14）以下关于计算机语言优缺点的描述，正确的是____。

A. 机器语言执行效率低但易修改

B. 汇编语言通用性强且跨平台

C. 高级语言可读性强但效率低于机器语言

D. 高级语言需熟悉硬件指令系统

（15）人工智能是让计算机能模仿人的一部分智能。下列____不属于人工智能领域中的应用。

A. 机器人　B. 机械手　C. 人机对弈　D. 银行信用卡

2. 多项选择题

（1）要正常关机，以下操作中不恰当的有____。

A. 拔掉电源，中断供电

B. 按下主机开关再轻轻松开

C. 长按主机开关再轻轻松开

D. 按下显示器开关再轻轻松开

（2）在下列关于计算机软件系统组成的叙述中，错误的有____。

A. 软件系统由程序和数据组成

B. 软件系统由软件工具和应用程序组成

C. 软件系统由软件工具和测试软件组成

D. 软件系统由系统软件和应用软件组成

（3）以下属于系统软件的有____。

A. Microsoft Office 2010　B. Windows 10

C. Windows XP　D. Linux

（4）下列关于微型机中汉字编码的叙述，正确的有____。

A. 五笔字型是汉字输入码

B. 汉字库中寻找汉字字模时采用输入码

C. 字形码是汉字字库中存储的汉字字形的数字化信息

D. 存储或处理汉字时采用机内码

（5）下列存储器中，CPU 能直接访问的有____。

A. 内存储器　B. 硬盘存储器　C. 高速缓冲存储器　D. 光盘

1.4.2 实践案例

党的二十大报告指出："基础研究和原始创新不断加强，一些关键核心技术实现突破，战略性新兴产业发展壮大，载人航天、探月探火、深海深地探测、超级计算机、卫星导航、量子信息、核电技术、新能源技术、大飞机制造、生物医药等取得重大成果，进入创新型国家行列。"下述文字讲述了我国建设航天强国的成就。

探索浩瀚宇宙，发展航天事业，建设航天强国，是我们不懈追求的航天梦。自党的十八大以来，我国航天科技实现跨越式发展，自主创新能力显著增强。运载火箭升级换代，太空探索范围更广；载人航天迈入新阶段，中国空间站建造全面实施，多名航天员先后进驻，开启了有人长期驻留时代；探月工程"绕、落、回"圆满收官，"嫦娥五号"带回 1731 克月壤；"天问一号"实现中国航天从地月系到行星际探测的跨越，在火星上首次留下中国印迹……随着中国航天事业快速发展，中国人探索太空的脚步会迈得更稳更远。

请练习计算机开机操作，并在记事本中输入上述文字。

项目二　Windows 操作和应用——管理计算机资源

学习目标

Windows 操作系统是目前应用最为广泛的一种图形用户界面操作系统，它利用图像、图标、菜单和其他可视化部件控制计算机。本项目通过计算机资源管理和设置个性化环境两个任务介绍 Windows 10 中的文件管理操作、软硬件管理等相关知识，以提高读者对该操作系统的整体认识，让读者在进行计算机办公的过程中更得心应手，达到事半功倍的效果。

通过对本项目的学习，读者能够掌握全国高等学校计算机水平考试及全国计算机等级考试的相关知识点，达到下列学习目标。

知识目标：

- 了解操作系统、文件、文件夹等有关概念。
- 了解 Windows 10 的特点及启动、退出方法，以及附件的使用。
- 了解“开始”菜单、窗口、快捷方式的作用，以及回收站的应用。
- 熟悉利用资源管理器完成系统软硬件管理的方法。
- 熟悉利用控制面板添加硬件、添加或删除程序等的方法。

技能目标：

- 能够使用资源管理器进行系统管理。
- 能够对文件和文件夹进行基本的操作、设置文件的属性。
- 能够使用控制面板进行个性化工作环境设置。

2.1 项目总要求

小王是学生会主席，他把学生会成员的信息、作业、影视娱乐视频、照片等文件和文件夹随意存储在计算机的 F 盘中，一大堆文件显得杂乱无章，查找文件费时费力，因此，他希望能对计算机中的这些文件进行有效的管理。小王带着这些问题前去请教赵老师，希望赵老师指导自己对 F 盘中的所有文件、文件夹进行归类整理；完成文件的归类整理后，再对计算机操作系统进行个性化设置，构建一个个性化的 Windows 10。

赵老师对小王计算机中 F 盘中的文件进行初步分析后，决定让小王在对文件进行归类整理时，对计算机系统进行一次优化，为今后的学生会工作提供更大的便利，还让小王对计算机系统的属性设置做一些修改，完成计算机系统的个性化设置。赵老师对此次任务提出了以下要求。

首先采用正确的方法启动计算机，为下面的文件与文件夹管理、个性化设置工作做好准备。

1. 文件、文件夹管理

① 分析所有文件、文件夹的类型，建立一套简单、清晰的文件管理体系。

② 根据文件、文件夹类型的分析结果和工作的需求，在 F 盘中创建“娱乐”“私人”“学习”“学生会成员管理” 4 个文件夹，将归类整理的文件放置到这 4 个文件夹中，如果有必要还可以创建子文件夹。

③ 创建常用文件夹的快捷方式。

2. 个性化设置

① 设置文件和文件夹的属性，将“学生会成员管理”文件夹里的内容在 E 盘中做一份备份。

② 为计算机设置一个有特色的桌面背景。

③ 为计算机安装 Microsoft Office 2016，并将 Microsoft Office 2007 删除，以节省计算机的存储空间。

④ 为计算机设置多个用户，以满足多个用户共同使用一台计算机的情况。

2.2 任务一 计算机资源管理

2.2.1 课前准备

为保证任务能够顺利完成，请在实际操作前先预习以下内容：了解操作系统、文件、文件夹等有关概念，了解 Windows 10 的特点及启动、退出方法，了解“开始”菜单、窗口、快捷方式的作用，以及回收站的应用。

一、课前预习

1. 操作系统的主要作用、特点和类型

操作系统是用户和计算机硬件之间的接口，是对计算机硬件系统的扩充，用户通过操作系统来使用计算机系统。操作系统的主要作用体现在进程管理、存储管理、文件管理、设备管理、作业管理 5 个方面。操作系统具有并发性、共享性、虚拟性和不确定性 4 个基本特点。人们对使用的计算机要求不同，因此对计算机操作系统的性能要求也不同。操作系统按照服务功能分为单用户操作系统、批处理操作系统、分时操作系统、实时操作系统、网络操作系统和分布式操作系统等。目前计算机中常见的操作系统有 DOS、UNIX、Linux、Windows、macOS、NetWare、麒麟、鸿蒙等。其中，Windows 操作系统（以下简称 Windows）的主要特点有：直观、高效的面向对象的图形用户界面，易学易用，多用户、多任务，网络支持良好，多媒体功能出色，硬件支持良好，应用程序众多等。

2. Windows 10 的启动、退出方法

Windows 10 的启动方法：启动 Windows 10 前，要先熟悉正确的开机步骤，即先打开接线板的电源开关，再打开显示器开关，最后打开计算机主机的开关。打开主机后，计算机会自动启动 Windows 10。

Windows 10 的退出方法：单击【开始】|【电源】|【关机】命令，系统会自动保存相关信息；如果用户忘记关闭某些软件，那么会弹出相关警告信息。正常退出系统后，主机的电源也会自动关闭，指示灯熄灭代表已经成功关机，然后关闭显示器即可。

3. “此电脑”和“文件资源管理器”窗口

“此电脑”和“文件资源管理器”窗口是 Windows 10 操作系统中管理文件的窗口。

（1）Windows 10 的“此电脑”窗口

双击桌面上的“此电脑”图标，在打开的“此电脑”窗口中包含计算机中的设备和驱动器，如图 2-1 所示。双击某个驱动器图标，在文件夹内容窗口中会显示该驱动器中包含的文件和文件夹列表。

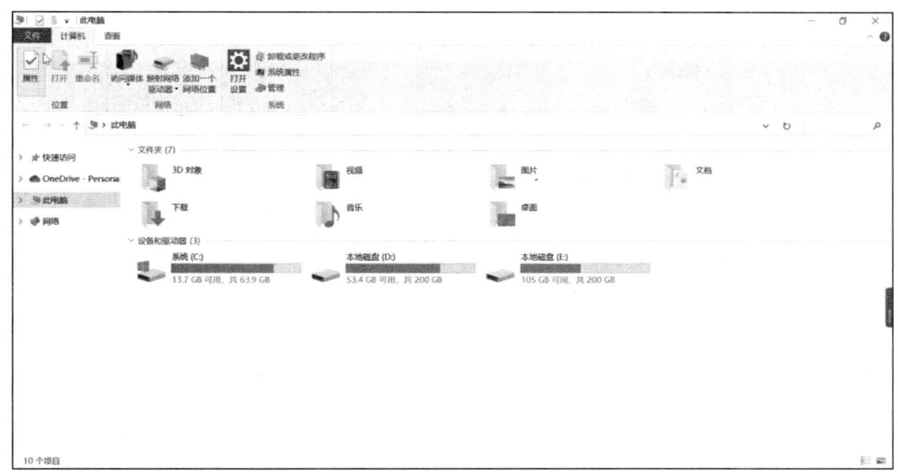

图 2-1 “此电脑”窗口

（2）文件资源管理器

在任务栏上的“开始”菜单处单击鼠标右键后，在弹出的快捷菜单（单击鼠标右键时出现的菜单，快捷菜单中显示了与当前特定项目相关的一系列命令）中单击“文件资源管理器”命令，就可以打开“文件资源管理器”窗口，如图 2-2 所示。“文件资源管理器”窗口的左侧是树形结构目录，右侧是当前路径下的文件及文件夹窗格，其中列出了计算机中储存的资源和它们的组织方式。

图 2-2 “文件资源管理器”窗口

文件资源管理器是 Windows 主要的文件浏览和管理工具，是操作系统中管理文件的另外一种窗口，通过文件资源管理器的树形结构目录，可以方便地对计算机中的文件进行管理。Windows 中很多操作都是在文件资源管理器中完成的，它最大的特点是左侧显示了磁盘文件系统的树形结构目录。

Windows 10 的文件资源管理器在管理设计方面便于用户使用，特别是在查看和切换文件夹时。在查看文件夹时，上方目录会根据目录级别依次显示，目录左侧还有向右的小箭头 ›。当用户单击某个向右的小箭头时，该箭头的方向会变为向下 ⌄，“文件资源管理器”窗口的右侧显示了该目录下所有文件夹和文件。单击树形结构目录中任意一个文件夹，即可快速切换至该文件夹访问页面，非常方便用户快速切换查看。

4. Windows 10 桌面

打开计算机后，Windows 10 呈现一个工作界面，又称为桌面。下面从桌面开始，介绍计算机的基本使用方法。

Windows 10 桌面主要由以下几部分组成：任务栏、桌面背景和桌面图标等，如图 2-3 所示。

图 2-3　Windows 10 桌面

（1）任务栏

任务栏一般位于桌面的底部，通常由“开始”菜单、快速启动栏、已打开的应用程序列表和系统托盘等组成。

“开始”菜单：单击操作系统桌面上的“开始”菜单图标，弹出“开始”菜单，在这个菜单里包含系统中安装的应用程序列表、最近使用过的文档以及快速关闭和重新启动功能。

快速启动栏：是任务栏的一部分，在“开始”菜单的右侧。单击快速启动栏里的应用程序，可以方便、快捷地访问相应的程序。

应用程序列表：用户每打开一个窗口，任务栏就会出现一个代表该窗口的图标。例如，在图 2-3 中，由于打开了 Word 应用程序和 Google Chrome 浏览器，任务栏上便出现了这两个窗口的图标。单击相应图标可以在已打开的各个窗口之间进行切换，可以同时打开多个应用程序窗口。

系统托盘：存放的是系统在开机状态下存于内存中的一些项目，如“系统时钟”“反病毒实时监控程序”等，它们位于任务栏的右侧。系统托盘里还存放了常驻内存程序的图标，如图 2-3 中的“扬声器”“输入法”“时间”等图标。

（2）桌面背景

桌面背景也称为墙纸，即桌面的背景图案。

（3）桌面图标

Windows 是一个可视化的操作系统，在 Windows 环境下，所有应用程序、文件、文件夹等对象的桌面图标都是由一张可以反映对象类型的图片和相关文字说明组成的，双击相应图标即可打开并运行相应的应用程序或打开文件。

5. 回收站

回收站是硬盘总空间的一部分，它用来存放被临时删除的文件，相当于生活中的垃圾桶，不需要的东西统统被扔到垃圾桶。被临时删除的文件，会在回收站中被保存起来，此时文件只是在逻辑上被删除了；如果需要，还可以恢复被删除的文件。恢复文件的操作方法：打开“回收站”窗口，里面存放着所有被删除的文件，在需要恢复的文件或文件夹上单击鼠标右键，弹出的快捷菜单如图 2-4 所示，单击“还原”命令，文件就会恢复到原来的位置。

与逻辑删除对应的是物理删除，如果对某个对象进行了物理删除，该对象就不会在回收站中被保存起来，而是直接从计算机中被清除掉了，一般情况下不能再被恢复。

在回收站中选中需物理删除的文件，单击鼠标右键后弹出快捷菜单，如图 2-4 所示，单击“删除”命令，这时会打开如图 2-5 所示的对话框，单击“是”按钮即可将文件进行物理删除。此外，还可以直接选中想要进行物理删除的文件，然后按 Shift+Delete 组合键进行物理删除。

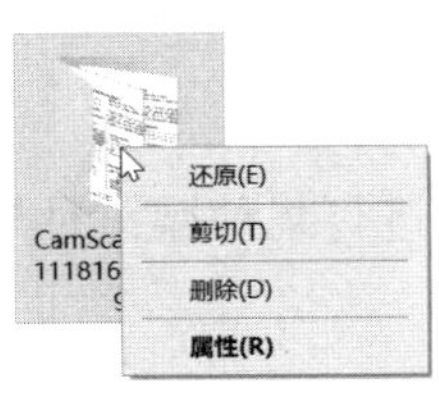

图 2-4　快捷菜单

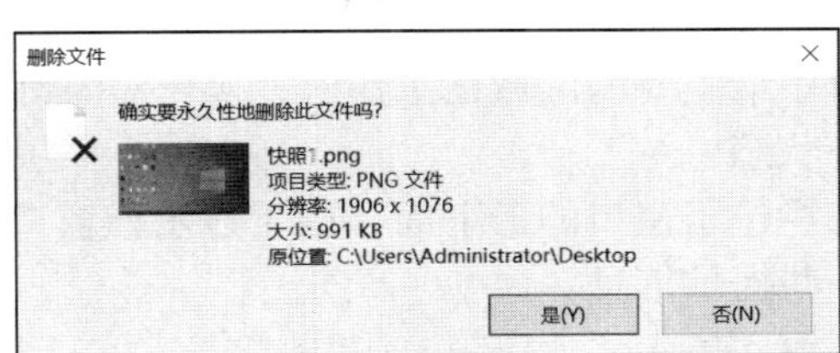

图 2-5　“删除文件”对话框

6. 窗口的组成

Windows 窗口包括窗口控制按钮、地址栏、菜单栏、工具栏、工作区、状态栏和滚动条等，如图 2-6 所示。

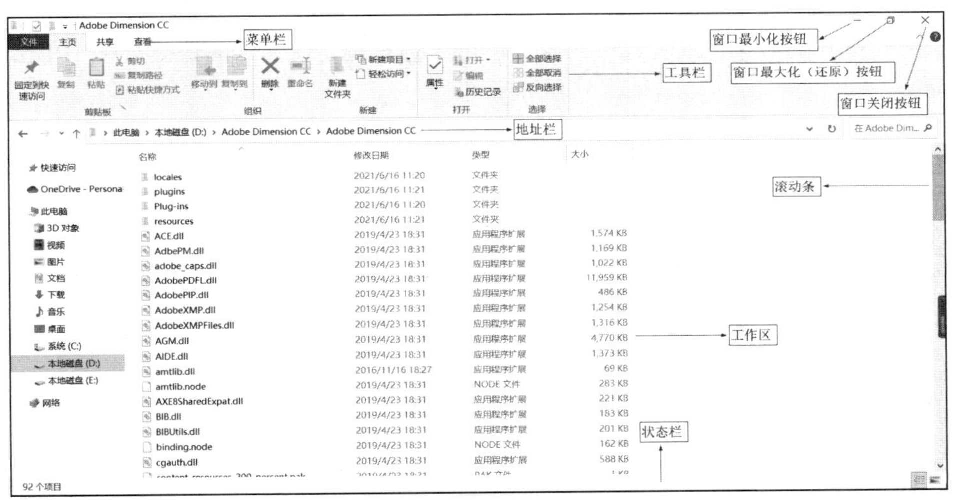

图 2-6　Windows 窗口

（1）窗口控制按钮

窗口控制按钮包括窗口最小化按钮、窗口最大化按钮、窗口还原按钮、窗口关闭按钮。

① 窗口最小化按钮。单击窗口最小化按钮[−]，当前窗口就会回到任务栏，完成最小化的操作，转到后台运行。

② 窗口最大化按钮。单击窗口最大化按钮[□]，执行最大化操作，同时窗口最大化按钮转变为窗口还原按钮🗗。

③ 窗口还原按钮。单击窗口还原按钮🗗可以使窗口恢复到原来的大小，同时窗口还原按钮转变为窗口最大化按钮。

④ 窗口关闭按钮。单击窗口关闭按钮[×]，此时窗口会被关闭，如果要打开需要重新操作。

（2）地址栏

单击地址栏中的某个箭头 › 前的文件夹名可以直接跳转至该文件夹位置，单击地址栏的空白处，可以显示出存放相应软件或文件的完整路径。

（3）菜单栏

菜单栏中包括大多数应用程序命令，通过菜单命令可以对窗口中的对象进行各种操作，不同的应用程序提供的菜单栏不完全相同。

（4）工具栏

工具栏包括常用的功能按钮，工具栏中的按钮可以自定义设置。

（5）工作区

窗口中最主要的区域是工作区，操作对象都存放在工作区中。

（6）状态栏

状态栏位于窗口的最下面，用于显示该窗口的状态，以及显示进行某种操作时与该操作有关的一些提示信息。

（7）滚动条

当工作区中的内容在界面中不能被完整显示时便会出现滚动条，位于窗口底部和右边。拖动滚动条，可以查看未显示完整的部分。

7. 窗口的操作

窗口是 Windows 最大的特点，窗口操作也是 Windows 中的最基本操作。

（1）打开窗口

双击需要打开的对象，或者选中对象，单击鼠标右键，在弹出的快捷菜单中单击“打开”命令。

（2）关闭窗口

关闭窗口的常用方法如下。

① 单击窗口右上角的“关闭”按钮×。

② 在窗口左上角位置双击。

③ 在窗口左上角单击鼠标右键，在弹出的快捷菜单中单击“关闭”命令。

④ 按 Alt+F4 组合键。

⑤ 单击【文件】|【关闭】命令。

（3）调整窗口的大小

在工作过程中，有时候会打开很多窗口，为了能同时查看其他窗口中的内容，需要调整各个窗口的大小。可以利用窗口控制按钮 − ◻ × 实现对窗口大小的调整，也可以使用鼠标调整窗口的大小。使用鼠标调整窗口大小的方法是：将鼠标指针放置到窗口的任意一个四角处，当鼠标指针变成↖或↗时，按住鼠标左键拖曳，就可以任意调整窗口的大小。

（4）切换窗口

桌面上可同时存在多个已打开的窗口，但只有一个窗口处于当前状态，这个窗口称为当前窗口，其他窗口称为后台窗口。切换窗口最方便的方法是直接单击要激活的窗口，或者单击任务栏上需要激活的窗口的图标，也可以按 Alt+Tab 组合键进行窗口切换。

8. 文件和文件夹

（1）文件

文件是存储在外部介质上的信息集合。在计算机中，文件一般保存在磁盘中，因此文件也称为磁盘文件。文件名就像每个人的姓名，是存储文件的依据，即“按名存储”。

（2）文件夹

在现实生活中，为了便于管理各种文件，我们会对它们进行分类，并将其放在不同的文件夹中。Windows 10 用树形结构以文件夹的形式来组织和管理文件。

（3）文件和文件夹的命名规则

文件名的构成：主文件名.扩展名。例如，文件名“第二章.docx”，“第二章”是文件的主文件名，“.docx”是文件的扩展名。扩展名决定文件的类型，文件类型不同，显示的图标也不同。表 2-1 所示为常用扩展名与文件类型的对应关系。

表 2-1 常用扩展名与文件类型的对应关系

扩展名	说明	扩展名	说明
.exe	可执行文件	.sys	系统文件
.com	命令文件	.zip	压缩文件
.htm	网页文件	.docx	Word 文件
.txt	文本文件	.c	C 语言源程序
.bmp	图像文件	.psd	Photoshop 文件
.fla	Flash 文件	.wav	声音文件
.java	Java 语言源程序	.cpp	C++语言源程序

文件、文件夹的命名规则：最多可由 255 个字符组成；不区分大小写；允许使用汉字；不能使用“\”“、”“/”“:”“*”“?”“<”“>”“|”等字符，可以使用空格符；扩展名用于说明文件类型；主文件名和扩展名之间用“.”隔开；同一文件夹中不允许有相同的文件名或文件夹名。

9. 文件和文件夹的基本操作

（1）文件和文件夹的创建

在文件夹窗口中，单击【主页】|【新建文件夹】命令，可以在当前文件夹中创建一个新的文件夹。如果要创建“记事本文件”“Word 文件”等特定类型的文件，可以单击【主页】|【新建项目】命令，在子菜单中选择要创建的文件类型；也可以使用快捷菜单创建，在文件夹窗格任意空白处单击鼠标右键，在弹出的快捷菜单中单击“新建”命令，选择需要创建的文件类型。

（2）文件和文件夹的选中

在“文件资源管理器”窗口中要对文件或文件夹进行操作，首先要选中文件或文件夹对象，从而确定操作的范围。

① 选中单个对象

在文件夹内容窗格中，单击想要选择的文件或文件夹的图标或名称。

② 选中连续的多个对象

如果要选中连续的多个对象，操作方法有以下两种。

a. 在文件夹内容窗格中单击要选中的第一个对象，然后移动鼠标指针到要选中的最后一个对象，按住 Shift 键并单击最后一个对象，这样多个连续的对象即被选中了。

b. 按住鼠标左键从连续对象区的一角开始向其对角拖曳，这时会出现一个矩形框，直到矩形框将所有要选中的对象框住为止，然后松开鼠标左键。

③ 选中不连续的多个对象

如果要选中的多个对象分布在几个不连续的区域中，可以进行以下操作：在文件夹内容窗格中，按住 Ctrl 键并单击所要选中的每个对象，全部选中后，放开 Ctrl 键即可。

④ 选中全部对象

如果要选中全部对象，操作方法有以下两种。

a. 单击【主页】|【全部选择】命令，可以选中当前文件夹中的全部文件和文件夹对象。

b. 按 Ctrl+A 组合键，可以选中当前文件夹内容窗格中的全部对象。

⑤ 取消选中的对象

单击文件夹内容窗格中的任意空白处，即可取消已经选中的所有对象；按住 Ctrl 键并分别单击需取消的对象，可以部分取消已选中的对象。

⑥ 反向选择

在文件夹内容窗格中，选中一个或多个对象，单击【主页】|【反向选择】命令，即可选中当前文件夹内容窗格中不包含选中对象的其余对象。

（3）文件或文件夹的复制

复制文件或文件夹的方法有以下几种。

① 选中要复制的对象后，单击【主页】|【复制】命令，然后在需要粘贴的位置单击，再单击【主页】|【粘贴】命令。

② 选中要复制的对象后，单击鼠标右键并在弹出的快捷菜单中单击“复制”命令，然后在需要粘贴的位置单击鼠标右键，在弹出的快捷菜单中单击“粘贴”命令。

③ 选中要复制的对象后，按 Ctrl+C 组合键，然后在需要粘贴的位置按 Ctrl+V 组合键。

④ 选中要复制的对象后，在按住 Ctrl 键时，按住鼠标左键将选中的对象拖曳到目标位置。

（4）文件或文件夹的移动

移动文件或文件夹的方法有以下几种。

① 选中要移动的对象后，单击【主页】|【剪切】命令，然后在需要粘贴的位置单击，再单击【主页】|【粘贴】命令。

② 选中要移动的对象后，单击鼠标右键并在弹出的快捷菜单中单击“剪切”命令，然后在需要粘贴的位置单击鼠标右键，在弹出的快捷菜单中单击“粘贴”命令。

③ 选中要移动的对象后，按 Ctrl+X 组合键，然后在需要粘贴的位置按 Ctrl+V 组合键。

④ 选中要移动的对象后，按住鼠标左键将选中的对象拖曳到目标位置。

（5）文件或文件夹的删除

删除文件或文件夹的方法如下。

① 直接使用 Delete 键删除。选中要删除的对象，按 Delete 键。

② 使用“主页”菜单。选中要删除的对象，单击【主页】|【删除】命令。

③ 使用快捷菜单。选中要删除的对象，单击鼠标右键，在弹出的快捷菜单中单击“删除”命令。

④ 直接将要删除的对象拖曳到回收站。选中要删除的对象并按住鼠标左键将其拖曳到“回收站”图标上松开鼠标，即可删除对象。

⑤ 按 Shift+Delete 组合键进行物理删除。选中要删除的对象，按 Shift+Delete 组合键，即可物理删除，一般情况下此操作不可复原。

（6）文件或文件夹的重命名

重命名的方法有：选中需要重命名的文件或文件夹，然后单击鼠标右键弹出快捷菜单，单击“重命名”命令，输入新文件或文件夹名后按 Enter 键；选中文件或文件夹，然后单击【主页】|【重命名】命令，输入新文件或文件夹名后按 Enter 键；选中文件或文件夹，然后按 F2 键，输入新文件或文件夹名后按 Enter 键；先选中要重命名的文件或文件夹，再单击文件或文件夹名文本框，输入新文件或文件夹名后按 Enter 键。

（7）文件或文件夹的查找和替换

打开“此电脑”窗口，会看到右上角有个输入框，输入框中有“在此电脑中搜索”的字样，如图 2-7 所示。输入想要搜索的文件或文件夹的名称，即可进行搜索。

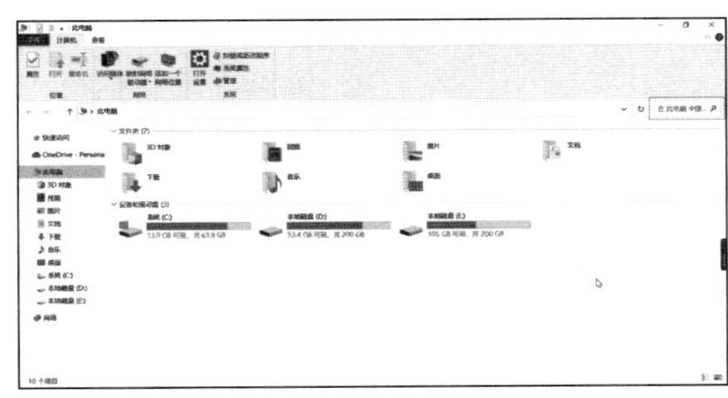

图 2-7 “在此电脑中搜索”输入框

Windows 10 的搜索功能较为强大，只要输入文件名中包含的数字或文字即能搜索到含有该关键字的文件和文件夹。

如果想提高搜索的准确率和速度，可以在相应的磁盘或文件夹中进行搜索。例如，需要搜索的文件在“D 盘”的“我的图片”文件夹中，就可以在相应的文件夹中进行搜索，搜索的速度会更快，准确率会高很多。

如果我们懂得一些查找与替换的文件通配符，再在 Word 中进行查找与替换就会更加方便和快捷，工作效率也会大大提高。通配符“?”在查找文字里代表一个字符；通配符“*”在查找文字里代表任意多个字符。

二、预习测试

1. 单项选择题

（1）启动 Windows 10 后，在屏幕上即可看到 Windows 10 桌面。在默认情况下，Windows 10 的桌面主要是由____组成的。

A. 桌面背景、桌面图标和任务栏　　B. 键盘、鼠标指针和任务栏

C. 显示桌面、搜索和通知区域　　D. 键盘、搜索和鼠标指针

（2）下面关于操作系统的叙述，错误的是____。

A. 操作系统是用户与计算机硬件之间的接口

B. 操作系统直接作用于硬件上，并为其他应用软件提供支持

C. 操作系统可分为单用户、多用户等类型

D. 操作系统可直接编译高级语言源程序并执行

（3）计算机操作系统协调和管理计算机软硬件资源，同时是____之间的接口。

A. 主机和外设　　B. 用户和计算机硬件

C. 系统软件和应用软件　　D. 高级语言和计算机语言

（4）在 Windows 中，要取消已经选中的多个文件或文件夹中的一个，应该按____键再单击要取消的对象。

A. Alt　　B. Ctrl　　C. Shift　　D. Esc

（5）Windows 目录的文件结构是____。

A. 网状结构　　B. 环形结构　　C. 矩形结构　　D. 树形结构

（6）下面关于 Windows 窗口的描述，错误的是____。

A. 窗口是 Windows 应用程序中的基本操作单元

B. 按 Shift+Tab 组合键可以在各窗口之间切换

C. 用户可以改变窗口的大小

D. Windows 窗口由窗口控制按钮、地址栏、菜单栏、工具栏、工作区、状态栏和滚动条等组成

（7）当一个应用程序窗口被最小化后，该应用程序将____。
A. 被终止执行　　B. 继续在前台执行
C. 被暂停执行　　D. 转入后台执行

（8）要选中多个不连续的文件（文件夹），要先按住____，再选中文件。
A. Alt 键　　B. Ctrl 键　　C. Shift 键　　D. Tab 键

（9）在 Windows 10 中，需要移动文件或文件夹时，可以使用____组合键。
A. Ctrl+X 和 Ctrl+V　　B. Ctrl+C 和 Ctrl+V
C. Ctrl+Z 和 Ctrl+V　　D. Ctrl+C 和 Ctrl+Z

（10）在 Windows 10 中，Ctrl+C 是____命令的组合键。
A. 复制　　B. 粘贴　　C. 剪切　　D. 打印

（11）下面是关于 Windows 10 文件名的叙述，错误的是____。
A. 文件名中允许使用汉字　　B. 文件名中允许使用多个圆点分隔符
C. 文件名中允许使用空格　　D. 文件名中允许使用西文字符“|”

（12）在 Windows 10 中，利用“回收站”可恢复____上被误删除的文件。
A. 硬盘　　B. 软盘　　C. 内存储器　　D. 光盘

（13）在 Windows 10 中，要将文件直接删除而不是放入回收站，正确的操作是____。
A. 按 Delete 键　　B. 按 Shift 键
C. 按 Shift+Delete 组合键　　D. 单击【文件】|【删除】命令

2. 多项选择题

（1）在 Windows 10 中，更改文件名的正确方法包括____。
A. 单击鼠标右键弹出快捷菜单，然后单击“重命名”命令，输入新文件名后按 Enter 键
B. 选中文件，然后单击【文件】|【重命名】命令，输入新文件名后按 Enter 键
C. 选中文件或文件夹，然后按 F2 键，输入新文件名后按 Enter 键
D. 选中文件，然后单击文件名文本框，输入新文件名后按 Enter 键

（2）下面关于操作系统的叙述中，正确的有____。
A. 操作系统是用户与计算机之间的接口
B. 操作系统是对计算机硬件系统的扩充
C. 操作系统具有并发性、共享性、虚拟性和不确定性 4 个基本特点
D. 操作系统只有单用户操作系统、批处理操作系统、分时操作系统

3. 操作题

（1）将“实训 2-1”文件夹下 SKIN 文件夹中的 KEEP.wps 文件删除。

（2）在“实训 2-1”文件夹下 JIMI 文件夹中建立一个名为 POKE 的新文件夹。

（3）将“实训 2-1”文件夹下 GAME 文件夹中的 FINE.pas 文件移动到“实训 2-1”文件夹下的 MODE 文件夹中，并将文件名改为 FIRST.prg。

（4）将“实训 2-1”文件夹下 HYR 文件夹中的 BASIC.for 文件复制到“实训 2-1”文件夹下的 TIG 文件夹中。

（5）将“实训 2-1”文件夹下的 SQRE 文件夹更名为 PERI。

三、预习情况解析

1. 涉及知识点

操作题解析视频

操作系统、文件、文件夹等有关概念，Windows 的特点及启动、退出方法，文件和文件夹的创建、复制、移动、删除、重命名等基本操作，

搜索文件的方法。

2. 预习测试题解析

见表 2-2。

表 2-2 “计算机资源管理”预习测试题解析

测试题序号	答案	参考知识点	测试题序号	答案	参考知识点
1.（1）	A	见课前预习 “4.”	1.（9）	A	见课前预习“9.（4）”
1.（2）	D	见课前预习 “1.”	1.（10）	A	见课前预习“9.（3）”
1.（3）	B	见课前预习 “1.”	1.（11）	D	见课前预习“8.（3）”
1.（4）	B	见课前预习 “9.（2）”	1.（12）	A	见课前预习 “5.”
1.（5）	D	见课前预习 “3.（2）”	1.（13）	C	见课前预习“9.（5）”
1.（6）	B	见课前预习 “6.” “7.”	2.（1）	ABCD	见课前预习“9.（6）”
1.（7）	D	见课前预习 “6.（1）”	2.（2）	ABC	见课前预习 “1.”
1.（8）	B	见课前预习 “9.（2）”	3.	见微课视频	

2.2.2　任务实现

一、建立文件管理体系

涉及知识点：常用的文件类型

【任务 1】对 F 盘内所有文件、文件夹进行分类。

赵老师根据小王的介绍，对 F 盘内所有文件、文件夹，按照所属分类进行了认真的分析，具体分析结果如表 2-3 所示。

表 2-3　分析结果

所属分类	文件、文件夹名称		文件、文件夹类别
私人类	个人简历		Word 文件
	照片		文件夹
	日记		Word 文件
学习类	计基作业		文件夹
	PS CS6		可执行文件
	C 语言作业		文件夹
娱乐类	腾讯 QQ		可执行文件
	宣传片		视频文件
	连连看		可执行文件
学生会工作类	学生评议结果		Word 文件
	学生会成员管理（文件夹）	生活部	文件夹
		体育部	文件夹
		学习部	文件夹
		宣传部	文件夹

通过表 2-3 分析情况可知，在 F 盘目录下的文件、文件夹，主要有“私人”“学习”“娱乐”“学生会工作”4 类。

二、创建文件夹

涉及知识点：新建文件夹、重命名文件夹、创建快捷方式

【任务 2】在计算机系统的 F 盘中创建“娱乐”“私人”“学习”“学生会工作”4 个文件夹；在“学生会工作”文件夹中创建“学生会成员管理”文件夹；再在“学生会成员管理”文件夹中创建“生活部”“体育部”“学习部”“宣传部”4 个文件夹。

步骤 1：创建文件夹。

在 F 盘文件夹窗口中，单击【主页】|【新建文件夹】命令，创建一个“新建文件夹”文件夹。

还可以在文件夹内容窗格中任意空白处单击鼠标右键，在弹出的快捷菜单中单击【新建】|【文件夹】命令。

步骤 2：重命名文件夹。

两次单击文件名，使文件名处于激活状态，输入文字“娱乐”并按 Enter 键，即可创建名为“娱乐”的文件夹。

步骤 3：分别创建“私人”“学习”“学生会工作”文件夹。

按照以上操作方式，依次创建“私人”“学习”“学生会工作”文件夹。

步骤 4：在“学生会工作”文件夹中创建“学生会成员管理”文件夹。

打开“学生会工作”文件夹，在其中创建“学生会成员管理”文件夹。

步骤 5：在“学生会成员管理”文件夹中创建“体育部”“学习部”“宣传部”“生活部”文件夹。

打开“学生会成员管理”文件夹，在其中创建“体育部”“学习部”“宣传部”“生活部”文件夹。

【任务 3】创建“学生会工作”文件夹的桌面快捷方式。

打开“F:\学生会工作”文件夹窗口，在窗口工作区域空白处单击鼠标右键，在弹出的快捷菜单中单击【发送到】|【桌面快捷方式】命令，即可创建“学生会工作”文件夹的桌面快捷方式。

说明：

快捷方式是 Windows 中的一个重要概念。双击某个快捷方式就可对它所代表的对象进行操作，快捷方式可以放在桌面上，也可以放在任意文件夹中，“开始”菜单中的很多项目都是某个应用程序或软件的快捷方式。使用快捷方式的好处是，可以在多个地方方便地操作对象，而又不用存放对象的多个副本，节省存储空间。

在桌面或文件夹窗口中，快捷方式的图标样式与文件或文件夹的图标样式类似，其不同点是快捷方式的左下角有一个弧形箭头↗作为标志。快捷方式文件的扩展名是“.lnk”，它是一个很小的文件，其中存放的是一个实际对象（程序、文件或文件夹）的链接。可以选中快捷方式，单击鼠标右键，在弹出的快捷菜单中单击“属性”命令，查到该快捷方式的目标位置与起始位置。

还可以在桌面的空白区域单击鼠标右键，在弹出的快捷菜单中单击【新建】|【快捷方式】命令，打开“创建快捷方式”对话框，选择需要创建快捷方式的对象和快捷方式放置的路径。

三、文件的选定、移动、复制和删除

涉及知识点：文件的选定、移动、复制和删除

按照表 2-3 的分析结果，将 F 盘中的文件、文件夹归类整理到相应的文件夹中。

【任务 4】根据文件进行分类，把文件分别复制或移动到相应文件夹中。

步骤 1：整理“娱乐”文件夹。

使用菜单命令移动文件：单击 F 盘中的“宣传片.mp4”文件图标，使该文件处于选中状态，然后单击【主页】|【移动到】|【选择位置】命令，在弹出的“移动项目”对话框中，单击【此电脑】|【本地磁盘(F:)】|【娱乐】选项，如图 2-8 所示，然后单击“移动”按钮，完成移动操作。

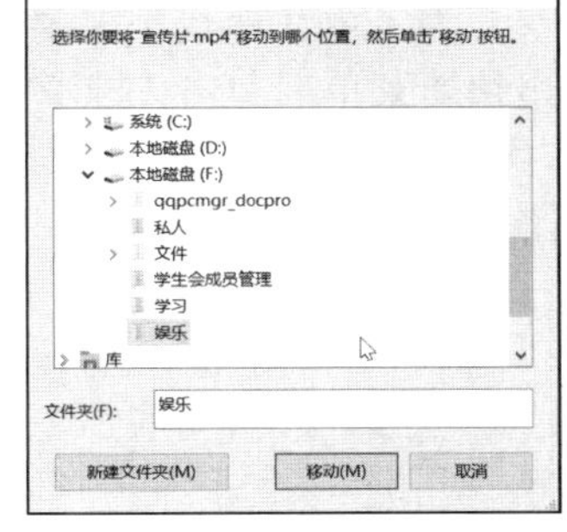

图 2-8　“移动项目”对话框

使用拖曳方式移动文件：单击“腾讯 QQ”图标后，按住鼠标左键将其拖曳到“娱乐”文件夹中。按照上述的操作将“连连看”也移动到“娱乐”文件夹中。

步骤 2：整理“私人”文件夹。

使用组合键移动文件：按住 Ctrl 键不放，分别单击“个人简历”“照片”“日记”文件或文件夹，将它们同时选中，按 Ctrl+X 组合键剪切，之后打开“私人”文件夹，在其窗口按 Ctrl+V 组合键粘贴，将上述文件夹或文件移动到“私人”文件夹。

步骤 3：整理“学习”文件夹。

同时选中“计基作业”“PS CS6”“C 语言作业”3 个文件或文件夹，使用上述任一方法，将它们移动到“学习”文件夹中。

说明：

对文件进行“复制”或“移动”等操作后，这些文件会存储在剪贴板的临时存储区。剪贴板是 Windows 中的常用工具，它是内存中的一块区域。在使用剪贴板时，新剪贴的内容会覆盖之前剪贴的内容。简单来说，剪贴板就是计算机存放交换信息的区域。剪贴板可以存放的内容是多样的，包括文字、图像等信息。

【任务 5】整理“学生会成员管理”文件夹，将相关成员信息文件移动到各部门文件夹中。

步骤 1：查看及排列文件。

“学生会成员管理”文件夹中的文件较多，采用平铺的形式进行显示，可以更加清楚地查看文件的图标。在“学生会成员管理”文件夹窗口空白处单击鼠标右键，在弹出的快捷菜单中单击【查看】|【平铺】命令，设置文件显示方式如图 2-9 所示。

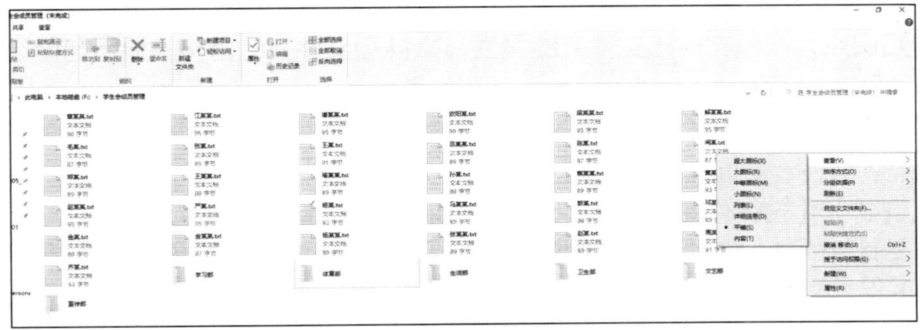

图 2-9　设置文件显示方式

说明：

“查看”命令列出了几种查看文件的方式。当文件夹中的内容较多时，最好采用“平铺”或“图标”方式，这样可以更加清楚地查看文件的图标；如果想尽可能多地显示文件和文件夹，就可以采用“列表”方式显示，以便看到更多的内容；“详细信息”方式可以显示文件的名称、大小、类型和修改时间等信息。

为了更快地找到需要的文件，可以按文件的属性排列文件。在空白处单击鼠标右键，弹出快捷菜单后单击“排序方式”命令，里面提供了 4 种排列方式，分别是“名称”“修改日期”“类型”“大小”，可以根据需要选择不同的文件排列方式。此处采用“名称”排列方式，如图 2-10 所示。

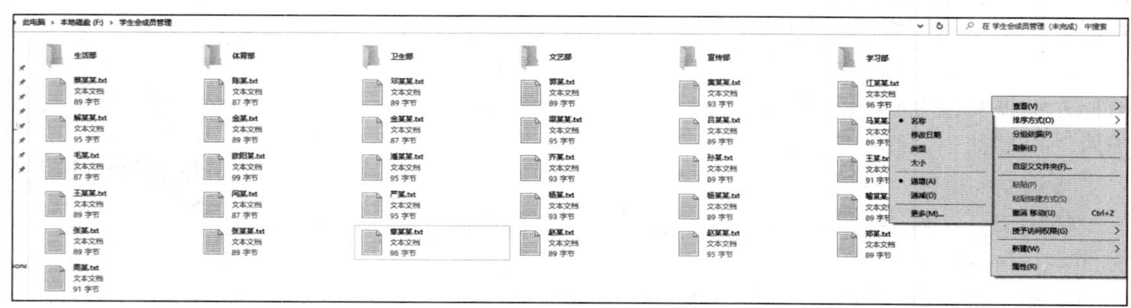

图 2-10 “名称”排列方式

步骤 2：移动文件。

文件显示方式和排列方式设置完成后，单击“蔡某某.txt”文件，然后按住 Ctrl 键依次单击“齐某.txt”“杨某.txt”“杨某某.txt”“周某.txt”“朱某.txt”文件。按 Ctrl+X 组合键剪切文件，然后双击“生活部”文件夹，打开“生活部”文件夹窗口，按 Ctrl+V 组合键，执行粘贴命令，将上述人员信息文件移动到“生活部”文件夹中。同样操作，将其他成员信息文件分别移动到相应部门的文件夹中。

步骤 3：删除“杨某.txt”文件。

双击“生活部”文件夹，打开“生活部”文件夹窗口，选中“杨某.txt”文件，单击鼠标右键，在弹出的快捷菜单中单击“删除”命令，文件将暂时存放在回收站。如果需要彻底删除“杨某.txt”文件，就双击桌面上的“回收站”图标，打开“回收站”窗口，选中“杨某.txt”文件，单击鼠标右键，在弹出的快捷菜单中单击“删除”命令，然后在弹出的对话框中单击“是”按钮，彻底删除该文件。

四、设置文件和文件夹属性

涉及知识点：设置文件和文件夹的属性，文件和文件夹的备份、显示与隐藏

【任务 6】备份“学生会成员管理”文件夹，将备份的“学生会成员管理”文件夹名修改成“学生会成员管理（备份）”。

步骤 1：备份“学生会成员管理”文件夹。单击“学生会成员管理”文件夹，单击【主页】|【复制到】|【选择位置】命令，打开“复制项目”对话框。在“复制项目”对话框中，设置文件复制路径为【此电脑】|【本地磁盘(E:)】。然后单击“复制”按钮，完成“学生会成员管理”文件夹的备份。

步骤 2：将 E 盘中的“学生会成员管理”文件夹重命名为“学生会成员管理（备份）”。

说明：

在修改文件名称时，如果修改了文件扩展名，就会改变这个文件的属性，需要慎重操作，系统会弹出图 2-11 所示的提示。

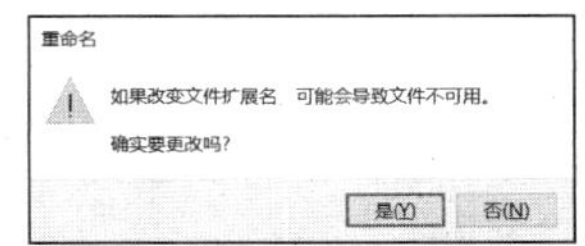

图 2-11　改变文件扩展名时出现的提示

【任务 7】设置“学生评议结果.docx”文件的属性为隐藏，并且会查看该隐藏文件。

步骤 1：隐藏文件。

选中“学生评议结果.docx”文件，单击鼠标右键，在弹出的快捷菜单中单击“属性”命令，打开“学生评议结果.docx 属性”对话框，如图 2-12 所示。在该对话框的“常规”选项卡中，选中“隐藏”复选框，然后单击“确定”按钮。

在“查看”菜单中取消勾选“隐藏的项目”，“学生评议结果.docx”文件即被隐藏显示。

说明：

“学生评议结果.docx 属性”对话框最下面显示有“只读”“隐藏”两个属性。“只读”属性是指打开这个文件时，只能看而不能修改里面的内容。

步骤 2：查看隐藏文件。

如果需要查看隐藏文件，在“查看”菜单中选择“隐藏的项目”命令即可。

查看隐藏文件还有另一种方法：单击【查看】|【选项】命令，打开“文件夹选项”对话框，再切换到“查看”选项卡，在下面的“高级设置”列表框中找到“隐藏文件和文件夹”，如图 2-13 所示，然后选中“显示隐藏的文件、文件夹和驱动器”单选按钮，再单击“确定”按钮，被隐藏的文件就会显示出来。

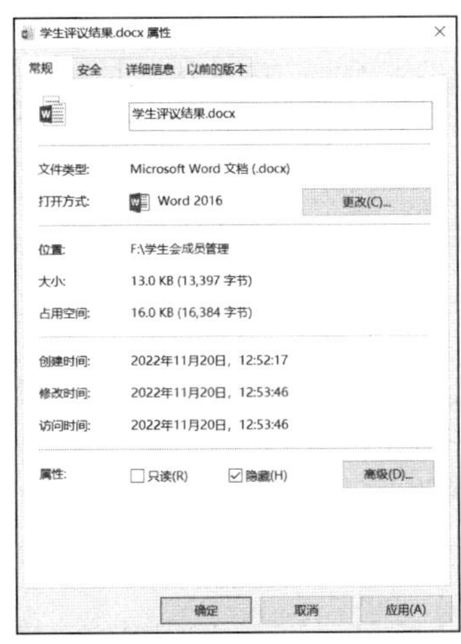

图 2-12　“学生评议结果.docx 属性”对话框

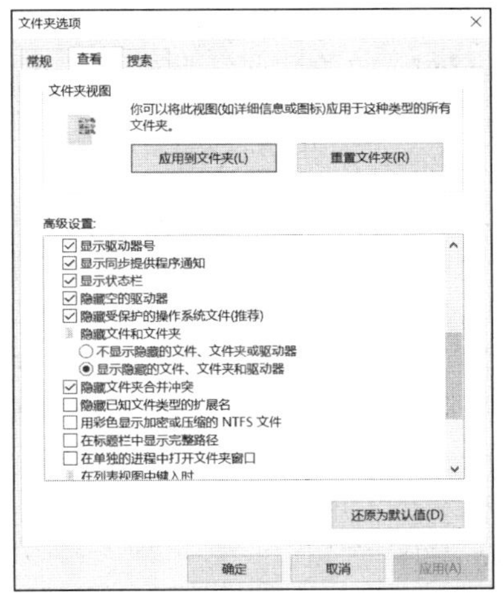

图 2-13　“文件夹选项”对话框

五、搜索文件和文件夹

涉及知识点：文件和文件夹的搜索

当需要查找计算机中某个文件或文件夹时，却忘记了这个文件或文件夹的具体存放位置或具体文件名称，这时 Windows 提供的搜索文件或文件夹工具就可以帮助用户查找这个文件或文件夹。

【任务 8】搜索计算机中的“朱丽.txt”文件，并将文件的具体信息交给学生会王老师。

步骤 1：找到搜索框。

双击桌面上的“此电脑”图标，进入“文件资源管理器”窗口，然后在右上角的搜索框中输入“朱丽”。

步骤 2：显示搜索结果。

在输入文件名的过程中，计算机就会自动根据输入的内容进行搜索。如果知道“朱丽.txt”文件放在哪个盘，那么可直接打开该盘进行搜索，这样会提高搜索速度。窗口中会显示搜索到的文件图标，鼠标指针放于文件图标上可以查看该文件的路径，双击文件图标即可打开该文件。

单击【搜索】|【关闭搜索结果】命令，即可恢复到搜索前的窗口。

2.3 任务二 设置个性化环境

2.3.1 课前准备

为保证任务能够顺利完成，请在实际操作前预习以下内容：学会使用控制面板进行个性化工作环境的设置。

一、课前预习

1. 控制面板

控制面板是 Windows 的一个重要功能，它可以调整和管理计算机的各种设置，常见的作用有系统设置、管理软件和硬件、设置一些安全选项、Windows 桌面外观设置等，可以通过它添加新硬件、添加或删除程序、控制用户账户、更改计算机的日期和时间、调整鼠标的设置、进行网络设置等。通过单击【开始】|【Windows 系统】|【控制面板】命令可打开控制面板。

2. Windows 附件

Windows 10 提供了一些实用的小程序，如画图、步骤记录器、写字板、记事本、截图工具、远程桌面连接等，这些程序被统称为 Windows 附件，用户可以使用它们完成相应的工作。

（1）画图

画图程序是 Windows 自带的一款图像绘制和编辑工具，用户可以使用它绘制或处理简单的图像。单击【开始】|【Windows 附件】|【画图】命令，即可启动画图程序。

（2）步骤记录器

利用 Windows 10 附件中自带的步骤记录器，用户可以记录在计算机上的每一步操作，并自动配以截图和文字说明，用来分享操作步骤。单击【开始】|【Windows 附件】|【步骤记录器】命令，即可启动步骤记录器程序，如图 2-14 所示。操作开始之前，单击“开始记录”按钮；操作结束，单击“停止记录”按钮，即可保存操作步骤的记录文件。

（3）截图工具

单击【开始】|【Windows 附件】|【截图工具】命令，即可启动截图工具程序，如图 2-15 所示。打开截图工具后单击“新建”按钮，即可使用鼠标进行截图。

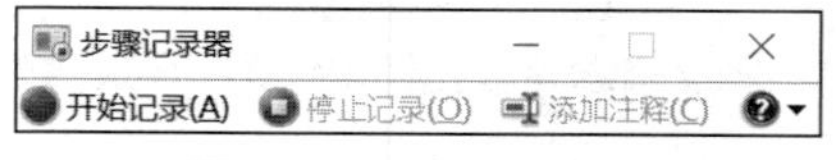

图 2-14 步骤记录器

（4）远程桌面连接

单击【开始】|【Windows 附件】|【远程桌面连接】命令，即可启动远程桌面连接程序，如图 2-16 所示。远程桌面连接功能很多地方都会用到，如计算机出现了无法自己解决的问题、有些工作需要两台计算机分开处理但自己又不方便去其他的计算机上工作等情况。

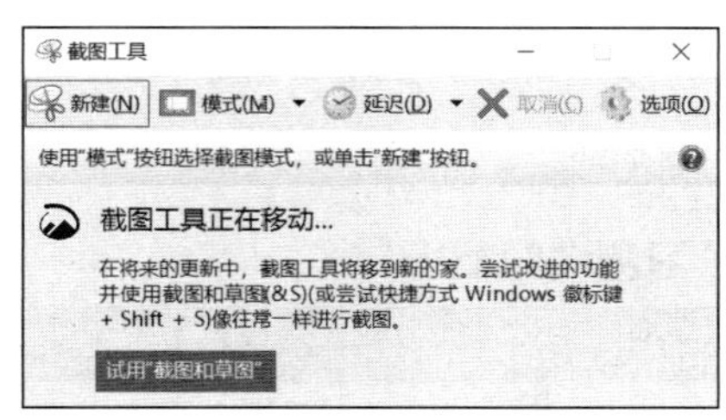

图 2-15　截图工具

图 2-16　远程桌面连接

3. Windows 管理工具

Windows 管理工具也称为 Windows 工具，可以用于访问计算机的详细规格、安排任务、管理 Windows 服务、管理硬盘分区、提高硬盘性能、监控日志和事件，以及进行其他操作。

（1）磁盘清理

磁盘清理是一个免费的 Windows 工具，可以深度清理计算机。磁盘清理可以帮助用户删除临时文件、缩略图、Windows 缓存、未使用的语言文件等。单击【开始】|【Windows 工具】|【磁盘清理】命令，即可启动“磁盘清理”对话框。

（2）碎片整理和优化驱动器

“碎片整理和优化驱动器”可以自动识别机械式硬盘与固态硬盘，对机械式硬盘进行碎片整理，对固态硬盘进行优化。随着计算机硬盘使用时间的增长，磁盘上会产生大量的垃圾碎片或冗余数据，严重影响磁盘的响应速度。碎片整理可以重新组织机械式磁盘上的数据，使其更加紧凑和有序，使磁盘中的文件成连续的状态，从而提升系统的响应速度和整体性能。优化驱动器命令可以从固态硬盘中删除长时间未使用的冗余数据，加快以后将新数据写入固态硬盘的过程。单击【开始】|【Windows 工具】|【碎片整理和优化驱动器】命令，即可启动“碎片整理”或“优化驱动器”操作。

二、预习测试

单项选择题

（1）通过控制面板可以添加新硬件、控制用户账户、____、进行网络设置等。

A. 添加或删除程序　　B. 更改计算机的日期和时间

C. 调整鼠标的设置　　D. 以上都对

（2）在 Windows“开始”菜单的____中的“画图”命令，可以打开 Windows 自带的画图程序。

A. Windows 附件　　B. Windows 工具

C. Windows 系统　　D. Windows 作图

（3）碎片整理和优化驱动器的主要作用是____。

A. 延长磁盘的使用寿命

B. 使磁盘中的损坏区可以重新使用

C. 使磁盘可以获得双倍的存储空间

D. 使机械式磁盘中的文件成连续的状态，提高系统的性能；从固态硬盘中删除长时间未使用的冗余数据

三、预习情况解析

1. 涉及知识点

Windows 10 附件中常用工具的基本使用方法，利用文件资源管理器完成系统软硬件管理

的方法，利用控制面板添加硬件、添加或删除程序的方法。

2. 预习测试题解析

见表 2-4。

表 2-4 “设置个性化环境”预习测试题解析

测试题序号	答案	参考知识点	测试题序号	答案	参考知识点
（1）	D	见课前预习“1.”	（3）	D	见课前预习“3.（2）”
（2）	A	见课前预习“2.（1）”			

2.3.2 任务实现

一、个性化桌面背景

涉及知识点：“显示”属性的设置

很多用户在使用计算机时希望自己的桌面更加个性化，通过改变桌面背景颜色、在背景上添加图片、改变显示的大小、美化字体和更改图标的显示等方法，可以满足用户个性化桌面背景的需求。

【任务 1】为计算机设置个性化的桌面背景、屏幕保护程序、显示器属性，使桌面看起来更加美观，更加实用。

步骤 1：设置桌面背景。

在桌面空白处单击鼠标右键，在弹出的快捷菜单中单击“个性化”命令，打开“设置”的“个性化”窗口，如图 2-17 所示。

在“个性化”窗口左侧单击“背景”，然后单击“浏览”按钮，打开图 2-18 所示的对话框。找到壁纸图片所在的位置，然后选中需要的壁纸图片，桌面背景就设置成功了。设置好桌面背景后，还可以选择填充、适应、拉伸、平铺、居中、跨区等 6 种显示方法。

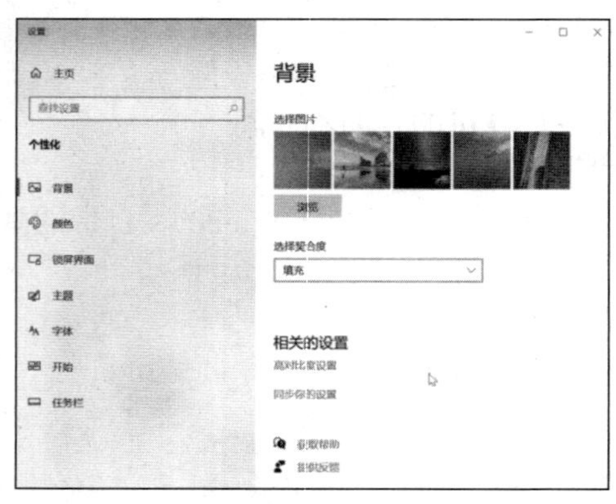

图 2-17 “个性化”窗口

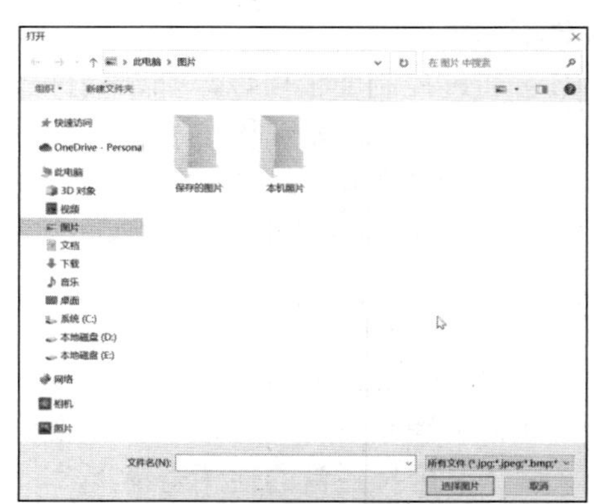

图 2-18 背景选择对话框

步骤 2：设置屏幕保护程序。

屏幕保护程序设计的初衷是防止计算机显示器因无人操作而长时间显示同一个画面，导致屏幕发光器件疲劳变色，甚至烧毁，最终使屏幕某个区域偏色或变暗。如果启动了屏幕保护程序，当用户在一段时间内没有使用计算机时，显示器画面就会不断变化或者显示器熄屏，这样可以减少屏幕的损耗并保障系统安全。屏幕保护程序还有其他的用处，如当用户暂时离开计算机时，可以通过设置屏幕保护程序口令来保护自己的计算机，让别人无法使用。

单击图 2-19 所示的窗口左侧“个性化”的“锁屏界面”，然后单击“屏幕保护程序设置”超链接，弹出“屏幕保护程序设置”对话框，在“屏幕保护程序”下拉列表中选择需要的屏幕保护程序，“等待”微调按钮前的文本框可以调整计算机当前屏幕上的内容持续时间，在“等待”微调按钮右边有个复选框，可以选中该复选框设置“在恢复时显示登录屏幕”。设置完成后可以单击“预览”按钮，查看最终显示效果。预览效果如果达到要求后，单击“确定”按钮或“应用”按钮，完成屏幕保护程序设置。

图 2-19 单击“屏幕保护程序设置”超链接

步骤 3：设置显示器属性。

在桌面空白处单击鼠标右键，在弹出的快捷菜单中单击“显示设置”命令，可以打开“设置”的“系统”窗口，如图 2-20 所示。单击“高级显示设置”超链接，会跳转到图 2-21 所示的界面，可以对屏幕刷新频率、颜色质量等常用功能进行设置。

图 2-20 “设置”的“系统”窗口

图 2-21 “高级显示设置”界面

二、安装和删除应用程序

涉及知识点：安装应用程序、删除应用程序

【任务 2】使用控制面板中的“程序和功能”卸载 Microsoft Office 2007，再为计算机安装 Microsoft Office 2016，以满足计算机应用基础学习的需要。

步骤 1：执行控制面板命令。

单击【开始】|【Windows 系统】|【控制面板】命令，在控制面板中双击“程序和功能”

图标，然后根据需要选择卸载或更改程序，此处选择卸载程序。

步骤 2：执行卸载命令。

单击“卸载”命令，将打开提示界面，询问“是否确定从计算机上删除 Microsoft Office 2007？”，单击“是”按钮，进入卸载界面，等待数分钟后，软件卸载结束。

步骤 3：安装新程序。

打开 Microsoft Office 2016 的安装包，找到安装文件 Set-up.exe，双击并打开安装程序向导对话框，根据安装提示的步骤安装 Microsoft Office 2016。

三、添加新用户

涉及知识点：添加新用户

【任务 3】为计算机添加一个管理员账户，账户名称为 abc，密码为 123，以满足多个用户使用一台计算机的情况。为了账户安全，可以将密码修改为安全系数更高的密码。

步骤 1：添加新用户。

单击【开始】|【Windows 系统】|【控制面板】命令，打开“控制面板”窗口。单击“用户账户”，打开“用户账户”窗口，默认管理员账户名称为 Administrator，如图 2-22 所示。

图 2-22 “用户账户”窗口

在“用户账户”窗口中单击“管理其他账户”超链接，进入“管理账户”窗口，该窗口中列出了管理员账户 Administrator，如图 2-23 所示。

图 2-23 “管理账户”窗口

单击“在电脑设置中添加新用户”超链接，在打开的“设置”窗口中单击“将其他人添加到这台电脑”，进入“本地用户和组（本地）”窗口，鼠标右键单击“用户”，在弹出的快捷菜单中单击“新用户”命令，如图 2-24 所示。

然后在打开的对话框中输入用户名“abc”，输入密码“123”及确认密码“123”，单击“创建”按钮完成操作，如图 2-25 所示。

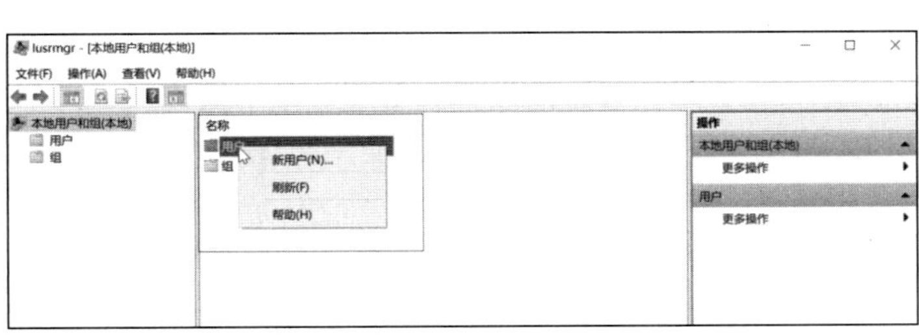
图 2-24 “本地用户和组（本地）”窗口

图 2-25 “新用户”对话框

步骤 2： 修改密码。

此时，图 2-23 所示的“管理账户”窗口中已显示了账户 abc，单击新账户 abc，进入“更改账户”窗口，如图 2-26 所示。单击窗口中的“更改密码”超链接，进入“更改密码”窗口，在“新密码”文本框中输入新密码，在“确认新密码”文本框中再次输入新密码，最后单击“更改密码”按钮，即可完成密码的修改。

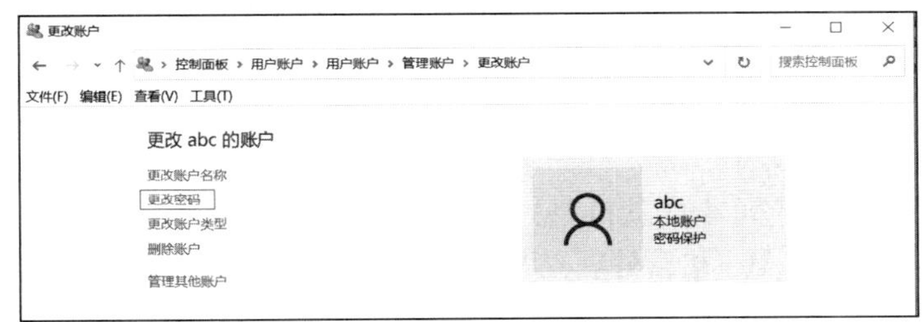
图 2-26 “更改账户”窗口

四、修改系统日期和时间

涉及知识点：修改系统日期和时间

【任务 4】使用控制面板中的日期和时间工具修改计算机当前的日期和时间，以便查看正确的日期和时间。

单击【开始】|【Windows 系统】|【控制面板】命令，然后单击“日期和时间”，打开“日期和时间”对话框，如图 2-27 所示。单击“更改日期和时间”按钮，打开“日期和时间设置”对话框，如图 2-28 所示。设置需要更改的日期和时间，然后单击“确定”按钮即可完成设置。

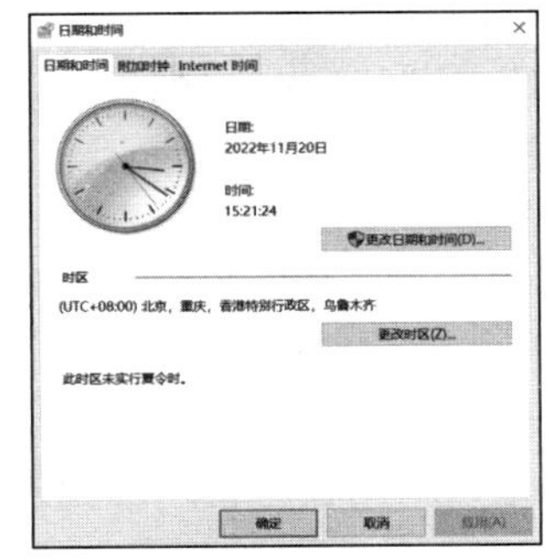
图 2-27 “日期和时间”对话框

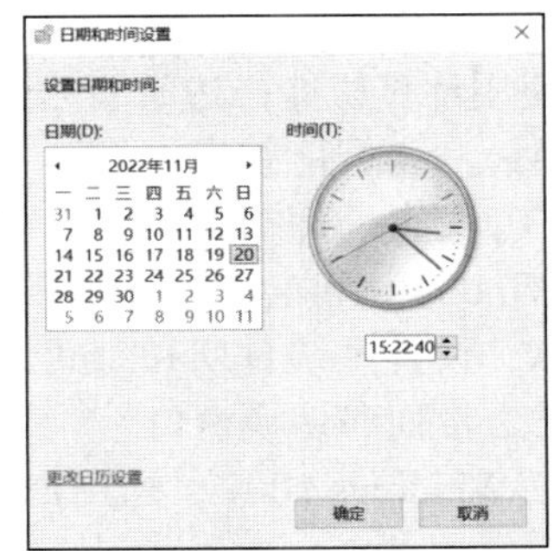
图 2-28 “日期和时间设置”对话框

2.4 项目总结

在本项目中，我们主要完成了计算机资源管理和设置个性化环境等任务。

① 在完成项目的过程中，我们熟悉了计算机的基本操作，认识了 Windows 的桌面、窗口和对话框等各种界面，掌握了文件的存储和管理、系统的设置和管理等基本操作。

② 按照创建“学生会成员管理”文件夹→管理“学生会成员管理”文件夹的这个过程，进行文件和文件夹的管理工作，这是本项目的主要内容。

③ 介绍了 Windows 的设置和管理方法，从而学会如何更合理地管理计算机的资源。

完成本项目后，可以在“此电脑”窗口或“文件资源管理器”窗口中进行以下文件和文件夹的操作：文件和文件夹的创建、移动、复制、删除、重命名、查找等，文件属性的修改，快捷方式的创建，利用记事本建立文档，设置个性化桌面背景，安装与删除应用程序，为计算机系统添加新用户等。

2.5 技能拓展

2.5.1 理论考试练习

1. 单项选择题

（1）文件的类型可以根据____来识别。

A. 文件的存放位置　　B. 文件的扩展名
C. 文件的用途　　D. 文件的大小

（2）计算机系统中必不可少的软件是____。

A. 操作系统　　B. 语言处理程序　　C. 工具软件　　D. 数据库管理系统

（3）在计算机中，文件是存储在____。

A. 磁盘上的一组相关信息的集合　　B. 内存中的信息集合
C. 外部介质上的信息集合　　D. 打印纸上的一组相关数据

（4）在 Windows 10 的资源管理器窗口中，要一次选择多个不相邻的文件，应进行的操作是____。

A. 依次单击各个文件
B. 按住 Alt 键，并依次单击各个文件
C. 按住 Ctrl 键，并依次单击各个文件
D. 单击第一个文件，然后按住 Shift 键，再单击最后一个文件

（5）在 Windows 10 中要查看隐藏文件，可在资源管理器窗口的____菜单中实现。

A. 文件　　B. 编辑　　C. 查看　　D. 帮助

（6）使用计算机能一边听音乐，一边玩游戏，这主要体现了 Windows 的____。

A. 人工智能技术　　B. 自动控制技术
C. 文字处理技术　　D. 多任务技术

（7）Windows 10 桌面底部的任务栏有很多功能，但不能在任务栏内进行的操作是____。

A. 设置系统日期和时间　　B. 排列桌面图标
C. 排列和切换窗口　　D. 启动“开始”菜单

（8）在 Windows 10 中，当用户运行多个应用程序后，这些应用程序将以图标的形式出现在____。

A. 状态栏　　B. 工具栏　　C. 任务栏　　D. 格式栏

(9) 为了操作方便和快捷，把一个对象的指针复制到另一个地方，如桌面、文件夹中等，而不是复制对象本身，这种方式称为____。

A. 粘贴　　B. 复制　　C. 创建快捷方式　　D. 拖动

(10) 删除 Windows 10 桌面上的某个应用程序的快捷方式，意味着____。

A. 只删除了快捷方式图标，对应的应用程序被保留

B. 只删除了该应用程序，对应的快捷方式图标被隐藏

C. 该应用程序连同其快捷方式图标一起被删除

D. 该应用程序连同其快捷方式图标一起被隐藏

(11) 在 Windows 10 中，用剪贴板移动信息时，应先单击____命令，然后单击“粘贴”命令。

A. 清除　　B. 粘贴　　C. 复制　　D. 剪切

(12) 在 Windows 10 中，剪贴板是指____。

A. 硬盘上的一块区域　　B. 软盘上的一块区域

C. 内存中的一块区域　　D. 光盘中的一块区域

(13) 下列操作中，不能关闭应用程序的是____。

A. 单击应用程序窗口右上角的“关闭”按钮

B. 按 Alt+F4 组合键

C. 单击“文件”菜单，在下拉菜单中单击“退出”命令

D. 单击任务栏上的图标

(14)“个性化”窗口中不能设置____。

A. 桌面主题　　B. 一组可自动更换的图片

C. 桌面的颜色　　D. 桌面小工具

(15) 在 Windows 10 中，为使文件不被显示，可将它的属性设置为____。

A. 只读　　B. 隐藏　　C. 存档　　D. 系统

(16) 在 Windows 10 中，利用“回收站”可恢复____中被误删除的文件。

A. 硬盘　　B. 软盘　　C. 内存储器　　D. 光盘

(17) 在 Windows 10 中，以____为扩展名的文件是可执行文件。

A. .com　　B. .sys　　C. .bat　　D. .exe

(18) 在 Windows 10 中，快捷方式文件的图标____。

A. 右下角有一个箭头　　B. 左下角有一个箭头

C. 左上角有一个箭头　　D. 右上角有一个箭头

(19) 在 D 盘或 E 盘中查找资料文件，由于存放的文件过多不容易找到时，我们往往通过改变文件的视图方式来快速查找，下面____视图显示的信息最多。

A. 大图标　　B. 列表　　C. 平铺　　D. 详细信息

2. 多项选择题

(1) 关于快捷方式，下列叙述正确的有____。

A. 快捷方式就是一个图标，它指出了相应的应用程序的位置

B. 删除一个快捷方式，会彻底删除与这个快捷方式相对应的应用程序

C. 删除一个快捷方式，只是删除了其图标

D. 删除了快捷方式，对应的应用程序仍然可以运行

（2）在 Windows 10 中，显示文件（夹）有____等方式。

A. 缩略图　　B. 图标　　C. 列表　　D. 详细信息

（3）Windows 10 中窗口的主要组成部分应包括____。

A. 标题栏　　B. 菜单栏　　C. 状态栏　　D. 工具栏

（4）在 Windows 10 中，用下列方式删除文件，不能通过回收站恢复的有____。

A. 按 Shift+Delete 组合键删除的文件

B. U 盘上被删除的文件

C. 被删除文件的长度超过了“回收站”空间的文件

D. 在硬盘上，通过按 Delete 键后正常删除的文件

（5）在 Windows 10 中，下列不正确的文件名有____。

A. MY PARK GROUP.txt　　B. A<>B.doc

C. FILE|FILE2.xls　　D. A?B.ppt

（6）在 Windows 10 中，查找文件可以按____查找。

A. 修改日期　　B. 文件大小　　C. 名称　　D. 删除的顺序

2.5.2 实践案例

1. 文件和文件夹的基本操作

请在“实训 2-2”文件夹中进行以下操作。

（1）将文件夹 juice 下的文件 wine.bmp 改名为“beer.bmp”。

（2）在文件夹 food 下建立一个新文件夹 cookie。

（3）将文件夹 goods 下的文件 list.wri 移动到文件夹 cookie 中。

（4）在文件夹 science 下新建一个文本文档“test.txt”，并将文件内容设为“科学技术”。

（5）将文件夹 juice 下的文件 wahaha.jpg 删除。

2. 资源管理器（计算机）的使用

（1）在“实训 2-3”文件夹下新建一个文件夹，以自己的姓名“×××”命名。

（2）新建一个记事本文件，输入以下内容。

软件系统包括系统软件和应用软件。操作系统是一个大型的系统软件，它对整个计算机系统实施控制和管理，为用户提供灵活、方便的接口。操作系统是软件系统的核心，其他软件只有在操作系统的支持下才能工作。

（3）将新建的记事本文件保存在“×××”文件夹中，文件名为“计算机操作系统概述.txt”。

（4）在“×××”文件夹下新建一个文件夹，名称为“JSJ”。

（5）将文件“计算机操作系统概述.txt”复制到文件夹“JSJ”中，并将其重命名为“操作系统的简介.txt”。

（6）将文件“操作系统的简介.txt”移动到“×××”文件夹下，并将“×××”文件夹下的文件“计算机操作系统概述.txt”删除，再将文件夹“JSJ”删除。

（7）搜索“操作系统的简介.txt”，查看文件的路径，然后在桌面上为“操作系统的简介.txt”建立一个快捷方式。

（8）将“×××”文件夹中的文件“操作系统的简介.txt”的属性设置为只读。

（9）对 C 盘根目录下的文件按“大小”进行由大到小方式排序。

（10）在计算机的 D 盘根目录下新建一个文件夹，名称为“日记”，然后将其隐藏。

项目三　WPS 文字基本编排、表格制作及其 AI 应用——制作新生报到须知文档

学习目标

WPS Office 中的文字功能模块，可以很方便地创建和编辑各种文字信息，还可以处理表格和图形，从而制作出图文并茂、清晰明了的文档。

本项目通过制作“新生报到须知”文档介绍 WPS 文字文档的基本制作和处理方法。

通过对本项目的学习，读者能够掌握全国高等学校计算机水平考试及全国计算机等级考试的相关知识点，达到下列学习目标。

知识目标：

- 熟悉 WPS 文字的运行环境、启动和退出。
- 熟悉 WPS 文字工作界面。
- 熟悉 WPS 文字文档的创建、打开、关闭、保存和保护等操作。
- 熟悉 WPS 文字文档内容的基本编辑操作，文本的选定、删除与插入、复制与移动、查找与替换，剪贴板的使用。
- 熟悉字体格式、段落格式、页面格式的设置等基本操作。
- 熟悉标尺的使用方法，边框与底纹的设置，分栏、首字下沉的设置。
- 熟悉格式刷的使用方法。
- 熟悉打印与预览的方法。
- 熟悉 WPS 文字处理模块中表格的创建、编辑，表格样式、表格属性的设置。
- 熟悉 WPS 文字表格中数学公式的使用方法。
- 了解 WPS 文字 AI 应用。

技能目标：

- 了解 WPS Office 界面。
- 了解 WPS 文字的运行环境。
- 学会 WPS 文字文档的基本操作，包括创建新文档、输入文档内容、保存保护文档、打开和关闭文档。
- 学会 WPS 文字文档内容的编辑方法，包括文本的选定、复制、粘贴、移动、查找、替换等。
- 学会 WPS 文字文档的基本排版方法，包括页面设置、字符格式的设置、段落格式的设置、标尺的使用、剪贴板的使用、格式刷的使用。

- 学会在 WPS 文字文档中编辑表格，包括表格的制作与表格内容的输入，表格内容编辑、表格与文本的转换、表格属性设置、表格样式使用。
- 学会使用数学公式在 WPS 文字表格中进行求和、求平均值等运算。
- 学会使用 WPS 文字 AI 功能。

3.1 项目总要求

在新学期开始时，A 大学需要制作“新生报到须知”文档，“新生报到须知”文档将与“录取通知书”一同寄出。“新生报到须知”文档里详细介绍了新生报到时间、报到地点、报到注意事项、报到流程及说明、相关部门联系电话等相关信息，以方便新生报到。

“新生报到须知”文档文字内容丰富，还含有“缴纳费用清单”“公寓化用品清单”等表格，使用 WPS 文字来制作这份文档的最终效果如图 3-1 所示。

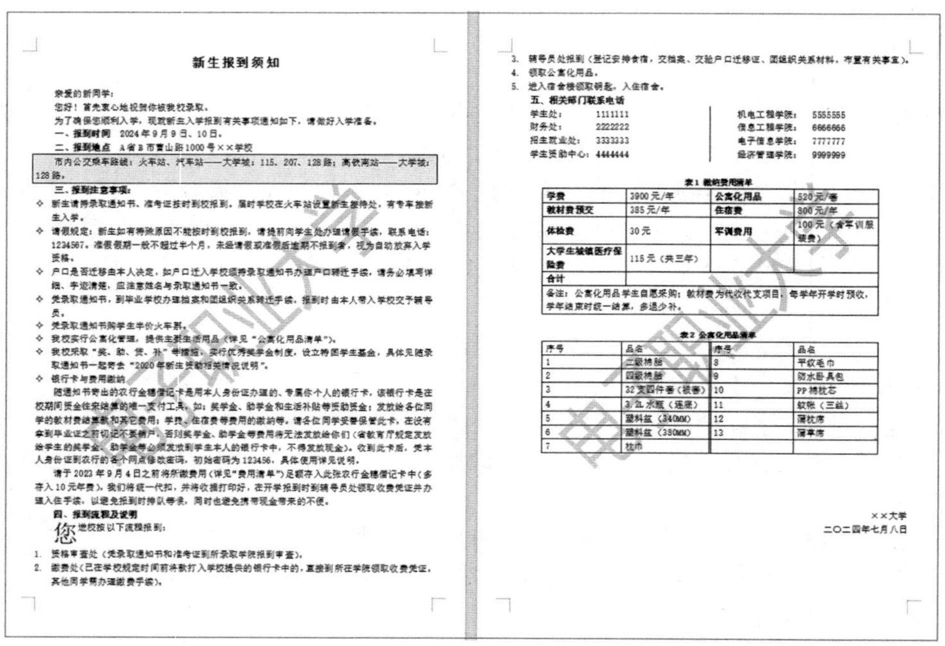

新生报到须知

亲爱的新同学：

您好！首先衷心地祝贺你被我校录取。

为了确保您顺利入学，现就新生入学报到有关事项通知如下，请做好入学准备。

一、报到时间　2024 年 9 月 9 日、10 日。

二、报到地点　A 省 B 市青山路 1000 号××学校

市内公交乘车路线：火车站、汽车站——大学城：115、207、128 路；高铁南站——大学城：128 路。

三、报到注意事项：

- 新生请持录取通知书、准考证按时到校报到。届时学校在火车站设置新生接待处，有专车接新生入学。
- 请假规定：新生如有特殊原因不能按时到校报到，请提前向学生处办理请假手续，联系电话：1234567。准假假期一般不超过半个月，未经请假或准假后逾期不报到者，视为自动放弃入学资格。
- 户口是否迁移由本人决定，如户口迁入学校须持录取通知书办理户口转迁手续，请务必填写详细、字迹清楚，应注意姓名与录取通知书一致。
- 凭录取通知书，到毕业学校办理档案和团组织关系转迁手续，报到时由本人带入学校交予辅导员。
- 凭录取通知书购学生半价火车票。
- 我校实行公寓化管理，提供主要生活用品（详见“公寓化用品清单”）。
- 我校采取“奖、助、贷、补”等措施，实行优秀奖学金制度，设立特困学生基金，具体见随录取通知书一起寄去“2020 年新生资助相关情况说明”。
- 银行卡与费用缴纳

随通知书寄出的农行金穗借记卡是用本人身份证办理的、专属你个人的银行卡，该银行卡是在校期间资金往来结算的唯一支付工具，如：奖学金、助学金和生活补贴等资助资金；发放给各位同学的教材费结算款和其它费用；学费、住宿费等费用的缴纳等。请各位同学妥善保管此卡，在没有拿到毕业证之前切记不要销户，否则奖学金、助学金等费用将无法发放给你们（省教育厅规定发放给学生的奖学金、助学金等必须发放到学生本人的银行卡中，不得发放现金）。收到此卡后，凭本人身份证到农行的各个网点修改密码，初始密码为 123456，具体使用详见说明。

请于 2023 年 9 月 4 日之前将所缴费用（详见“费用清单”）足额存入此张农行金穗借记卡中（多存入 10 元年费），我们将统一代扣，并将收据打印好，在开学报到时到辅导员处领取收费凭证并办理入住手续，以避免报到时排队等候，同时也避免携带现金带来的不便。

四、报到流程及说明

您进校按以下流程报到：

1. 资格审查处（凭录取通知书和准考证到所录取学院报到审查）。
2. 缴费处（已在学校规定时间前将款打入学校提供的银行卡中的，直接到所在学院领取收费凭证，其他同学需办理缴费手续）。
3. 辅导员处报到（登记安排食宿，交档案、交验户口迁移证、团组织关系材料，布置有关事宜）。
4. 领取公寓化用品。
5. 进入宿舍楼领取钥匙，入住宿舍。

五、相关部门联系电话

学生处：1111111　　机电工程学院：5555555
财务处：2222222　　信息工程学院：6666666
招生就业处：3333333　　电子信息学院：7777777
学生资助中心：4444444　　经济管理学院：9999999

表 1 缴纳费用清单

学费	3900 元/年	公寓化用品	520 元/套
教材费预交	385 元/年	住宿费	800 元/年
体检费	30 元	军训费用	100 元（含军训服装费）
大学生城镇医疗保险费	115 元（共三年）		
合计			
备注：公寓化用品学生自愿采购；教材费为代收代支项目，每学年开学时预收，学年结束时统一结算，多退少补。			

表 2 公寓化用品清单

序号	品名	序号	品名
1	二級棉胎	8	平纹毛巾
2	四級棉胎	9	防水卧具包
3	32 支四件套（被套）	10	PP 棉枕芯
4	3.2L 水瓶（连座）	11	蚊帐（三丝）
5	塑料盆（340MM）	12	蒲枕席
6	塑料盆（380MM）	13	蒲草席
7	枕巾		

××大学

二〇二四年七月八日

图 3-1 “新生报到须知”文档最终效果

本项目可以分解为 WPS 文字文档的编排和 WPS 文字文档中表格的制作两部分。

1. 文档编排任务要求

（1）文档页面设置

① 文档纸张大小选用 A4，上下页边距设为 2 厘米，左右页边距设为 1.5 厘米。

② 文档添加文字水印，内容是“电子职业大学”，倾斜，透明度 50%。

（2）标题设置

将标题设为宋体、三号、加粗、黑色，字符间距为加宽，磅值为 1.5 磅，段后间距设为 1 行，段落居中对齐。

（3）正文内容格式设置

① 正文的字号、字体、颜色分别为小四、宋体、黑色，各段落首行缩进 2 个字符，行距为固定值 18 磅。

② 文中的小标题“一、报到时间”“二、报到地点”“三、报到注意事项”“四、报到流

程及说明”“五、相关部门联系电话”均设置加粗。

③ 文中“二、报到地点”后面的乘车路线两行文字要添加段落边框，边框线为 0.5 磅的黑色实线，框内文本距离边框上、下各 1 磅，左、右各 4 磅为段落添加灰色的底纹。

④ 为突出报到流程，将“四、报到流程及说明”的第一个段落设置为首字下沉 2 个字符。

⑤ 将“五、相关部门联系电话”内容分为两栏，栏宽相等，两栏间添加一条分隔线。

⑥ 文末的落款与日期采用右对齐。

2. 表格制作任务要求

① 插入“缴纳费用清单”表格，表格格式如图 3-2 所示，单元格中的文字设为“水平方向左对齐，垂直方向居中”，表格外框线设为 1.5 磅宽，“合计”栏的数据采用数学公式计算求和，最后两行使用合并单元格方法合并。

表 1 缴纳费用清单

学费	3900 元/年	公寓化用品	520 元/套
教材费预交	385 元/年	住宿费	800 元/年
体检费	30 元	军训费用	100 元（含军训服装费）
大学生城镇医疗保险费	115 元（共三年）		
合计			
备注：公寓化用品学生自愿采购；教材费为代收代支项目，每学年开学时预收，学年结束时统一结算，多退少补。			

图 3-2 “缴纳费用清单”表格

② 插入“公寓化用品清单”表格，表格格式如图 3-3 所示，“序号”列的列宽设为 3.5 厘米，表格外框线设为 1.5 磅宽。

表 2 公寓化用品清单

序号	品名	序号	品名
1	二级棉胎	8	平纹毛巾
2	四级棉胎	9	防水卧具包
3	32 支四件套（被套）	10	PP 棉枕芯
4	3.2L 水瓶（连底）	11	蚊帐（三丝）
5	塑料盆（340mm）	12	蒲枕席
6	塑料盆（380mm）	13	蒲草席
7	枕巾		

图 3-3 “公寓化用品清单”表格

3.2 任务一　WPS 文字文档编排

3.2.1 课前准备

为保证任务能够顺利完成，请先预习以下内容：了解 WPS Office 首页界面，熟悉 WPS 文字的启动与退出，熟悉 WPS 文字的工作界面，了解 WPS 文字中文本的输入、选中、删除、复制、移动、粘贴等操作。

一、课前预习

1. 了解 WPS Office

（1）WPS Office 程序

WPS Office 是一款办公软件套装，包括办公最常用的文字、表格、演示文稿、PDF 阅读等多个功能模块，由北京金山办公软件股份有限公司自主研发，具有内存占用低、运行速度快、云功能多、强大插件平台支持、免费提供在线存储空间及文档模板的优点，可以无障碍兼容 DOCX、XLSX、PPTX、PDF 等文件格式。

在 WPS Office 中可以同时打开文字、表格、演示文稿、PDF 等。

（2）WPS Office 首页

先启动 WPS Office，进入其首页。启动 WPS Office 有多种方法，下面介绍两种常用的启动方法。① 单击桌面左下角的“开始”按钮，打开“开始”菜单，单击“WPS Office”命令，即可启动 WPS Office 程序。② 如果桌面有 WPS Office 快捷方式图标，双击它即可启动 WPS Office 程序，进入其首页。

WPS Office 首页界面如图 3-4 所示。

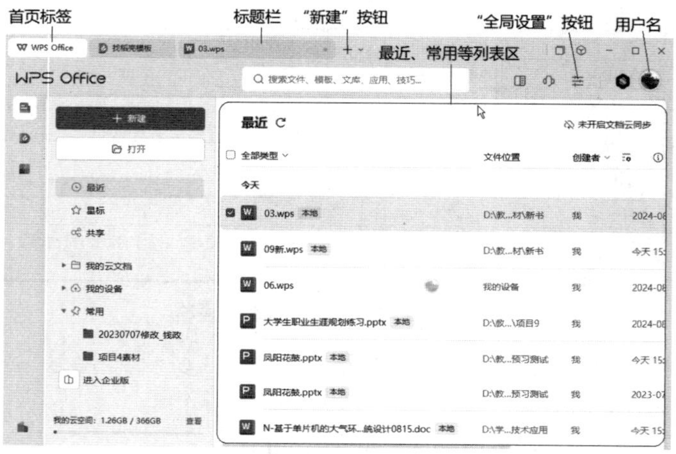

图 3-4　WPS Office 首页界面

① 首页标签：单击进入 WPS Office 首页界面，用于从 WPS 各类文档窗口切换到 WPS Office 首页界面。

② “新建”按钮：用于新建 WPS 各类文档。

③ 最近、常用等列表区：根据左侧目录的选择情况，显示用户最近访问的文档或者用户常用的文档或者用户云文档等列表，双击列表项可以打开该文档。

④ “全局设置”按钮：用于设置 WPS Office 外观界面、工作环境等。

2. WPS 文字的启动与退出

（1）启动 WPS 文字

通常要先进入 WPS Office 首页，再启动 WPS 文字，新建 WPS 文字文档或者打开已有的 WPS 文字文档。

① 双击桌面 WPS Office 快捷方式图标，进入 WPS Office 首页。单击最上方的“新建”按钮 +，或者单击左侧的“新建”按钮 + 新建 ，或者按 Ctrl+N 组合键，弹出“新建”面板，如图 3-5 所示，单击“文字”按钮，即可新建一个 WPS 文字文档。

② 单击桌面左下角的“开始”按钮，打开“开始”菜单，单击“WPS Office”命令，进入 WPS Office 首页后，在“最近、常用等列表区”双击最近打开过的 WPS 文字文档，即可打开已有的 WPS 文字文档。

③ 进入 WPS Office 首页后，单击左侧的“打开”按钮 打开 ，弹出“打开文件”对话框，如图 3-6 所示，根据 WPS 文字文档的保存路径找到已有的文档，双击，即可打开已有

的 WPS 文字文档。

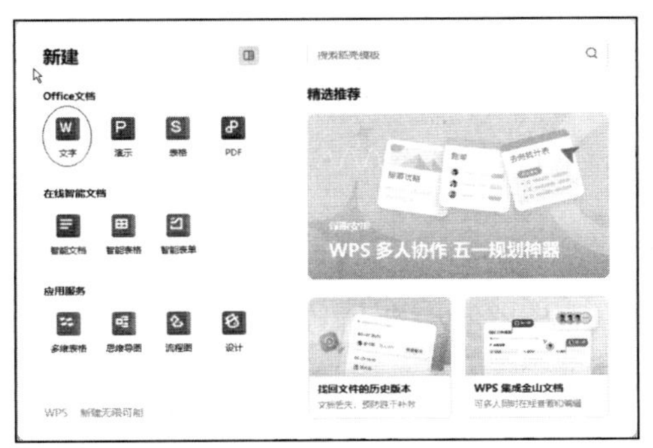

图 3-5　WPS Office“新建”面板

图 3-6　“打开文件”对话框

（2）退出 WPS 文字

① 单击 WPS Office 窗口右上角的“关闭”按钮 ×（此操作将退出 WPS Office 程序，关闭全部 WPS 文档）。

② 按 Alt+F4 组合键（此操作作用同①）。

③ 单击标题栏中 WPS 文字文档名称右侧的“关闭”按钮 ×（此操作只关闭当前 WPS 文字文档，WPS Office 程序不会关闭）。

3. WPS 文字的工作界面及相应组成部分的功能

启动 WPS 文字，进入其工作界面，如图 3-7 所示。

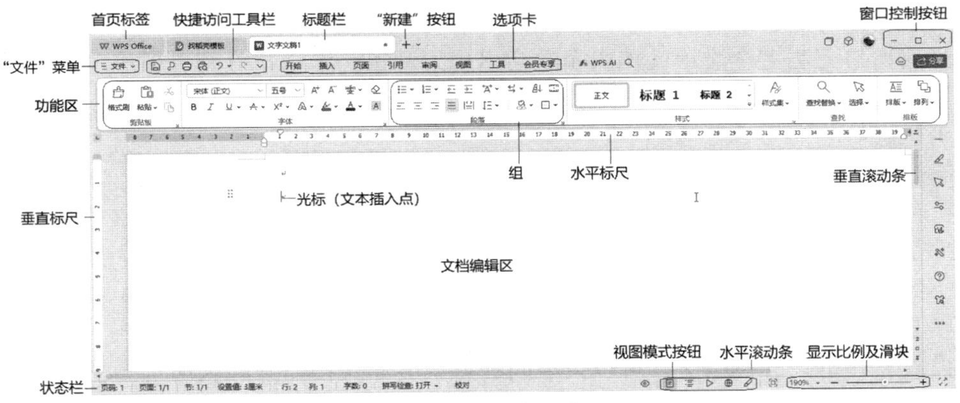

图 3-7　WPS 文字工作界面

（1）首页标签

单击首页标签，返回图 3-4 所示的 WPS Office 首页界面。

（2）标题栏

标题栏位于 WPS 文字工作界面最上方，主要用于显示文档名称。标题栏右侧是“关闭”按钮 ×，单击可关闭此文档。

（3）窗口控制按钮

窗口控制按钮 – ⧉ × 位于工作界面右上方，分别单击这 3 个按钮可实现将窗口最小化、恢复或最大化、退出 WPS Office 程序。最小化是指隐藏 WPS Office 程序窗口，只在任务栏中显示图标，但该程序并未关闭，再次单击任务栏上窗口最小化的图标可重新显示 WPS Office 程序窗口。

（4）“文件”菜单

“文件”菜单主要用于执行新建（WPS 文字文档）、打开、保存、加密、分享等基本操作。另外，单击“文件”菜单，打开下拉菜单，选择“选项”命令，可打开“选项”对话框，在其中可以对 WPS 文字进行多种自定义设置。

（5）快捷访问工具栏

快捷访问工具栏用于放置一些使用频率较高的工具，默认情况下，该工具栏包含“保存”、“输出为 PDF”、“打印”、“打印预览”、“撤销”、“恢复”几个按钮，单击其右侧的“自定义快捷访问工具栏”按钮，可以增加或删除快捷访问工具栏中显示的按钮。

（6）功能区

功能区由“开始”“插入”“页面”“引用”“审阅”“视图”“工具”等选项卡的具体功能组成，每个选项卡分类存放着不同的编排工具，单击任一选项卡标签可切换到对应的选项卡，选项卡中包括各类工具按钮，将鼠标指针移到某按钮上停留片刻，即可显示该按钮的名称、作用。在每个选项卡中，工具按钮又被分类放置在不同的组中。某些组的右下角有一个对话框启动器按钮，单击该按钮可打开相关对话框或任务窗格等。

在功能区空白区域单击右键，在弹出的快捷菜单中有“显示功能区”“显示功能区分组名”选项，选中后显示功能区、分组名。

（7）标尺

标尺分为水平标尺和垂直标尺，用于辅助文档定位。通过“视图”选项卡中的“标尺”复选框，可以控制标尺的显示与隐藏。

（8）滚动条

在当前窗口无法完全显示文档内容时会出现滚动条，滚动条分为水平滚动条和垂直滚动条。利用滚动条可以完成全部文档内容的浏览。

（9）状态栏

状态栏位于 WPS 文字窗口下方，状态栏左部显示当前文档页面、字数、文档操作等相关状态；状态栏中部是视图模式按钮，用于显示、切换当前文档视图类型；状态栏右部是显示比例及滑块 200%，用于显示、调节 WPS 文字文档在屏幕上的显示大小比例。

在 WPS 文字中，文档有 5 种视图模式：页面视图、大纲视图、阅读版式、Web 版式视图和写作模式。在不同的视图下，可以按不同的方式显示文档，并能利用一些视图的特殊功能对文档进行管理。

（10）文档编辑区

文档编辑区又称为文档窗口，是 WPS 文字文档中进行文本输入和排版的地方。

（11）光标

在 WPS 文字文档中输入文字时，光标会显示在将要输入文字的位置，WPS 文字文档中光标的默认状态是一根小竖线，会有规律地闪烁。

4. WPS 中输入文本的基本操作

（1）换行

在 WPS 文字中输入文档内容时系统会自动进行换行，需要另起新的段落时才需要按 Enter 键。

（2）设置段落

段落是构成文章的基本单位，在 WPS 文字中，很多操作都是基于段落的，如对段落进行整体缩进、为段落编辑行距、设置段落对齐等。设置段落可使文章条理清晰，便于读者阅读、理解，也有利于作者条理清楚地表达内容。

在段落尾部，按 Enter 键输入回车符，可以另起一个新段落，新段落将强制换行。回车符是 WPS 段落结束标记。

（3）切换输入法

① 使用组合键。

Ctrl+Space：实现中英文的切换。

Ctrl+Shift：实现各种输入法的切换。

Ctrl+.：实现中英文标点符号的切换。

Shift +Space：实现全角与半角的切换。

② 单击 Windows 窗口右下方的输入法图标，会打开输入法列表，单击所需的输入法，即可实现不同输入法的切换。单击输入法图标中的“中英文标点”按钮，可实现中英文标点符号的切换；单击输入法图标中的“全半角”按钮，可实现字符输入全角与半角的切换，如图 3-8 所示。

在输入汉字时，经常要从多个同音字中选择，使用“PageUp”键、“PageDown”键，可分别实现向前、向后的翻页查找。

（4）插入特殊符号

利用“符号”对话框输入特殊符号。一般的标点符号直接使用键盘输入，如果需插入特殊符号，可以单击【插入】|【符号】命令，在弹出的下拉列表中选择“其他符号”，打开“符号”对话框，如图 3-9 所示。在“子集”下拉列表框中选择要插入的符号的类型，选中需要的符号后单击“插入”按钮即可。

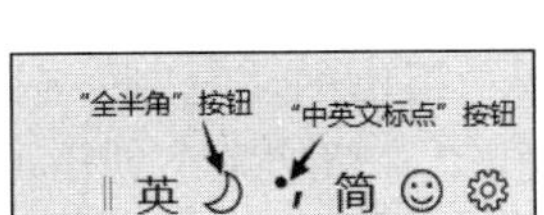

图 3-8　输入法图标

图 3-9　“符号”对话框

5. 修改文本的常用操作

（1）选中文本

在 WPS 中经常要选中指定的文本，可以使用以下方式。

① 利用选择条（在文档编辑区中左侧空白位置）选中文本。在文档编辑区中左边界的一垂直长条区域为选择条（当将鼠标指针移到该区域时，鼠标指针会变为指向右斜上方的箭头 ），用选择条选中不同文本的方法如下。

选中一行：单击该行左侧空白处。

选中多行：按住鼠标左键，在左侧空白处上下拖动以选中多行。

选中段落：双击段落左侧空白处。

选中整个文档：在文档左侧任意空白处连续单击 3 次，或者按住 Ctrl 键并单击左侧任意空白位置。

② 使用鼠标选中文本。

选中文本区域：按住鼠标左键，自文本区域起点开始拖动，到文本区域终点释放，则在拖动范围内的文本被选中。

选中英文单词或汉字词组：双击该英文单词或汉字词组。

选中段落：按住 Ctrl 键并单击该句子中的任意位置或在段落中的任意位置连续单击 3 次。

③ 使用 Shift 键选中文本。

单击文本起点，然后按住 Shift 键再单击选择区域的终点，则两次单击范围内的文本被选中。

需调节选中的文本区域时，按住 Shift 键并单击新的终点或按住 Shift 键并按箭头键扩展或收缩选中的区域。

（2）删除

在文本编辑区有一闪烁的光标，即为文本输入点，新输入的内容会出现在此。要删除光标前的一个字符，可以按 BackSpace 键；按 Delete 键可以删除光标后的一个字符。

要删除多行或某个区域的文本时，可以先选中指定文本，再按 BackSpace 键或 Delete 键删除。

（3）撤销与恢复

① 撤销之前的操作，可使用以下方法。

按 Ctrl+Z 组合键，或者单击快捷访问工具栏中的“撤销”按钮，撤销最近的一次操作；连续执行该操作可撤销多步操作。

单击“撤销”按钮右侧的下拉按钮会打开操作列表，在其中选择要撤销的操作后，该操作以及其后的所有多步操作都会被撤销。

② 如果执行了错误的撤销操作，可以利用恢复功能将其恢复，方法如下。

按 Ctrl+Y 组合键，或者单击快捷访问工具栏中的“恢复”按钮，可恢复上一次撤销的操作；连续执行该操作可恢复多步被撤销的操作。

（4）复制文本

复制操作是指在原有文本保持不变的基础上，将所选文本内容创建一个副本，放到目标位置。其方法有以下几种。

① 首先选中要复制的文本，单击“开始”选项卡“剪贴板”组中的“复制”按钮，再将光标定位到目标位置，单击【开始】|【剪贴板】|【粘贴】按钮，粘贴文本到指定位置。

② 选中要复制的文本，按 Ctrl+C 组合键，将光标定位到目标位置后，按 Ctrl+V 组合键，即可粘贴文本到指定位置。

③ 选中要复制的文本，在其上单击鼠标右键，在弹出的快捷菜单中选择“复制”命令，再将光标定位到目标位置，单击鼠标右键，在弹出的快捷菜单中选择“粘贴”命令，粘贴文本到指定位置。

④ 选中要复制的文本，将鼠标指针指向被选中的文本区域，按住 Ctrl 键后再按住鼠标左键拖动文本到目标位置即可完成复制。

（5）移动文本

移动文本操作是将文本从原有位置移到目标位置。其方法有以下几种。

① 首先选中要移动的文本，单击【开始】|【剪贴板】|【剪切】按钮，再将光标定位到目标位置，单击【开始】|【剪贴板】|【粘贴】命令，文本粘贴到指定位置。

② 选中要移动的文本，按 Ctrl+X 组合键，将光标定位到目标位置后，按 Ctrl+V 组合键，文本粘贴到指定位置。

③ 选中要移动的文本，在其上单击鼠标右键，在弹出的快捷菜单中选择“剪切”命令，再将光标定位到目标位置，单击鼠标右键，在弹出的快捷菜单中选择“粘贴”命令，文本粘贴到指定位置。

④ 选中要移动的文本，将鼠标指针指向被选中的文本区域，按住鼠标左键拖动文本到目标位置即可完成移动文本。

前 3 种操作只能粘贴最近一次复制或剪切的内容，要粘贴前几次复制或剪切到剪贴板上的内容，需单击“开始”选项卡“剪贴板”组右下角的对话框启动器按钮，打开“剪贴板”任务窗格，如图 3-10 所示，然后单击之前复制或剪切到剪贴板的某项内容，即可粘贴该内容。

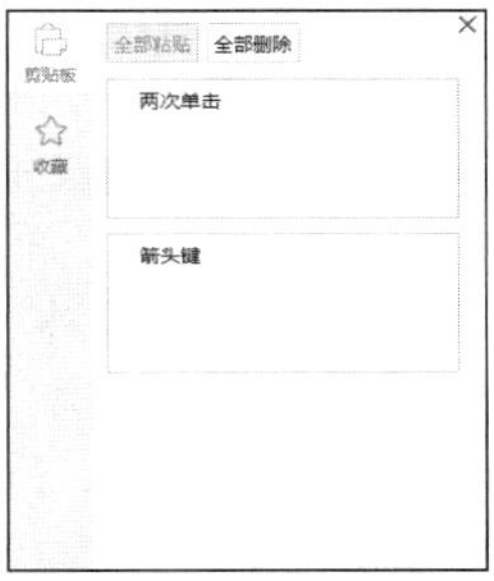

图 3-10 “剪贴板”任务窗格

（6）选择性粘贴

选择性粘贴功能可以帮助用户将复制或剪切的内容以用户选择的格式进行粘贴。选中需要复制或剪切的文本或对象，并执行复制或剪切操作，在需要粘贴的位置单击鼠标右键，在弹出的快捷菜单中会有“保留原格式粘贴”“只粘贴文本”“选择性粘贴”等多个粘贴选项（见图 3-11）；或者单击【开始】|【剪贴板】|【粘贴】按钮下方的下拉箭头，打开“粘贴选项”列表，选择相应的粘贴选项（见图 3-12）。

图 3-11　快捷菜单中的粘贴选项

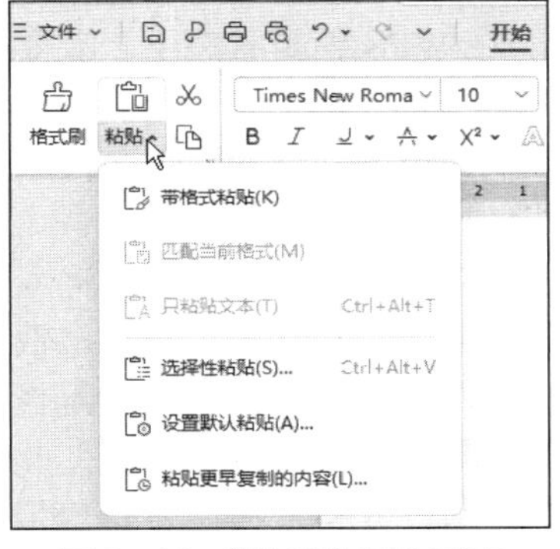

图 3-12 “粘贴选项”列表

二、预习测试

1. 单项选择题

（1）双击桌面 WPS Office 快捷方式图标，进入____窗口，按 Ctrl+N 组合键，弹出“新建”标签列表，单击“文字”按钮，即可新建一个 WPS 文字文档。

A. WPS Office 首页　　B. WPS 文字文档
C. WPS 新建　　D. WPS 表格

（2）在 WPS 中，____滑块用于控制文档在屏幕上的显示大小。

A. “显示比例”　　B. “全屏显示”
C. “缩放显示”　　D. “页面显示”

（3）在 WPS 中，每个段落____。

A. 以句号结束　　B. 以回车符结束
C. 以空格结束　　D. 由 WPS 自动设定结束

（4）在 WPS 文档中，每个段落都有一个段落结束标记，位置在____。

A. 段首　　B. 段尾　　C. 段中　　D. 每行末尾

（5）在 WPS 中，要撤销最近的一次操作，除了可以使用工具栏，还可以按____组合键。

A. Ctrl+C　　B. Ctrl+Z

C. Shift+X　　D. Ctrl+X

（6）在 WPS 中，要复制选中的内容，可以先按____组合键复制，再按 Ctrl+V 组合键粘贴。

A. Ctrl+C　　B. Ctrl+Z

C. Shift+X　　D. Ctrl+X

（7）在 WPS 中选中某一段文字后，把鼠标指针移到选中文本的任意位置，按住鼠标左键将文本拖动到另一位置上松开鼠标左键。那么，该用户进行的操作是____。

A. 移动文本　　B. 复制文本

C. 替换文本　　D. 删除文本

（8）在 WPS 中，选中文本后，____的同时按住鼠标左键拖动文本到目标位置可以实现文本的复制。

A. 按住 Ctrl 键　　B. 按住 Shift 键

C. 按住 Alt 键　　D. 不按任何键

（9）单击文本起点，然后按住____键再单击选择区域的终点，则两次单击范围内的文本被选中。

A. Alt　　B. Ctrl　　C. Shift　　D. Tab

（10）在 WPS 编辑状态下，要想删除光标前面的字符，可以按____。

A. BackSpace 键　　B. Delete 键

C. Ctrl+P 组合键　　D. Shift+A 组合键

2. 操作题

使用复制、粘贴的方法快速输入诗篇《国风·王风·黍离》。

《国风·王风·黍离》(先秦，佚名)

彼黍离离，彼稷之苗。行迈靡靡，中心摇摇。知我者，谓我心忧；不知我者，谓我何求。悠悠苍天，此何人哉？

彼黍离离，彼稷之穗。行迈靡靡，中心如醉。知我者，谓我心忧；不知我者，谓我何求。悠悠苍天，此何人哉？

彼黍离离，彼稷之实。行迈靡靡，中心如噎。知我者，谓我心忧；不知我者，谓我何求。悠悠苍天，此何人哉？

操作题解析视频

说明：

《国风·王风·黍离》(先秦，佚名)共 3 章 117 个字，这首诗整体结构完全相同，不同的只有黍、稷所处的生长时期不同，以及诗人在不同时期的情感的相关内容。

三、预习情况解析

1. 涉及知识点

WPS Office 程序与 WPS 文字文档的概念，WPS 文字的启动与退出，WPS 文字工作界面及相应组成部分的功能，WPS 中输入文本的基本操作，撤销与恢复，选中文本的方法，复制、粘贴与移动文本的方法。

2. 预习测试题解析

见表 3-1。

表 3-1 “WPS 文字文档编排”预习测试题解析

测试题序号	答案	参考知识点	测试题序号	答案	参考知识点
1.（1）	A	见课前预习“2.（1）”	1.（7）	A	见课前预习“5.（5）”
1.（2）	A	见课前预习“3.（9）”	1.（8）	A	见课前预习“5.（4）”
1.（3）	B	见课前预习“4.（2）”	1.（9）	C	见课前预习“5.（1）”
1.（4）	B	见课前预习“4.（2）”	1.（10）	A	见课前预习“5.（2）”
1.（5）	B	见课前预习“5.（3）”	2.	见微课视频	
1.（6）	A	见课前预习“5.（4）”			

3.2.2　任务实现

一、新建并保存新生报到须知文档

涉及知识点：新建、命名、保存文件，文档保护

为完成本任务，首先需要新建 WPS 文字文档，并将其命名为“新生报到须知”。

【任务 1】新建 WPS 文字文档，将其命名为“新生报到须知”，保存在“D:\示例”。

步骤 1：新建 WPS 文字空白文档。

在 Windows 桌面，单击【开始】|【WPS Office】，也可以单击桌面上或快速启动栏的快捷方式（如果存在）来启动 WPS Office。成功启动 WPS Office 后，进入 WPS Office 首页，单击最上方的“新建”按钮 +，或者单击左侧的“新建”按钮 + 新建 ，弹出“新建”面板，单击“文字”按钮，在“新建文档”窗口单击“空白文档”按钮，即可新建一个名为“文字文稿 1”的 WPS 文字空白文档。

如果 WPS Office 程序中已有打开的 WPS 文字文档，并且 WPS 文字文档为当前窗口，按 Ctrl+N 组合键，此时直接打开 WPS 文字空白文档。

步骤 2：命名、保存文件。

单击【文件】|【保存】命令，文件第一次被保存时，会打开“另存为”对话框，让用户设置文件名称及保存路径，如图 3-13 所示。设置保存位置为“D:\示例”，在“文件名称”文本框中输入“新生报到须知”，文件类型选择“WPS 文字 文件(*.wps)”或者“Microsoft Word 文件(*.docx)”，单击“保存”按钮。

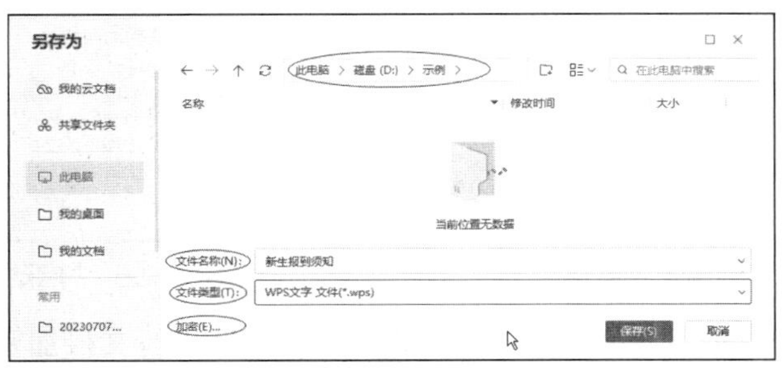

图 3-13 “另存为”对话框

说明：

① **保存文件的方式：**保存文件的方式有多种。

a. 单击【文件】|【保存】命令。

b. 单击快捷访问工具栏中的“保存”图标。

c. 按 Ctrl+S 组合键。

对已命名的文件进行编辑、修改后，需要再次保存，用以上方式可以直接保存文件内容，不再弹出“另存为”对话框。

② **需换名或换路径保存：**若需换名或换路径保存，则单击【文件】|【另存为】命令，打开“另存为”对话框，换名或换路径保存为一个新文件，原文件不变。

③ **保存文件的类型：**WPS 文字除了可以保存为“*.wps”或“*.docx”类型，还可以保存为“*.doc”“*.pdf”等多种文件类型。

步骤 3：文档保护。

WPS 文档保护包括密码加密、文档限制编辑、文档加密保护等多种方式，可以选择设置其中一种或多种方式进行文档保护。

① 密码加密，即设置文档打开权限或编辑权限的密码。单击【文件】|【文件加密】|【密码加密】命令，打开“密码加密”对话框，如图 3-14 所示，设置文档打开权限或编辑权限的密码后，单击“应用”按钮即可。

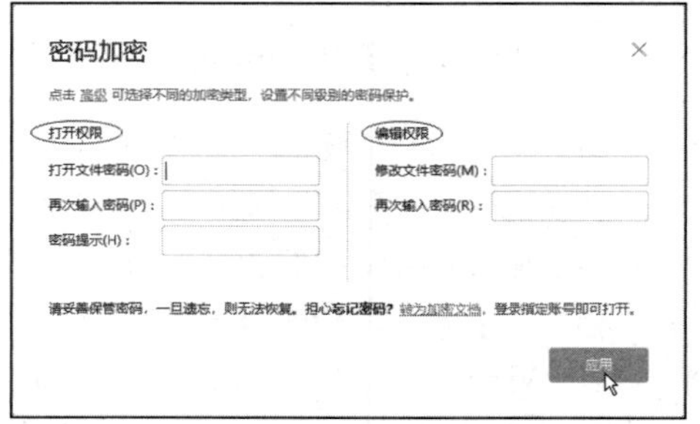

图 3-14 “密码加密”对话框

② 开启文档限制编辑权限。单击【审阅】|【文档安全】|【限制编辑】命令，打开“限制编辑”窗格，如图 3-15 所示，设置限制编辑的选项后，单击“启动保护”按钮，打开“启动保护”对话框，如图 3-16 所示，设置密码后，单击“确定”按钮，即可确认限制编辑的设置。如果需要取消限制编辑，在“限制编辑”窗格单击“停止保护”按钮，即可恢复。

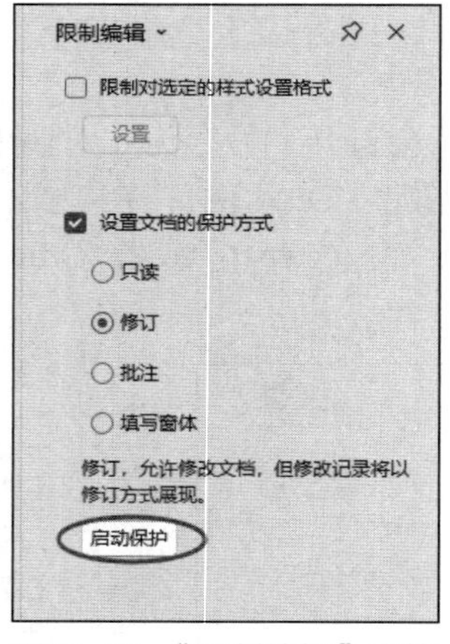

图 3-15 “限制编辑”窗格

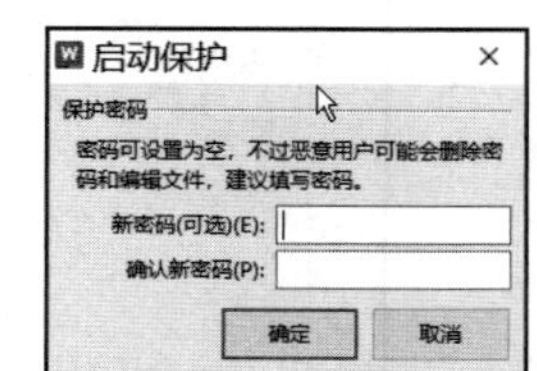

图 3-16 “启动保护”对话框

③ 进行文档加密保护。为了更高级的文档保护，可以进行文档加密。单击【审阅】|【文档安全】|【文档加密】命令，打开“文档加密”对话框，如图 3-17 所示，开启“文档加密保护”后，弹出“账号确认”对话框，如图 3-18 所示，选中“确认为本人账号，并了解该功能使用”复选框后单击“开启保护”按钮。文档加密后，仅文档拥有者的账号可查看编辑。若需让指定的人查看或编辑文档，可以添加指定人并为不同成员设置不同的访问权限。

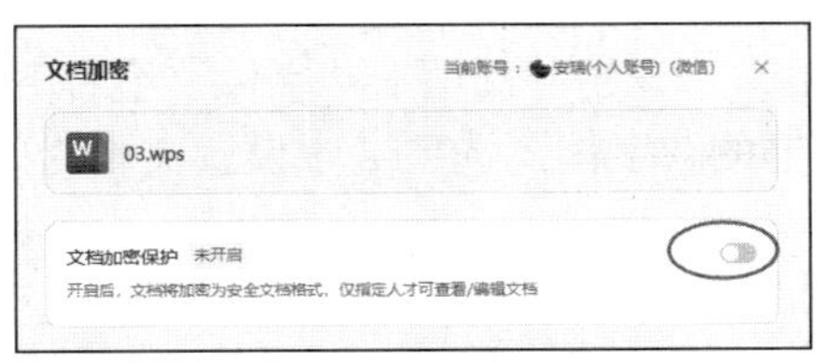

图 3-17 “文档加密”对话框

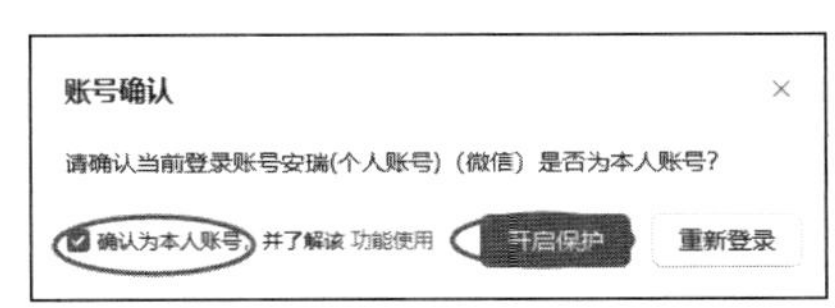

图 3-18 “账号确认”对话框

二、输入、编辑文本内容

涉及知识点：文本查找与替换

完成新生报到须知文档的创建、命名、保存以后，先在文档中输入全部的文本内容，然后依次设置文本格式。

【任务 2】输入、修改文本内容。

步骤 1：输入文本内容。

单击文档编辑区，输入新生报到须知文档的文本内容，如图 3-1 所示。

步骤 2：修改文本内容。

对输入的文本内容进行修改。可以使用删除（Delete 键、BackSpace 键）、撤销（Ctrl+Z 组合键）、恢复（Ctrl+Y 组合键）、复制（Ctrl+C 组合键）、粘贴（Ctrl+V 组合键）、剪切（Ctrl+X 组合键）等操作（操作方法详见“课前准备”）。

【任务 3】查找全部的“计算机学院”文字，并将其替换为“信息工程学院”。

计算机学院目前已改名为信息工程学院，查找文档中的“计算机学院”文字，并将其替换为“信息工程学院”。

单击【开始】|【查找】|【查找替换】命令或者按 Ctrl+F 组合键，打开“查找和替换”对话框，在对话框中选择“替换”选项卡，输入查找和替换的内容，如图 3-19 所示（如果只查找，可以选择“查找”选项卡）。单击“查找下一处”按钮，此时查找到的内容在文档中将以灰色底纹形式突出显示，如果需要替换，单击“替换”按钮，不需要替换则再单击“查找下一处”按钮，查找下一处。如果需要全文的“计算机学院”文字全部替换为“信息工程学院”，直接单击“全部替换”按钮即可。

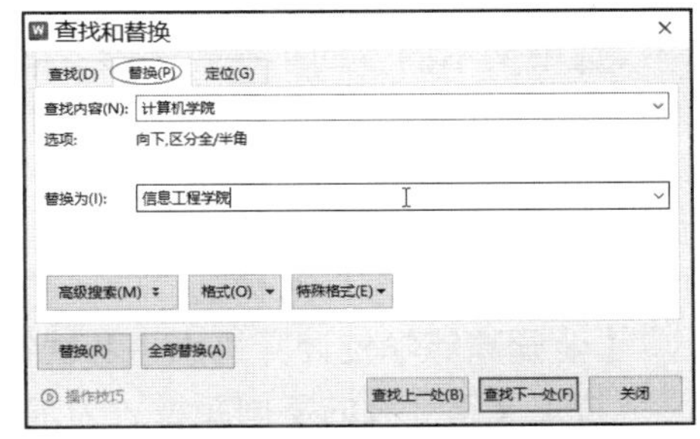

图 3-19 “查找和替换”对话框

说明：

① 在“查找和替换”对话框中单击“格式”“特殊格式”等按钮，可以查找和替换指定格式的文字，还可以查找和替换特殊的格式标记符，如段落标记、制表符等。

② 在“查找和替换”对话框的“定位”选项卡中可以将光标直接定位到指定页、指定行等。

三、格式设置

涉及知识点：字体格式、段落格式、标尺、边框和底纹、分栏、首字下沉、项目符号

文本内容输入完成后，还需要对其进行格式设置。

【任务 4】依次设置标题、正文的字体格式与段落格式。

步骤 1：标题的格式设置。

① 标题字体格式设置为宋体、三号、加粗、黑色，字符间距为加宽 1.5 磅。

选中文本内容的第一行文字“新生报到须知”，单击“开始”选项卡“字体”组右下角的对话框启动器按钮，打开“字体”对话框，在对话框的“字体”选项卡中设置文本为宋体、三号、加粗、黑色，如图 3-20（a）所示。

再切换到对话框中的“字符间距”选项卡，设置间距为“加宽”，值为“1.5”，单位为“磅”，如图 3-20（b）所示。设置完成后单击“确定”按钮，关闭“字体”对话框。

（a）

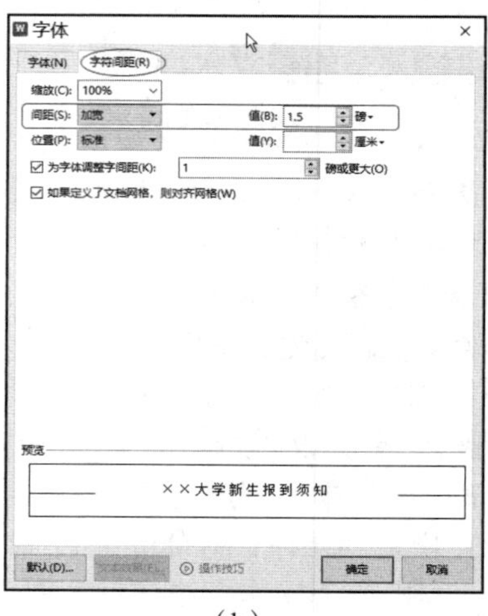

（b）

图 3-20 “字体”对话框中的“字体”选项卡和“字符间距”选项卡

② 标题段落格式的设置。

选中文本内容的第一行文字“新生报到须知”，单击“开始”选项卡“段落”组右下角的对话框启动器按钮，打开“段落”对话框，设置对齐方式为“居中对齐”，段后间距为 1 行，行距为“单倍行距”，如图 3-21 所示。设置完成后单击“确定”按钮，关闭“段落”对话框。

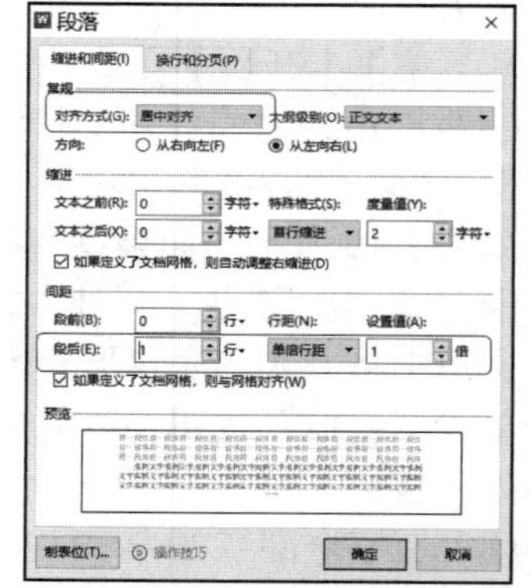

图 3-21 “段落”对话框

【全国高等学校计算机水平考试常见考点练习】

将正文第 3 段的字间距设置为加宽 1 磅，行间距设置为 1.5 倍行距。

步骤 2：正文的格式设置。

① 正文字体格式设置为宋体、小四、黑色。

除了可以采用“步骤 1”中介绍的字体格式设置方法，还可以直接使用选项卡中的按钮进行格式设置。选中正文文本，单击“开始”选项卡“字体”组中的相应命令，设置文本字体格式为宋体、小四、黑色，如图 3-22 所示。

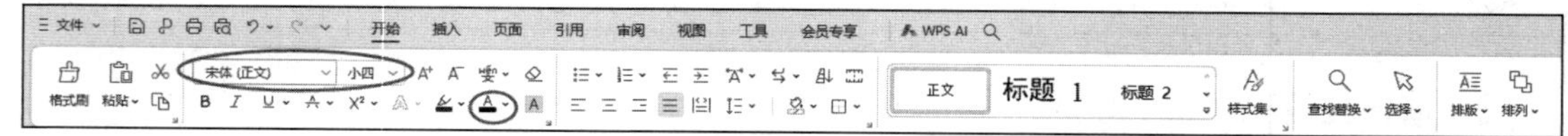

图 3-22 在“开始”选项卡中设置字体格式

② 正文段落格式的设置。

选中全文，在“步骤 1”介绍的“段落”对话框中，设置正文段落的对齐方式为左对齐，特殊格式为首行缩进 2 个字符，行距设为固定值 18 磅。

说明：

段落对齐方式除了可以使用上述“段落”对话框进行设置，还可以使用标尺快速设置。

① 标尺的显示或隐藏：单击垂直滚动条上方的“标尺”按钮或在“视图”选项卡中选中或取消选中“标尺”复选框，可以设置显示或隐藏标尺。

② 标尺的组成与作用：在标尺上有 4 个缩进滑块，分别为首行缩进滑块、悬挂缩进滑块、左缩进滑块和右缩进滑块，如图 3-23 所示。拖动滑块可以进行相应调整。通过标尺还可以设置页边距，其方法是将鼠标指针放在标尺的左边距处，当鼠标指针变为双向箭头时，拖动双向箭头即可调节页面页边距，用同样的方式可以调节页面右边距和上下边距。

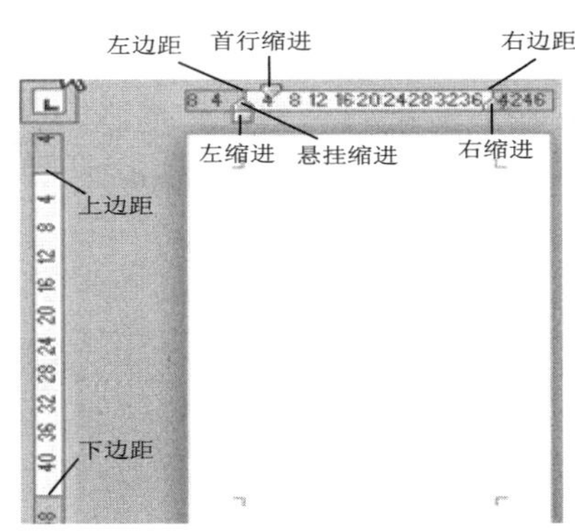

图 3-23　标尺的组成与作用

步骤 3：使用格式刷设置小标题加粗。

选中第一个小标题“一、报到时间”，单击【开始】|【字体】|【加粗】按钮，或者按 Ctrl+B 组合键，设置“一、报到时间”为加粗显示。

其他几处小标题的格式与此处的格式相同，可以借助格式刷快速将选定文字的格式复制并应用到其他文字上，从而减少重复设置格式的工作量。

选中文字“一、报到时间”，单击【开始】|【剪贴板】|【格式刷】按钮，此时，鼠标指针会变成刷子形状，将格式刷移动到要复制格式的文字位置，按住鼠标左键拖选文字“二、报到地点”，松开鼠标左键，则格式刷拖动经过的文字的格式将被设置成格式刷记录的格式，实现格式复制。

单击“格式刷”按钮，只能复制一次格式；双击“格式刷”按钮，可以复制多次格式；再次单击“格式刷”按钮或按 Esc 键即可取消格式刷状态。选中包含格式的文字“一、报到时间”，双击“格式刷”按钮，当鼠标指针变成刷子形状后，用格式刷拖选文字“三、报到注意事项”“四、报到流程及说明”“五、相关部门联系电话”，这些小标题的格式都被设为加粗显示，完成后单击“格式刷”按钮取消格式刷状态，鼠标指针恢复正常。

如果只复制段落格式，方法为：将光标定位在包含格式的段落内的任意位置或选中段落后面的回车符，单击“格式刷”按钮，将格式刷移动到要复制格式的段落内的任意位置处后单击，即可复制段落格式。

步骤 4：设置边框与底纹。

选中“二、报到地点”后的乘车路线文本，单击【开始】|【段落】|【边框】按钮右侧的下拉箭头，打开下拉列表，选择“边框和底纹”命令，打开“边框和底纹”对话框。选择“边框”选项卡，设置边框样式、颜色、宽度、应用范围，即可成功添加段落边框，如图 3-24（a）所示。单击“选项”按钮，在弹出的“边框和底纹选项”对话框中设置文本距边框的距离，如图 3-24（b）所示。

在“边框和底纹”对话框中，切换到“底纹”选项卡，在“样式”文本框中为段落添加底纹样式为“5%”的灰色，在“应用于”下拉列表框中选择“段落”选项。

（a）

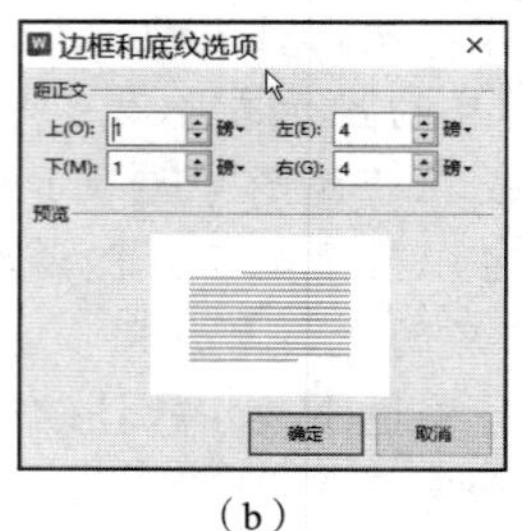

（b）

图 3-24　边框的设置

步骤 5：添加项目符号和项目编号。

① 添加项目符号。光标定位在“新生请持录取通知书、准考证按时到校报到。……”段落中任一位置（在“三、报到注意事项”下方），单击【开始】|【段落】|【项目符号】按钮右侧的下拉箭头，打开下拉列表，选择“带填充效果的圆形项目符号”命令，如图 3-25（a）所示。

对下面几个段落重复上面操作，添加项目符号。也可以使用格式刷，复制项目符号格式。

② 添加项目编号。光标定位在“资格审查处……”段落中任一位置（在“四、报到流程及说明”下方），单击【开始】|【段落】|【项目编号】按钮右侧的下拉箭头，打开下拉列表，选择相应编号命令，如图 3-25（b）所示。

对下面几个段落重复上面操作，添加项目编号。也可以使用格式刷，复制项目编号格式。

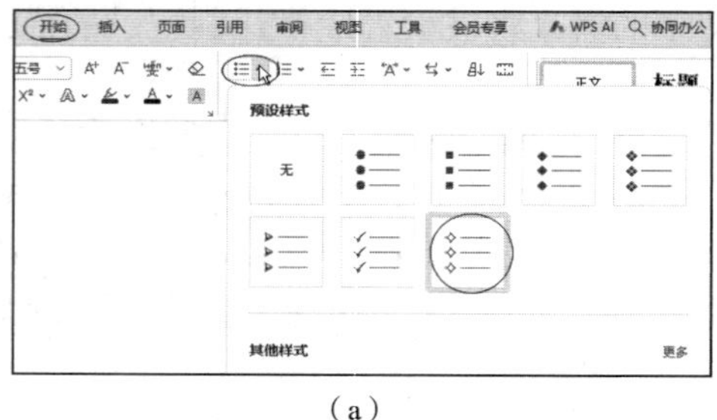

（a）

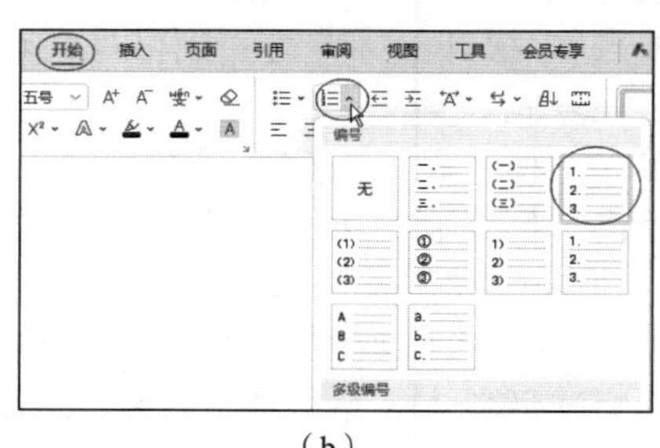

（b）

图 3-25　添加项目符号和项目编号

步骤 6：设置分栏。

选中“五、相关部门联系电话”后的文本内容，单击【页面】|【页面设置】|【分栏】按钮，弹出下拉列表，选择“更多分栏”命令，打开“分栏”对话框，设置栏数、宽度和间距，并选中“分隔线”“栏宽相等”复选框，然后在“应用于”下拉列表框中选择“所选文字”选项，如图 3-26 所示。

【全国高等学校计算机水平考试常见考点练习】

将正文的第 2 段分成两栏，并添加分隔线。

步骤 7：设置首字下沉。

将光标定位到“您进校按以下流程报到：”段落中，单击【插入】|【部件】|【首字下沉】按钮，打开“首字下沉”对话框，在对话框的“位置”中选择“下沉”，设置“下沉行数”为“2”，如图 3-27 所示。完成设置后单击“确定”按钮即可。

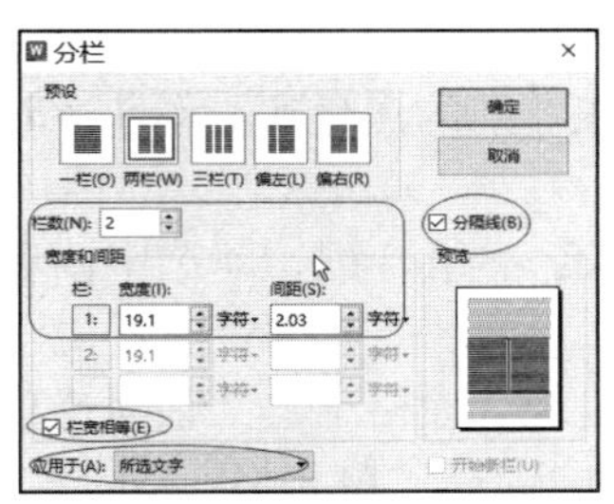

图 3-26　分栏的设置

图 3-27　“首字下沉”对话框

步骤 8：设置落款与日期格式。

选中落款与日期，单击【开始】|【段落】|【右对齐】按钮 ≡，设置文本为右对齐。

至此，文档格式设置完毕，按 Ctrl+S 组合键保存文档。

3.3　任务二　创建与编辑 WPS 文字表格

3.3.1　课前准备

为保证任务能够顺利完成，请先预习以下内容：了解创建 WPS 文字表格的方法、表格的选中操作、表格的编辑。

一、课前预习

1. 在 WPS 文字文档中创建表格

可以用以下两种方法创建 WPS 文字文档中的表格。

（1）使用拖曳的方法插入表格

将光标定位在需要插入表格的位置，单击【插入】|【常用对象】|【表格】按钮 ，打开“插入表格”下拉列表，拖曳鼠标指针选中表格需要的行数 m 和列数 n，即可插入一个 m 行 n 列的表格，如图 3-28 所示。

（2）使用“插入表格”对话框插入表格

单击【插入】|【常用对象】|【表格】命令，在弹出的下拉列表中选择“插入表格”，打开“插入表格”对话框，如图 3-29 所示，设置插入表格的列数、行数等。

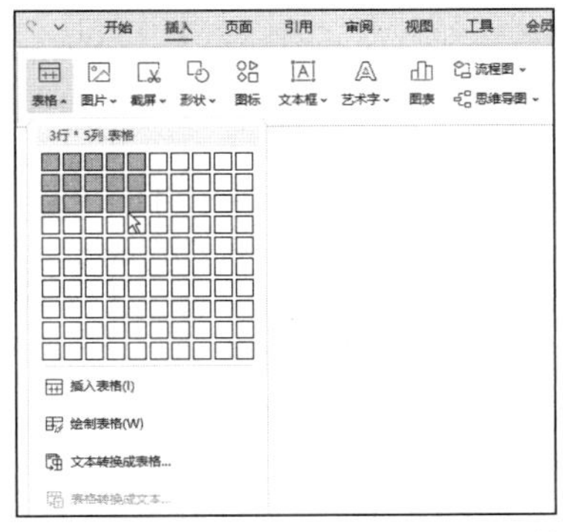

图 3-28　使用拖曳的方法插入表格

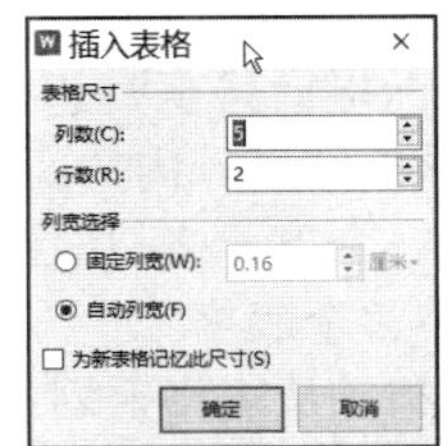

图 3-29　“插入表格”对话框

2. 表格的选中操作

（1）选中一个单元格

单元格是组成表格的最小单位，可进行拆分或者合并。

选中单元格的方式有多种。

① 把鼠标指针移到单元格内的左侧，当鼠标指针变成右向的黑色实心箭头↗时单击即可将该单元格选中。

② 使用组合键。将光标定位至单元格内，按一次 Shift+→组合键，即选中该单元格。若按 *n* 次 Shift +→组合键，则可选中光标右侧的 *n* 个单元格。

③ 使用功能区命令。将鼠标指针定位至单元格内，出现“表格工具”临时选项卡，单击【表格工具】|【选择】|【选择】命令，在弹出的下拉列表中选择“单元格”，如图 3-30 所示，即可选中该单元格。

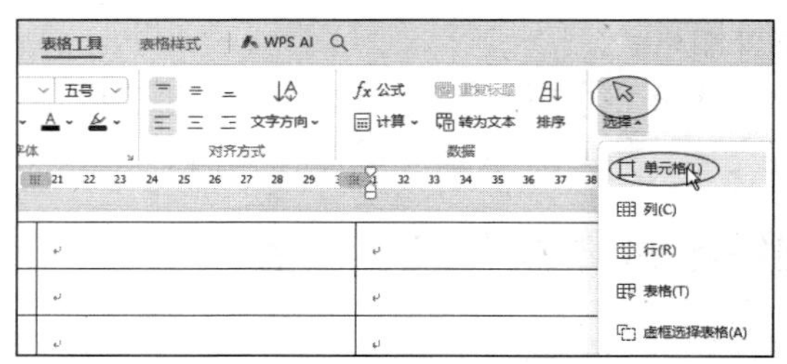

图 3-30 “表格工具”选项卡中“选择”下拉列表

（2）选中表格的一行

选中表格行的方式有以下几种。

① 把鼠标指针移到该行表格外的左侧，当鼠标指针变成向右的空心箭头⇗时，单击鼠标左键即可选中该行。

② 使用 Shift+→组合键。

③ 鼠标拖曳法。按住鼠标左键从该行第一个单元格拖到最后一个单元格。

④ 使用功能区命令。单击该行中的任意单元格，单击【表格工具】|【选择】|【选择】命令，弹出下拉列表，选择“行”，即可选中该行。

（3）选中表格的一列

① 把鼠标指针移到该列的上边界，当鼠标指针变成向下的黑色实心箭头时，单击即可将其选中。

② 使用 Shift+↓组合键。

③ 鼠标拖曳法。

④ 使用功能区命令。

（4）选中部分单元格

① 选中要选择的最左上角的单元格，按住鼠标左键拖曳到要选择的最右下角的单元格。

② 将鼠标指针移至要选择的最左上角的单元格内，按住 Shift 键并单击最右下角的单元格，可选中该连续区域内的所有单元格。

③ 选中一个单元格，按住 Ctrl 键并单击另一个单元格，可同时选中不连续区域的单元格。

（5）选中整个表格

① 鼠标指针从表格上划过时，表格左上方会出现“全部选中”按钮⊞，单击“全部选中”按钮即可选中整个表格。

② 使用功能区命令。

3. 表格的编辑

（1）插入表格元素

将光标定位在要插入表格元素的单元格中，单击鼠标右键弹出快捷菜单，将鼠标指针移到“插入”命令上，在弹出的子菜单中选择要插入的表格元素，如行、列或者单元格，如图 3-31 所示。

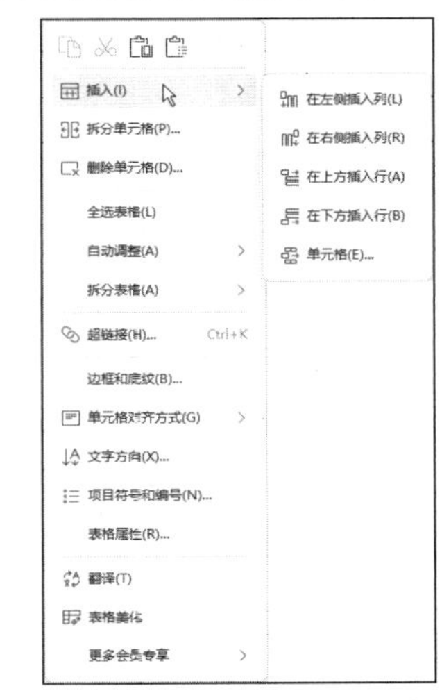

图 3-31　插入表格行、列、单元格

此外，也可以单击【表格工具】|【行和列】|【插入】命令，在弹出的下拉列表中选择相应选项。

（2）删除表格元素

将光标定位在要删除表格元素的单元格中，单击鼠标右键弹出快捷菜单，单击“删除单元格”命令，打开“删除单元格”对话框，选择要删除的表格元素，如图 3-32 所示。

（3）合并单元格

选中要合并的单元格，单击鼠标右键弹出快捷菜单，单击“合并单元格”命令。

（4）拆分单元格

如果要将某个单元格进行拆分，可将光标定位在此单元格中，单击鼠标右键弹出快捷菜单，单击“拆分单元格”命令，打开“拆分单元格”对话框，设置要拆分的具体列数和行数，如图 3-33 所示。

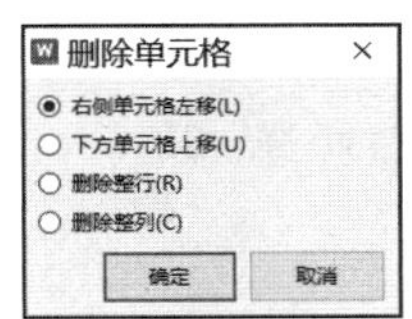

图 3-32　“删除单元格”对话框

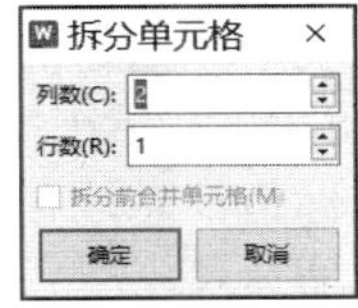

图 3-33　“拆分单元格”对话框

（5）调整表格尺寸

调整表格尺寸的方法如下。

① 使用“表格属性”对话框精确调整行高、列宽或单元格尺寸。

选中要调整的行或者列，单击鼠标右键弹出快捷菜单，单击“表格属性”命令，在弹出的“表格属性”对话框中，设置行、列或者单元格的参数，如图 3-34 所示。也可以将光标定位在要调整的行或列的某个单元格上，单击【表格工具】|【属性】|【表格属性】命令，打开“表格属性”对话框进行相应设置。

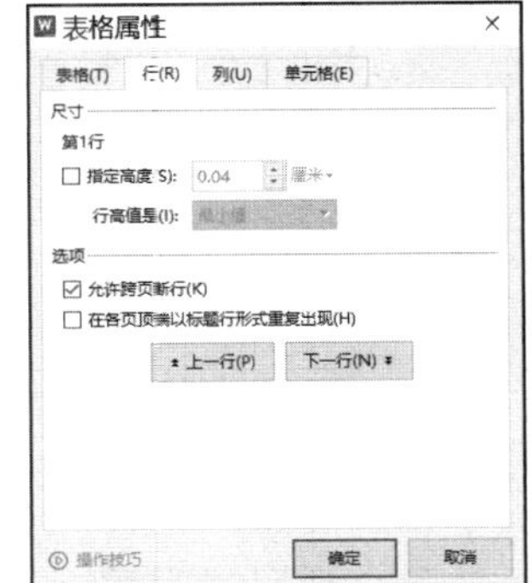

图 3-34　“表格属性”对话框

② 使用拖曳方式调整行高、列宽或单元格尺寸。

将鼠标指针悬停在行或者列的边界，当鼠标指针变成 ◂‖▸ 符号时，按住鼠标左键拖曳可调整行或者列的尺寸。

③ 自动调整表格尺寸。

将光标定位在要调整的行或列的某个单元格上，单击【表格工具】|【单元格大小】|【自动调整】命令，在弹出的下拉列表中选择相应选项，进行表格尺寸的自动调整。

（6）添加表头斜线

选中要添加表头斜线的单元格，单击【开始】|【段落】|【边框】按钮右侧的下拉按钮，弹出下拉列表，选择“边框和底纹”选项，打开“边框和底纹”对话框，在预览中选择斜线图示按钮，添加表头斜线。

此外，还可以单击【表格工具】|【行和列】|【绘制表格】命令，当鼠标指针变为笔形时，拖曳鼠标指针画出需要的斜线。

二、预习测试

1. 单项选择题

（1）使用____中的“表格”命令创建表格。

A. “插入”选项卡　　B. “开始”选项卡

C. “视图”选项卡　　D. “表格”选项卡

（2）不能选中 WPS 文字中表格的一列的操作是____。

A. 把鼠标指针移到该列的上边界，当鼠标指针变成向下的黑色实心箭头时单击

B. 将鼠标指针移至第一个单元格内，按住鼠标左键向下拖曳到该列的最后一个单元格

C. 在所在列的单元格中双击

D. 将鼠标指针移至该列第一个单元格内，按住 Shift 键反复按↓键，直到选中该列最后一个单元格

（3）拆分单元格是指____。

A. 对表格中选择的单元格按行列进行拆分为多个单元格

B. 将表格从某两列之间分为左右两个表格

C. 从表格的中间把原来的表格分为两个表格

D. 将表格中指定的一个区域单独保存为另一个表格

（4）在 WPS 文字文档中，如果想精确地指定表格单元格的列宽，应____。

A. 鼠标指针悬停在列边界，按住鼠标左键拖曳

B. 拖动标尺

C. 使用“表格属性”对话框

D. 通过输入字符来控制

操作题解析视频

（5）在 WPS 文字提供的表格操作中，不能实现的操作是____。

A. 删除行　　B. 删除列

C. 合并单元格　　D. 旋转单元格

2. 操作题

先创建图 3-35（a）所示的表格，再将其修改为图 3-35（b）所示的表格样式。

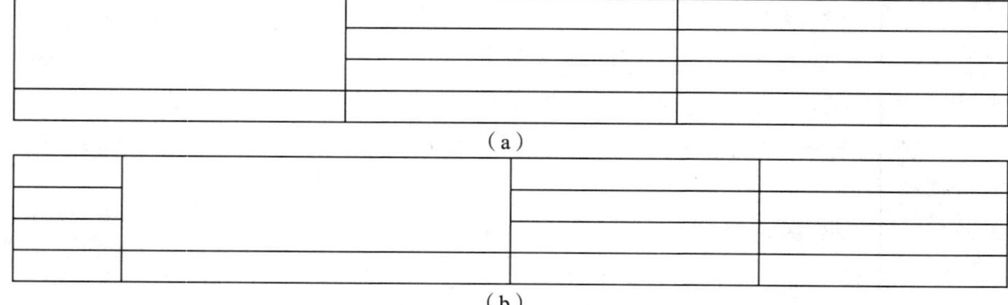

图 3-35 “创建与编辑 WPS 文字表格”预习操作题效果

三、预习情况解析

1. 涉及知识点

表格的创建方式、表格的选中操作、表格的编辑。

2. 预习测试题解析

见表 3-2。

表 3-2　“创建与编辑 WPS 文字表格”预习测试题解析

测试题序号	答案	参考知识点	测试题序号	答案	参考知识点
1.（1）	A	见课前预习“1.”	1.（4）	C	见课前预习“3.（5）”
1.（2）	C	见课前预习“2.（3）”	1.（5）	D	见课前预习“3.”
1.（3）	A	见课前预习“3.（4）”	2.	见微课视频	

3.3.2　任务实现

一、表格的创建与编辑

涉及知识点：表格的创建与编辑

新生报到须知文档中包含缴纳费用和公寓化用品的相关信息，用表格来表达这类信息会更有条理。

【任务 1】创建、编辑“缴纳费用清单”表格。

步骤 1：打开“新生报到须知”文档

如果 3.2.2 节创建的“新生报到须知”文档已经关闭，单击 WPS Office 窗口左上角的首页标签 WPS Office ，进入 WPS Office 首页后，在“最近、常用等列表区”双击最近使用过的“新生报到须知”文档，即可打开该文档；或者单击【文件】|【打开】命令，打开文档。

步骤 2：插入“缴纳费用清单”表格。

将光标定位在指定位置，再单击【插入】|【常用对象】|【表格】命令，打开“插入表格”下拉列表，拖曳鼠标指针，插入一个 6 行 4 列的表格；或者单击【插入】|【常用对象】|【表格】命令，在打开的下拉列表中选择“插入表格”，打开“插入表格”对话框，设置列数为 4、行数为 6。

步骤 3：选中表格的最后一行，合并单元格。

将鼠标指针移动到表格最后一行以外的左侧，当鼠标指针变为↗形状时单击，即可选中表格的最后一行。将鼠标指针移到表格的最后一行，单击鼠标右键，在弹出的快捷菜单中单击“合并单元格”命令，完成单元格的合并。

步骤 4：合并第五行的后 3 个单元格。

除了可以使用快捷菜单，还可以使用相应选项卡中的命令进行单元格的合并。按住鼠标左键拖曳，选中第五行的后 3 个单元格，单击【表格工具】|【合并拆分】|【合并单元格】命令，即可完成单元格的合并，合并后的表格效果如图 3-36 所示。

<table>
<tr><td>↵</td><td>↵</td><td>↵</td><td>↵</td></tr>
<tr><td>↵</td><td>↵</td><td>↵</td><td>↵</td></tr>
<tr><td>↵</td><td>↵</td><td>↵</td><td>↵</td></tr>
<tr><td>↵</td><td>↵</td><td>↵</td><td>↵</td></tr>
<tr><td>↵</td><td colspan="3">↵</td></tr>
<tr><td colspan="4">↵</td></tr>
</table>

图 3-36　合并后的表格效果

二、表格的格式设置及计算表格中的数据

涉及知识点：表格格式的设置、单元格的格式设置、计算表格中的数据

【任务 2】输入表格的文本内容，并按照要求设置表格内容的格式。

步骤 1：按照图 3-2 所示的内容输入表格中各项文本内容。

步骤 2：设置单元格的对齐方式。

将指针移到表格中，表格左上方会出现“全部选中”按钮，单击“全部选中”按钮选中整个表格，单击“表格工具”临时选项卡中“左对齐”按钮 和“垂直居中”按钮 ，单元格中的文本将在水平方向上呈左对齐，在垂直方向上呈居中对齐。

步骤 3：设置单元格内容的格式。

选中第一列带标题的单元格，之后按住 Ctrl 键选中第三列带标题的单元格，此时多个单元格被同时选中。单击【开始】|【段落】|【加粗】命令，可将选中的单元格内容设置为加粗显示。

选中整个表格，单击“开始”选项卡“段落”组右下角的对话框启动器按钮 ，打开“段落”对话框，设置行距为“单倍行距”，设置完成后的表格效果如图 3-2 所示。

步骤 4：使用公式计算“合计”栏的数值。

WPS 文字中提供了数学公式运算功能，可对表格中的数据进行运算，包括加、减、乘、除以及求和、求平均值等常见运算。用户可以使用运算符号和 WPS 文字提供的函数进行上述运算，操作方法如下。

首先单击表格中需要计算结果的单元格，此处为“合计”右侧的单元格，然后单击【表格工具】|【数据】|【公式】按钮 f_x 公式，打开“公式”对话框，在“公式”文本框中手动输入“=SUM(b1:b4,d1:d3)”，也可以使用“粘贴函数”下拉列表框选择函数，如图 3-37 所示，单击“确定”按钮即可自动计算出“合计”栏的数值。SUM(b1:b4,d1:d3)表示“第 1 行第 2 列到第 4 行第 2 列”与“第 1 行第 4 列到第 3 行第 4 列”共计 7 个单元格的数值之和。

步骤 5：设置表格外边框。

选中整个表格，单击【开始】|【段落】|【边框】按钮右侧的下拉箭头，打开下拉列表，选择“边框和底纹”命令，打开“边框和底纹”对话框。选择“边框”选项卡，参数设置如图 3-38 所示，此时表格外边框为 1.5 磅粗实线，内部为细实线。注意观察对话框右侧的预览效果，还可以单击预览图示调整边框。

图 3-37 “公式”对话框

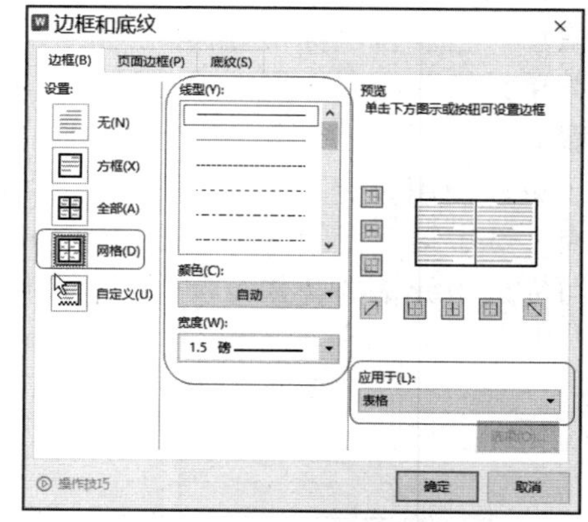

图 3-38 表格边框参数设置

步骤 6：调整列宽。

将鼠标指针悬停在列边界处，鼠标指针变为 符号时，按住鼠标左键拖曳调整列宽。列宽调整完毕后，检查表格制作得是否正确，完成“缴纳费用清单”表格的制作。

【全国高等学校计算机水平考试常见考点练习】

在正文后添加一个 3 × 3 的表格，表格列宽设为 4.5 厘米。

三、表格与文本的互相转换

涉及知识点：文本转换成表格、表格转换成文本的方法

【任务 3】创建“公寓化用品清单”表格，并按照要求设置表格内容的格式。

步骤 1：输入“公寓化用品清单”表格中的文本。

对于结构比较规则的表格，如果已经有表格的相关文本内容，可以直接将文本转换成表格。

打开“公寓化用品清单”文本文件，如图 3-39 所示。

步骤 2：将文本转换成表格。

先将文本复制到文档中。选中文本，单击【插入】|【常用对象】|【表格】命令，在弹出的下拉列表中选择“文本转换成表格”，打开“将文字转换成表格”对话框，进行行数、列数的设置，在“文字分隔位置”中会自动选中文本使用的分隔符，如果自动选中的分隔符不正确，可以手动重新选择，如图 3-40 所示。完成设置后，单击“确定”按钮即可完成转换。

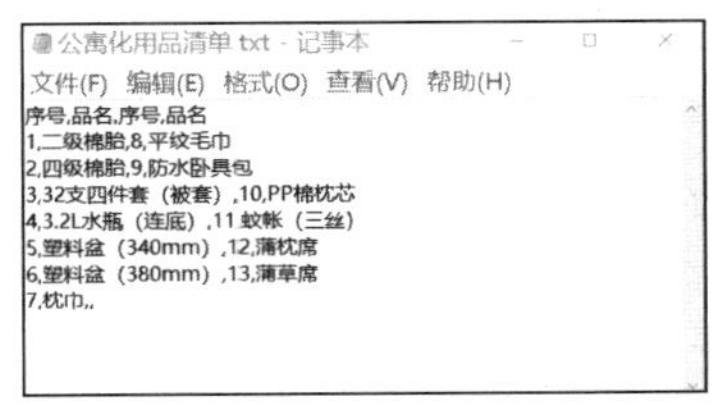

图 3-39 “公寓化用品清单”文本文件

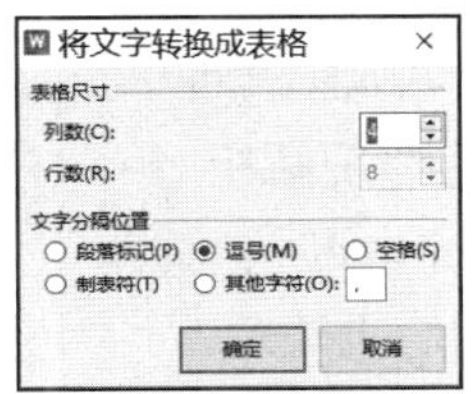

图 3-40 “将文字转换成表格”对话框

说明：

① 将文本转换成表格时可使用不同的分隔符。本例中采用逗号作为分隔符，将文本分成若干个单元格。

② 将表格转换成文本的方法：选中表格，单击【插入】|【常用对象】|【表格】命令，在弹出的下拉列表中选择“表格转换成文本”，打开“表格转换成文本”对话框进行相应设置。

步骤 3：设置表格格式。

① 设置表格外框线为 1.5 磅宽。

② 设置列宽。选中“序号”列，将指针移到选定列中，单击鼠标右键，在弹出的快捷菜单中单击“表格属性”命令，在弹出的“表格属性”对话框中切换到“列”选项卡，设置列宽为 3.5 厘米。

完成后的“公寓化用品清单”表格如图 3-3 所示。

3.4 任务三　页面设置、打印输出、加密发布 PDF 格式文档

3.4.1 课前准备

为保证任务能够顺利完成，请在实际操作前预习以下内容：了解文档的页面设置等概念。

一、课前预习

页面设置包括纸张方向、页边距、纸张大小等的设置。

1. 纸张方向

纸张方向分为纵向和横向两种，默认为“纵向”，即页面的水平宽度小于页面的垂直高度。当要求页面水平宽度大于垂直高度时，可以选择“横向”，如制作比较宽的表格时纸张方向会

设为“横向”。

2. 页边距

页边距是指页面的边线到文字的距离。通常可以在页边距内部的可打印区域中插入文字和图形，也可以将某些项目放在页边距区域中（如页眉、页脚和页码等）。

3. 纸张大小

可以设置为 WPS 内置的纸张大小（标准纸张规格），还可以自定义纸张大小。

二、预习测试

单项选择题

（1）制作较宽的表格文档时，____。

A. 纸张大小选大尺寸　　B. 纸张方向选择“横向”

C. 纸张方向选择“纵向”　　D. 页边距设为 0

（2）WPS 文字文档中普通文字输入是在____区域。

A. 页边距内外部均可　　B. 左页边距的右侧

C. 页边距外部　　D. 页边距内部

三、预习情况解析

1. 涉及知识点

纸张方向、页边距。

2. 预习测试题解析

见表 3-3。

表 3-3 “页面设置、打印输出、加密发布 PDF 格式文档”预习测试题解析

测试题序号	答案	参考知识点	测试题序号	答案	参考知识点
（1）	B	见课前预习“1.”	（2）	D	见课前预习“2.”

3.4.2 任务实现

涉及知识点：页面设置、文档水印背景设置、打印输出、加密发布 PDF 格式文档

新生报到须知文档编辑完成后，要对整个文档的页面进行设置，最后打印输出。

【任务 1】设置纸张大小、页边距，以及文档水印。

步骤 1：设置纸张大小、页边距。

单击“页面”选项卡“页面设置”组右下角的对话框启动器按钮，打开“页面设置”对话框，在“页边距”选项卡中设置上下页边距为 2 厘米、左右页边距为 1.5 厘米，纸张方向选择“纵向”，如图 3-41 所示。然后在“纸张”选项卡中设置纸张大小为“A4”，如图 3-42 所示，单击“确定”按钮。

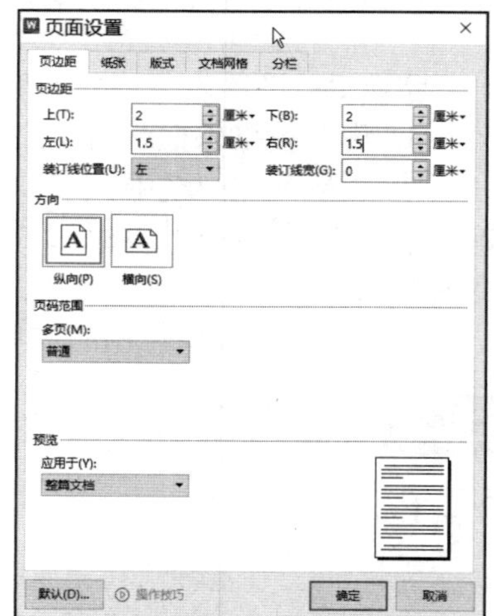

图 3-41　页边距的设置

步骤 2：设置文档水印。

单击【页面】|【效果】|【水印】按钮，在弹出的下拉列表中选择“插入水印”命令，打开“水印”对话框进行相应设置，如图 3-43 所示。

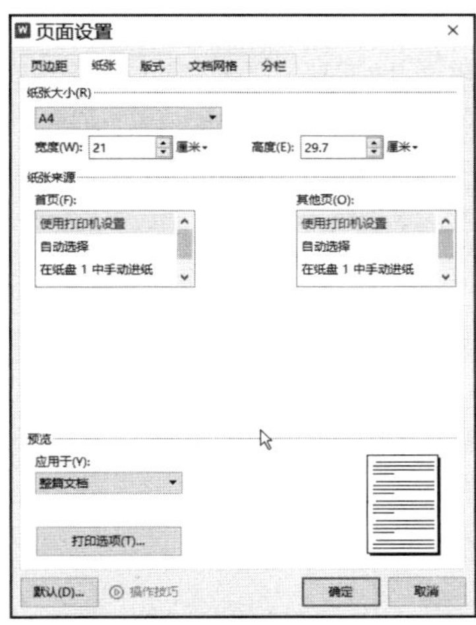

图 3-42　纸张大小的设置

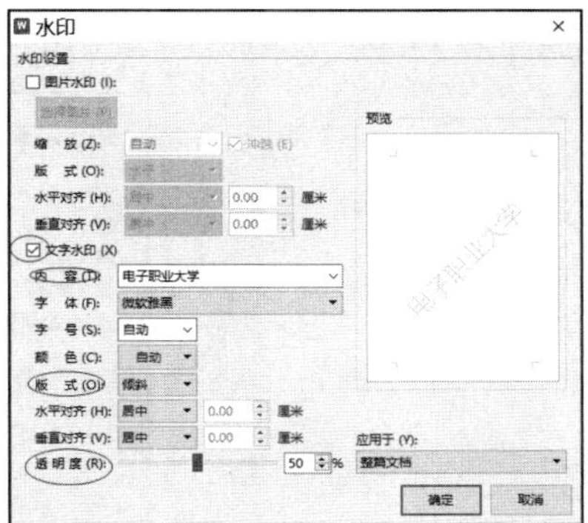

图 3-43　“水印”对话框

说明：

单击【页面】|【效果】|【背景】命令，在弹出的下拉列表中选择相应命令，可以为文档设置图片背景、图案背景或者填充背景色。

任务完成后，一定要保存文档。

【任务 2】打印输出。

可以先打印预览。单击【文件】|【打印】命令，选择“打印预览”子命令，进行预览，按 Esc 键返回。

单击【文件】|【打印】命令，选择“打印”子命令，打开“打印”对话框，进行打印页码范围、份数、是否双面打印等参数设置后即可打印。

以上操作还可以单击快捷访问工具栏中的相应按钮完成。

【任务 3】加密发布 PDF 格式文档。

单击快捷访问工具栏中的“输出为 PDF”按钮，或者单击【文件】|【输出为 PDF】命令，可打开“输出为 PDF”对话框，如图 3-44 所示，选择要输出的文档，输出选项选中“PDF”单选按钮，保存位置选择“自定义文件夹”，选择路径，再单击“开始输出”按钮，即可输出 PDF 文档。

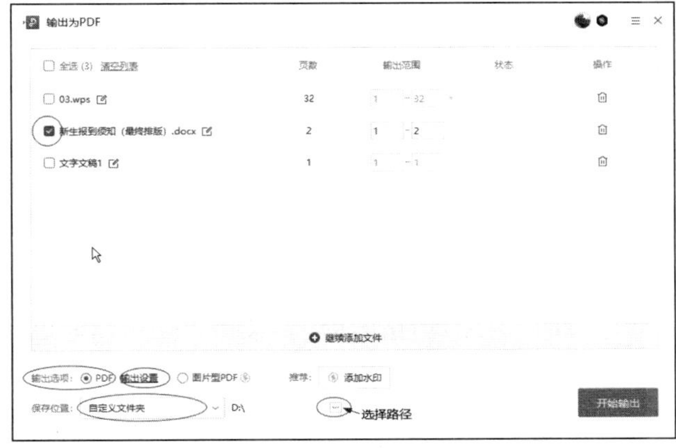

图 3-44　“输出为 PDF”对话框

如果需要对输出的 PDF 文档进行权限限制和加密保护，就在“输出为 PDF”对话框中，单击“输出设置”按钮，打开“输出设置”对话框，如图 3-45 所示。在“输出设置”对话框中，选中“权限设置”复选框，并输入权限设置密码、文件打开密码，单击“确定”按钮，返回“输出为 PDF”对话框，再单击“开始输出”按钮，即可输出加密的 PDF 文档。

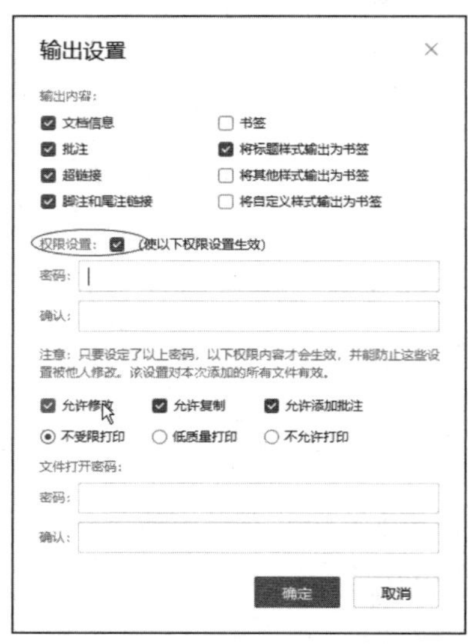

图 3-45 “输出设置”对话框

3.5 任务四 WPS 文字的 AI 应用

3.5.1 课前准备

一、课前预习

1. WPS 文字 AI 使用入口

在 WPS 文字文档中，单击选项卡右侧的 WPS AI 按钮 WPS AI ，弹出下拉菜单，或者在文档空白处双击 Ctrl 键，弹出快捷菜单，选择需要的功能命令。

说明：

① 如果您的 WPS 程序中没有 WPS AI 按钮，可以升级 WPS Office 版本，PC 端会覆盖安装。

② 目前 WPS AI 为 WPS 增值功能。

---

2. WPS 文字 AI 功能

WPS 文字 AI 包括 AI 帮我写、AI 帮我改、AI 帮我读、AI 排版等功能。

① AI 帮我写可以根据提示语句帮助我们起草通知、申请、文章大纲等各类内容，还可以根据提示语句帮助我们续写文章。

② AI 帮我改可以对已有内容润色、扩写、缩写。

③ AI 帮我读可以通过 AI 问答帮助你快速理解文档，还可以通过 AI 全文总结帮助你快速提炼文档内容。

④ AI 排版可以一键完成文档格式整理与文档排版。

二、预习测试

多项选择题

（1）启用 WPS 文字 AI 功能，可以使用____操作。

A. 在文档空白处双击 Ctrl 键　　B. 在文档空白处单击 Ctrl 键

C. 单击选项卡右侧的 WPS AI 按钮　　D. 单击“AI”选项卡

（2）WPS 文字 AI 功能包括____。

A. 根据提示语句续写文章　　B. 根据提示语句帮助我们起草文章大纲

C. 对已有内容缩写　　D. 一键排版

三、预习情况解析

1. 涉及知识点

WPS 文字 AI 使用入口、功能。

2. 预习测试题解析

见表 3-4。

表 3-4　“WPS 文字 AI 应用”预习测试题解析

测试题序号	答案	参考知识点	测试题序号	答案	参考知识点
（1）	AC	见课前预习“1.”	（2）	ABCD	见课前预习“2.”

3.5.2　任务实现

涉及知识点：WPS 文字 AI 帮我写、AI 帮我改、AI 排版

本项目此前的工作是在已有“新生报到须知”文档内容的基础上，完成编排的。而 WPS 文字 AI 可以帮助我们完成“新生报到须知”文档内容生成，并帮助简单编排。

【任务 1】使用 WPS 文字 AI 起草“新生报到须知”文档内容。

步骤 1：新建空白文档，命名为“新生报到须知.docx”。

步骤 2：使用 WPS 文字 AI 帮我写。

单击选项卡右侧的 WPS AI 按钮 WPS AI，在弹出的下拉菜单中选择“AI 帮我写”命令，打开“AI 帮我写”输入问题界面，如图 3-46 所示。

在“输入问题……”文本框中输入“大学新生报到须知”，单击右侧“发送”按钮 >，出现如图 3-47 所示界面。

如果不满意，在下方面板单击“弃用”或者“重写”按钮；如果满意，单击“保留”按钮；如果基本满意，只有某些问题还要补充，在下方面板“继续输入”文本框中输入需要补充修改的问题，如“交通路线”，单击“发送”按钮，会重新生成文档内容。

图 3-46　“AI 帮我写”输入问题界面

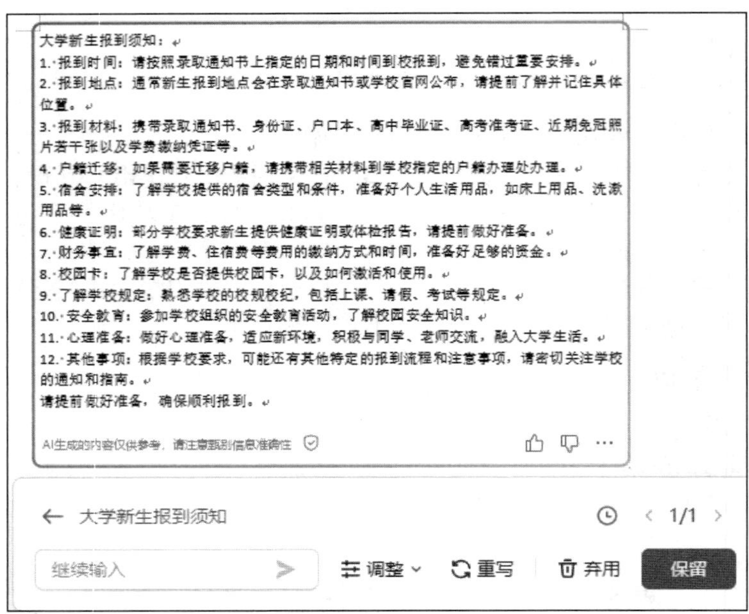

图 3-47 “AI 帮我写”确认界面

单击“保留”按钮后，再对 AI 生成的文档内容进行人工修改编辑。

说明：

① 如果需要续写，将指针置于文档末尾，单击选项卡右侧的 WPS AI 按钮 WPS AI ，在弹出的下拉菜单中选择“AI 帮我写”命令，在图 3-46 所示界面选择“续写”命令。

② 如果需要改写，选中需改写内容，单击选项卡右侧的 WPS AI 按钮 WPS AI ，在弹出的下拉菜单中选择“AI 帮我改”命令，可以“润色”“扩写”“缩写”。

③ 如果需要生成文章大纲、通知、证明等特定格式文档，在图 3-46 所示界面中选择相应命令。

【任务 2】使用 WPS 文字 AI 对“新生报到须知”文档排版。

“新生报到须知”文档内容修改完毕后，单击选项卡右侧的 WPS AI 按钮 WPS AI ，在弹出的下拉菜单中选择“AI 排版”命令，弹出“AI 排版”面板，面板中有多个排版样式，光标置于所需样式处，出现“开始排版”按钮，如图 3-48 所示。单击“开始排版”按钮，开始一键排版，排版完毕，弹出一面板，不满意则单击面板上的“弃用”按钮，满意则单击“应用到当前”按钮，文档变为 AI 排版的样式，保存即可。

图 3-48 “AI 排版”面板

3.6 项目总结

在本项目中，我们制作了新生报到须知文档。

① 在完成项目的过程中，我们对 WPS 文字的特点和使用方法有了初步的了解，学习了编辑 WPS 文字文本与表格的基本方法。

② 按照新建并保存文档—输入文本内容—设置格式—插

入并编辑表格—输出文档的整个过程，进行新生报到须知文档的制作工作。

完成本项目后，我们将具备制作和打印各种常见 WPS 文字文档的能力，下一步将学习更为复杂的项目，进一步提升读者的 WPS 文字文档应用水平。

3.7 技能拓展

3.7.1 理论考试练习

1. 单项选择题

（1）在 WPS 中，如果要将某段文字的格式复制给另一段文字，而不是复制其文字内容，可使用“开始”选项卡中的____按钮。

A. 格式选定　　B. 格式刷　　C. 格式工具框　　D. 复制

（2）当用拼音法来输入汉字时，经常要用“翻页”从多个同音字中选择正确的字，“翻页”用到的两个键分别为____。

A. <和>　　B. −和+　　C. →和←　　D. Home 和 End

（3）在 WPS 中，下列关于查找、替换功能的叙述，正确的是____。

A. 不可以指定查找文字的格式，但可以指定替换文字的格式

B. 不可以指定查找文字的格式，也不可以指定替换文字的格式

C. 可以指定查找文字的格式，但不可以指定替换文字的格式

D. 可以指定查找文字的格式，也可以指定替换文字的格式

（4）在 WPS 文字的编辑状态，选择四号字后，以新设置的字号显示的文字是____。

A. 光标所在段落中的文字　　B. 文档中被选中的文字

C. 光标所在行中的文字　　D. 文档的全部文字

（5）在 WPS 文字中，一个文档有 200 页，最快定位于第 99 页的方法是____。

A. 用垂直滚动条快速移动文档定位于第 99 页

B. 用向下箭头键或向上箭头键定位于第 99 页

C. 用 PageUp 键或 PageDown 键定位于第 99 页

D. 在“查找和替换”对话框的“定位”选项卡中将输入页号设为 99

（6）在 WPS 文字的编辑状态，当前光标在表格的任意一个单元格内，按 Enter 键后____。

A. 光标所在的行高不变　　B. 对表格不起作用

C. 在光标下增加一行　　D. 光标所在的列加宽

（7）在 WPS 文字中，若想控制一个段落的第一行的起始位置缩进 2 个字符，应在“段落”对话框中设置____。

A. 悬挂缩进　　B. 首行缩进

C. 左缩进　　D. 首字下沉

（8）下述选项中，不是 WPS 文字提供的段落对齐方式的是____。

A. 左对齐　　B. 右对齐　　C. 两端对齐　　D. 上下对齐

（9）在 WPS 文字中，将文本转换成表格，若文本内容需放入同一行的不同单元格，则文字间____。

A. 必须用逗号分隔开

B. 必须用空格分隔开

C. 必须用制表符分隔开

D. 可以用以上任意一种符号或其他符号分隔开

2. 多项选择题

（1）WPS 文字中的表格____。

A. 支持在表格中插入子表

B. 支持在表格中插入图形

C. 提供了绘制表头斜线的功能

D. 提供了整体改变表格大小和移动表格位置的控制手柄

（2）在 WPS 文字中，通过“页面设置”对话框可以直接完成____的设置。

A. 页边距　　B. 纸张大小

C. 打印页码范围　　D. 纸张的打印方向

（3）下列有关 WPS 文字的分栏功能的叙述，正确的有____。

A. 最多可以分为两栏　　B. 栏间距固定不可修改

C. 栏间距是可以调整的　　D. 各栏宽度可以不同

（4）在 WPS 文字中，下列有关间距的叙述，正确的有____。

A. 在“字体”命令中，可设置字符间距

B. 在“段落”命令中，可设置字符间距

C. 在“段落”命令中，可设置行间距

D. 在“段落”命令中，可设置段落前后间距

（5）下列有关 WPS 文字的格式刷叙述，错误的有____。

A. 格式刷能复制纯文本内容

B. 格式刷只能复制字体格式

C. 格式刷只能复制段落格式

D. 格式刷可以复制字体格式，也可以复制段落格式

（6）在 WPS 文字中，可以对____加边框。

A. 选中的文本　B. 段落　　C. 表格　　D. 图片

3.7.2 实践案例

党的二十大报告回顾、总结了过去 5 年的工作和新时代 10 年的伟大变革，指出我国“基础研究和原始创新不断加强，一些关键核心技术实现突破，战略性新兴产业发展壮大，载人航天、探月探火、深海深地探测、超级计算机、卫星导航、量子信息、核电技术、新能源技术、大飞机制造、生物医药等取得重大成果，进入创新型国家行列”。

下面阅读一篇人民日报文章《当飞天与航天相遇》，如图 3-49 所示，并按要求在 WPS 文字中进行文档格式编排。

（1）第一行“当飞天与航天相遇（人民时评）”作为标题，设置字体、字号分别为隶书、小二号，字符缩放设为 80%，居中对齐。

（2）设置正文的字体、字号分别为宋体、四号，左对齐，首行缩进 2 个字符，单倍行距，段前间距为 0、段后间距为 0.5 行。

（3）为正文最后一段“今年，我们还将迎来神舟二十号利箭升空。……”设置段落边框，边框为实线线型、线宽为 1.5 磅、颜色为红色，要求正文距离边框上下左右各 4 磅。

（4）设置最后一行“——《人民日报 》（ 2025 年 04 月 03 日 05 版）”的字体、字号分别为宋体、小四，右对齐。

（5）设置文档的纸张大小为 16 开（18.4 厘米 × 26 厘米）。

当飞天与航天相遇（人民时评）

飞天与航天相遇，看似机缘巧合，实则是文化传承在牵引。

前不久，神舟十九号航天员乘组圆满完成"太空出差之旅"的第三次出舱活动。舱外航天服的左臂印有五星红旗，右臂则是"飞天"二字，源自敦煌壁画的一对飞天形象栩栩如生。网友留言，"有种相隔千年的时空连在一起的感觉""中国人的飞天梦早已不是梦"。

从古至今，中国人始终怀有对宇宙的好奇与探索的热情。星辰大海的征途中，传统文化与现代科技交汇，绽放出璀璨的时代光芒。当我们循着这束光"溯源"——甘肃酒泉，古代丝路"凿空之旅"的重要节点——守望、破壁的文化追求深深刻印在人们心底。甘肃这片古老而又充满活力的土地，怀抱着两颗"大漠明珠"：敦煌莫高窟、酒泉卫星发射中心。

还记得神舟十九号发射时，敦煌研究院名誉院长樊锦诗专程前往酒泉卫星发射中心送行。飞天守护者向航天追梦者发出"跨界"邀请：欢迎英雄们"回家"后来敦煌看"飞天"。敦煌人打开窟门，面壁临摹，抢救修复，一遍遍查看文物是否安好，如同与历史对话；航天员打开舱门，每次出舱都有全新的任务，面对浩瀚宇宙说一声"感觉良好"，仿佛向未来求索。飞天与航天，承古拓今，不期而遇。航天员身着"飞天战袍"漫步太空，是对中华优秀传统文化的致敬，生动诠释了中华民族勇于探索、不懈追求的精神。

在艰苦的物质条件下，敦煌莫高窟的文物工作者守护着每一幅壁画、每一尊雕塑，致力于敦煌石窟资料整理和保护修复，也为文旅事业和遗址管理做了大量工作。酒泉卫星发射中心是我国航天事业的摇篮，科研工作者、航天员等群体舍小家顾大家，以实际行动为建设航天强国添彩。"坚守大漠、甘于奉献、勇于担当、开拓进取"的莫高精神，"特别能吃苦、特别能战斗、特别能攻关、特别能奉献"的载人航天精神，相互辉映、彼此激荡。这种精神的共鸣，鼓舞着航天人在浩瀚宇宙中勇往直前，展现出中华文明独特的时代风貌。

飞天与航天相遇，看似机缘巧合，实则是文化传承在牵引。这也深刻印证了：文明的积淀为当代创新提供了丰沃土壤，悠久的历史完全可以成为创新的资源。

陕西西安，国之重器运—20 的诞生地中航西飞公司，与秦铜车马出土地仅"一墙之隔"，这或许是某种隐喻：古往今来，中华民族对精益求精的追求一脉相承。

江西景德镇，从照亮中华文明的陶瓷文化中走来，"上天入海"的陶瓷新材料广泛应用于医学、环保、航空航天及新能源等领域，成为瓷都新的名片。

同一片土地，何以不断创造新的奇迹？从历史中汲取养分，才能创造新的历史。从丰厚的历史文化沃土中吸收营养，孕育出的非凡智慧、创造和精神力量，正是现代科技发展的不竭动力。

回想神舟一号发射后，东坡名句"明月几时有"的录音被送上天际，"把酒问青天"的豪情在那一刻具象化；在酒泉卫星发射中心，航天员工作生活区被命名为"问天阁"，源于屈原《天问》……一份份浪漫独属于中国人，丰富了航天文化的内涵，更让我们在探索宇宙的征途中，感受到中华文化的源远流长和文化传承的生生不息。

今年，我们还将迎来神舟二十号利箭升空。仰望苍穹，请铭记血脉中的求索、基因里的维新，以及一个民族在天地对话中永不停歇的奋进。

——《人民日报》（2025 年 04 月 03 日 05 版）

图 3-49　《当飞天与航天相遇》文字内容

项目四　WPS文字图文混排与长文档编排——设备使用说明书编排

学习目标

在实际的工作和学习中，经常遇到会议报告、商业企划书、使用说明书等文档的制作编排工作，这类文档的特点是内容较多，章节层次较多，要求注重样式的统一，大部分都要求制作目录。本项目就以使用说明书的排版为例，介绍 WPS 文字中长文档的排版方法和技巧，其中包括应用样式、自动生成目录、制作模板以及添加页眉和页脚等内容。同时介绍在说明书封面插入图片、图形、艺术字、文本框等对象，并对它们进行编辑及格式设置，以获得较好的图文混排效果。

通过对本项目的学习，读者能够掌握全国高等学校计算机水平考试及全国计算机等级考试的相关知识点，达到下列学习目标。

知识目标：

- 掌握插入图片、图形、文本框和艺术字的相关知识。
- 掌握图片、图形、文本框和艺术字的使用与编辑。
- 掌握图文混排的相关知识。
- 掌握样式、模板的定义和应用。
- 掌握文档分页分节的设置
- 掌握文档页眉和页脚的设置。
- 掌握制作多级目录的相关知识。
- 掌握打印预览与打印的相关知识。

技能目标：

- 学会插入图片、图形、文本框和艺术字的方法。
- 学会图片、图形、文本框、艺术字的编辑及格式设置方法。
- 学会图文混排的操作方法。
- 能够根据要求设置长文档的样式。
- 能够通过导航窗格查看、编辑长文档。
- 能够根据要求设置长文档的页眉和页脚。
- 会根据文档结构插入多级目录。

4.1 项目总要求

某科技有限公司需制作一设备使用说明书，说明书包括封面、目录、正文。本项目可以分解为三部分：制作封面（使用图文混排）；输入使用说明书正文内容后，应用样式来设置正文格式，再自动生成目录；对全文设置页眉页脚。

全文内容、格式、版面等有以下要求。

1. 页面的设置

① 设置使用说明书的纸张大小为 A4、纸张方向为纵向。

② 页边距设置为上边距 3 厘米，下边距、左边距、右边距都为 2.5 厘米。

2. 封面

使用说明书封面内容为图文混排，包括文字、文本框、LOGO 图片、艺术字，如图 4-1 所示。

图 4-1　使用说明书封面

3. 目录

在封面后插入目录，此目录为基于标题样式自动生成。

4. 内容格式

使用说明书内容的格式如图 4-2 所示。

① 一级标题：黑体，三号，左对齐，段前、段后各 1 行，1.5 倍行距。

② 二级标题：黑体，四号，左对齐，加粗，段前、段后各 13 磅，1.25 倍行距。

③ 正文内容：宋体，小四，1.5 倍行距，首行缩进 2 个字符。

5. 页眉页脚格式

页眉页脚格式要求如下。

封面不设置页眉和页脚。

① 目录中不设置页眉，但需在页脚中插入页码，格式设置为“I,II,III…”，居中。

② 在正文中，页眉文字为“设备使用说明书”，宋体、小五、右对齐，在页脚中插入页码，格式设置为“第 1 页共 × 页，第 2 页共 × 页…”（与目录中的页码格式不同），宋体、小五、居中，如图 4-2 所示。

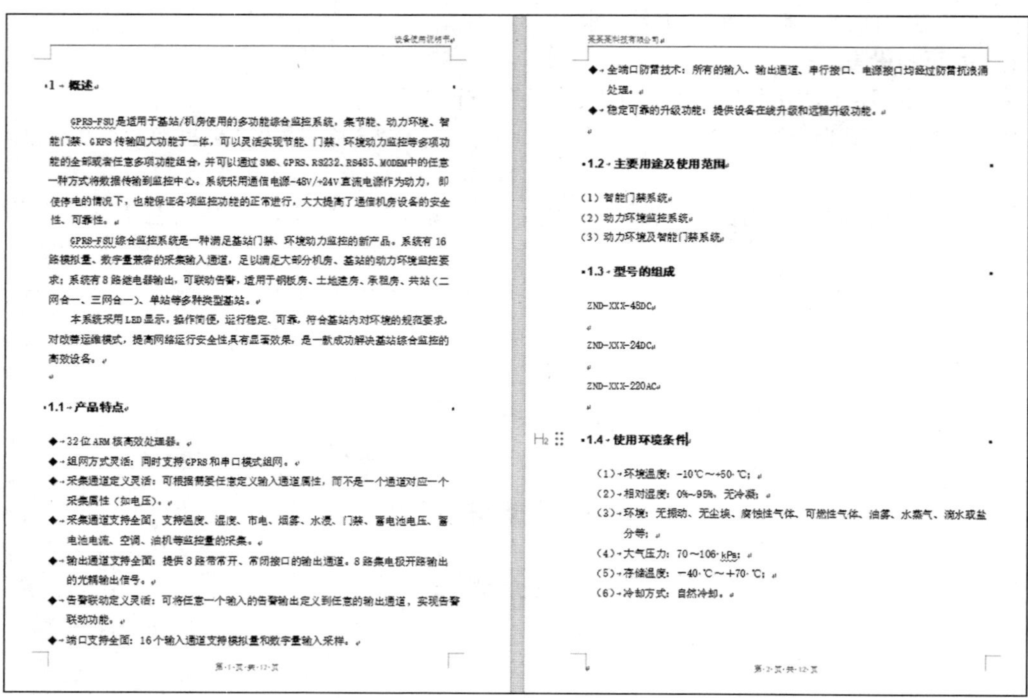

设备使用说明书

1 概述

GPRS-FSU 是适用于基站/机房使用的多功能综合监控系统，集节能、动力环境、智能门禁、GRPS 传输四大功能于一体，可以灵活实现节能、门禁、环境动力监控等多项功能的全部或者任意多项功能组合，并可以通过 SMS、GPRS、RS232、RS485、MODEM中的任意一种方式将数据传输到监控中心。系统采用通信电源-48V/+24V 直流电源作为动力，即使停电的情况下，也能保证各项监控功能的正常进行，大大提高了通信机房设备的安全性、可靠性。

GPRS-FSU 综合监控系统是一种满足基站门禁、环境动力监控的新产品。系统有 16 路模拟量、数字量兼容的采集输入通道，足以满足大部分机房、基站的动力环境监控要求；系统有 8 路继电器输出，可联动告警，适用于钢板房、土坯建房、租房、共站（二网合一、三网合一）、单站等多种类型基站。

本系统采用 LED 显示，操作简便，运行稳定、可靠，符合基站内对环境的规范要求，对改善运维模式，提高网络运行安全性具有显著效果，是一款成功解决基站综合监控的高效设备。

1.1 产品特点

◆ 32 位 ARM 核高效处理器。

◆ 组网方式灵活：同时支持 GPRS 和串口模式组网。

◆ 采集通道定义灵活：可根据需要任意定义输入通道属性，而不是一个通道对应一个采集属性（如电压）。

◆ 采集通道支持全面：支持温度、湿度、市电、烟雾、水浸、门禁、蓄电池电压、蓄电池电流、空调、油机等监控量的采集。

◆ 输出通道支持全面：提供 8 路带常开、常闭接口的输出通道。8 路集电极开路输出的光耦输出信号。

◆ 告警联动定义灵活：可将任意一个输入的告警输出定义到任意的输出通道，实现告警联动功能。

◆ 端口支持全面：16个输入通道支持模拟量和数字量输入采样。

第 1 页 共 12 页

某某某科技有限公司

◆ 全端口防雷技术：所有的输入、输出通道、串行接口、电源接口均经过防雷抗浪涌处理。

◆ 稳定可靠的升级功能：提供设备在线升级和远程升级功能。

1.2 主要用途及使用范围

（1）智能门禁系统

（2）动力环境监控系统

（3）动力环境及智能门禁系统

1.3 型号的组成

ZND-XXX-48DC

ZND-XXX-24DC

ZND-XXX-220AC

1.4 使用环境条件

（1）环境温度：-10℃～+50 ℃；

（2）相对湿度：0%～95%，无冷凝；

（3）环境：无振动、无尘埃、腐蚀性气体、可燃性气体、油雾、水蒸气、滴水或盐分等；

（4）大气压力：70～106 kPa；

（5）存储温度：－40 ℃～+70 ℃；

（6）冷却方式：自然冷却。

第 2 页 共 12 页

图 4-2　使用说明书内容的格式

4.2　任务一　使用图文混排制作说明书封面

4.2.1　课前准备

为保证任务能够顺利完成，请在实际操作前预习以下内容：了解图文混排的概念与基本操作方法。

一、课前预习

1．图文混排的概念

（1）图文混排

图文混排是指将文字与图片、图形、艺术字、文本框等多种对象混合排列，文字可衬于对象的下方、浮于对象上方或环绕在对象的四周等，如图 4-3 所示。

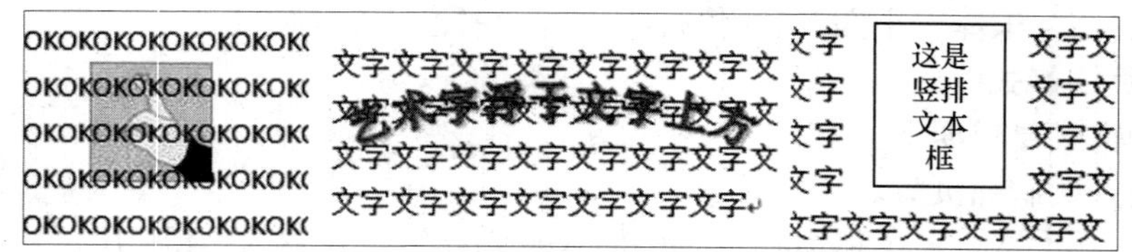

图 4-3　图文混排——文字与多种对象混合排列

（2）图片

在 WPS 文字中可以插入用户自备的图片。单击【插入】|【常用对象】|【图片】按钮，在弹出的下拉列表中选择“来自文件”，打开“插入图片”对话框，即可从磁盘的相应位置选择要插入的图片将其插入。

（3）形状

单击【插入】|【常用对象】|【形状】按钮，打开“形状”面板，如图 4-4 所示，单击相应的形状图标后，指针变为十字形，在文档中按住鼠标左键拖曳就可以绘制对应的形状。

绘制形状时，如果按住 Shift 键，可以绘制倾斜角度为 0°、45°、90°的线段，椭圆形状为标准的圆形，以及矩形形状为标准的正方形。

（4）艺术字

艺术字是可添加到文档的装饰性文本。创建后可以进行艺术字的旋转等操作，还可以设置三维效果以及对文本内容进行编辑。

单击【插入】|【常用对象】|【艺术字】命令，打开“艺术字样式”面板，如图 4-5 所示。选择艺术字样式，然后输入艺术字文本内容，此时功能区会出现“绘图工具”选项卡（在文档中插入或选择艺术字后会自动出现此临时选项卡），使用此选项卡可以在字体大小和文本效果、形状效果等方面更改艺术字。

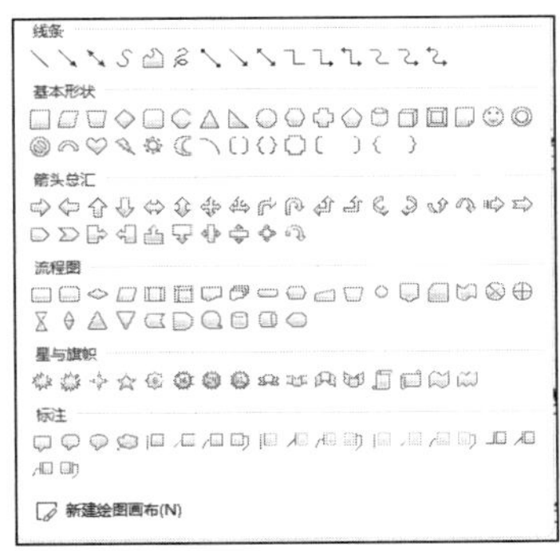

图 4-4 “形状”面板

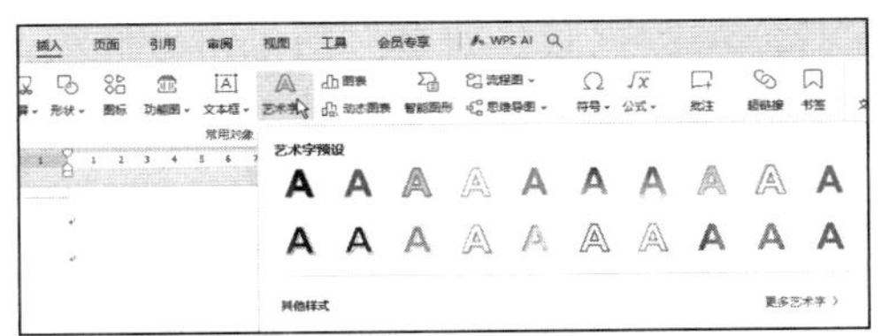

图 4-5 “艺术字样式”面板

（5）文本框

单击【插入】|【常用对象】|【文本框】命令，指针变为十字形，在文档中按住鼠标左键拖曳就可以插入文本框，之后便可在文本框内输入文字或放置图片。

文本框是一个能够容纳文本和图形的“容器”，可以将其移动并放置于页面中的任意位置，使文档更有阅读性。文本框中的内容不会受段落格式、页面设置等的影响，可以对文本框进行边框颜色、线条、填充颜色、大小、文本的环绕方式等多种格式的设置。

2. 图文混排对象的选中、移动和大小的调节

单击图片、图形、艺术字、文本框等对象，即可选中这些对象，对象被选中后会出现控制点。

将鼠标指针放在控制点上，鼠标指针会变为双向箭头，此时按住鼠标左键拖曳可以调节对象的大小。

将鼠标指针放在对象上，鼠标指针会变为十字四向箭头，此时按住鼠标左键拖曳可以移动对象。

选中图片、艺术字、文本框时会出现旋转控制柄，将鼠标指针放在控制柄上，鼠标指针会变为旋转箭头，此时按住鼠标左键拖曳可以旋转对象。

单击文档的其他位置，即可退出选中状态。

3. 图文混排对象的格式设置

（1）在形状、艺术字、文本框等对象中直接输入文本

除图片之外，形状、艺术字、文本框等图文混排对象中都可以直接输入文本。

（2）文字环绕

文本与图片、形状、艺术字、文本框等对象之间的环绕方式有嵌入型、四周型环绕、紧密型环绕、穿越型环绕、上下型环绕、衬于文字下方和浮于文字上方。

选中图片、形状、艺术字、文本框等对象后，单击鼠标右键，在弹出的快捷菜单中单击“文字环绕”命令，在弹出的子菜单中选择需要的文字环绕方式，如图 4-6 所示；或者选中对象后，单击【绘图工具】|【排列】|【环绕】按钮，也可以选择文字环绕方式。

图 4-6　文字环绕方式

（3）混排对象的格式设置

选中图形、艺术字、文本框等对象，单击鼠标右键，在弹出的快捷菜单中（见图 4-6），单击“设置对象格式”命令，打开“属性”面板，在面板中可对混排对象进行填充与线条、文字效果等设置。

二、预习测试

1. 单项选择题

（1）关于插入 WPS 图文混排对象，正确的操作是____。

A. 单击“插入”选项卡中的相应命令，可以插入图片、形状等对象，但不可以插入艺术字、文本框等对象

B. 单击“视图”选项卡中的相应命令，可以插入艺术字、文本框等对象

C. 单击“插入”选项卡中的相应命令，可以插入图片、形状、艺术字、文本框等对象

D. 单击“页面”选项卡中的相应命令，可以插入图片、形状、艺术字等对象

（2）选中图片、图形、艺术字、文本框等对象时，会显示____。

A. 控制点　　B. 阴影　　C. 颜色反转　　D. 亮显

（3）绘制形状时，如果按住____键，可以绘制倾斜角度为 0°、45°、90°的线段。

A. Shift　　B. Ctrl　　C. Alt　　D. Tab

2. 多项选择题

（1）关于文本框，正确的描述有____。

A. 文本框是能够容纳文本的“容器”

B. 文本框是能够容纳图形的“容器”

C. 文本框可以移动并放置于页面中的任意位置

D. 文本可以环绕文本框

（2）设置图文混排的文字环绕方式，可以使用的方法有____。

A. 选中对象后单击鼠标右键，在弹出的快捷菜单中单击“文字环绕”命令，在弹出的子菜单中设置

B. 选中对象，单击“绘图工具”或“图片工具”选项卡中的“环绕”命令

C. 在“设置对象格式”对话框的“版式”选项卡中进行设置

D. 选中对象，单击右上角出现的“布局选项”功能按钮，进行设置

3. 操作题

在文档中插入标准的圆形，并设置纯色填充，填充颜色为红色。

操作题解析视频

三、预习情况解析

1. 涉及知识点

图文混排对象的基本操作。

2. 预习测试题解析

见表 4-1。

表 4-1 “使用图文混排制作说明书封面”预习测试题解析

测试题序号	答案	参考知识点	测试题序号	答案	参考知识点
1.（1）	C	见课前预习“1.”	2.（1）	ABCD	见课前预习“1.（5）”
1.（2）	A	见课前预习“2.”	2.（2）	ABC	见课前预习“3.（2）”
1.（3）	A	见课前预习“1.（3）”	3.	见微课视频	

4.2.2　任务实现

一、新建设备使用说明书文档

【任务 1】新建 WPS 文字文档，命名为“××-×××××设备使用说明书.docx”，保存在“D:\使用说明书”。

启动 WPS Office 程序，按 Ctrl+N 组合键，新建一个 WPS 文字空白文档。

按 Ctrl+S 组合键，或者单击快捷访问工具栏中的“保存”按钮，在弹出的“另存为”窗口中，选择保存位置“D:\使用说明书”，保存类型选择“WPS 文字文件（*.docx）”，文件名设置为“××-×××××设备使用说明书”，单击“保存”按钮。

【任务 2】对文档进行页面设置。根据需要，将文档纸张大小设为 A4，纸张方向设为“纵向”，页面上边距设为 3 厘米，其他页边距设为 2.5 厘米。

单击“页面”选项卡中的“页面设置”组右下角的对话框启动器按钮，打开“页面设置”对话框，在“页边距”选项卡中设置上边距为 3 厘米、其他页边距为 2.5 厘米，纸张方向设为“纵向”，在“纸张”选项卡中设置纸张大小为 A5，单击“确定”按钮。

【任务 3】输入使用说明书封面中的普通文字。

按图 4-1 所示，输入文字。“××-×××××设备使用说明书”文字格式为楷体、初号、加粗、居中；项目名称、版本、编制部门、制订时间等文字格式为楷体、四号、左对齐。

二、插入艺术字并设置格式

涉及知识点：艺术字的插入与格式设置、文字环绕方式的设置

【任务 4】将设备生产企业名以艺术字形式插入。

单击【插入】|【常用对象】|【艺术字】命令，打开“艺术字样式”面板，单击面板左上方第一个艺术字样式后，会出现“请在此放置您的文字”，替换为“某某某科技有限公司”。

【任务 5】调整艺术字的字体、字号分别为楷体、小初，形状为“朝鲜鼓”，文本填充颜色为黑色，透明度为 60%。

选中艺术字文字，在“开始”选项卡中设置字体、字号分别为楷体、小初。

再单击艺术字对象，选中对象后，单击【绘图工具】|【艺术字样式】|【效果】命令，在下拉列表的“转换”菜单中选择“朝鲜鼓”，设置文字为“朝鲜鼓”形状，如图 4-7 所示。

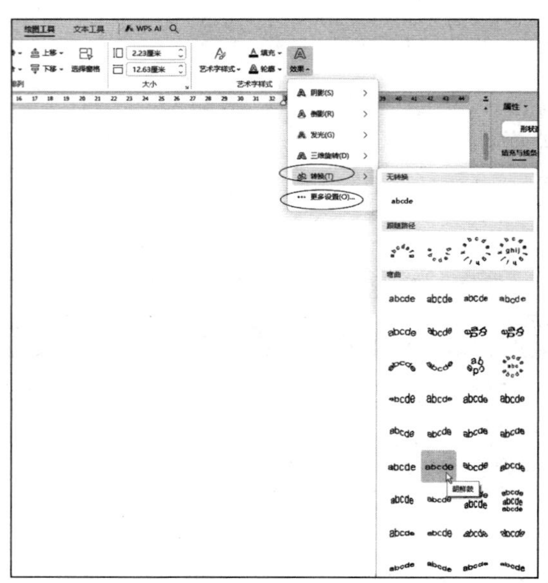

图 4-7　艺术字文本效果的设置

再次单击【绘图工具】|【艺术字样式】|【效果】命令，在下拉列表中选择“更多设置”，打开“属性”任务窗格，在任务窗格的“文本选项”的“填充与轮廓”选项卡中设置文本填充颜色为“黑色”，透明度为“60%”，如图 4-8 所示。

【任务 6】调整艺术字与文档中其他文本的环绕方式为上下型环绕。

在艺术字对象处于选中状态下，单击【绘图工具】|【排列】|【环绕】命令，打开下拉列表，如图 4-9 所示，选择“上下型环绕”或者“浮于文字上方”选项。使用“上下型环绕”方式，艺术字对象定位在两行文字之间；使用“浮于文字上方”方式，艺术字对象可以定位在任意位置。

图 4-8　艺术字“属性”任务窗格

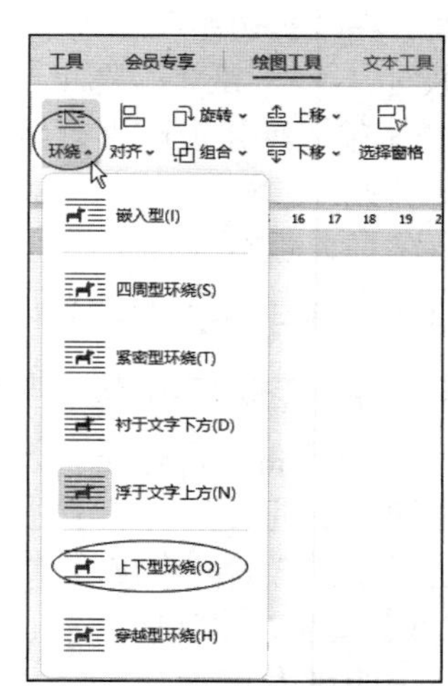

图 4-9　环绕方式的设置

【任务 7】调整艺术字的位置为“水平居中”。

在艺术字对象处于选中状态下，单击【绘图工具】|【排列】|【对齐】命令，在打开下拉列表中选择“水平居中”。

艺术字编辑完成后，单击文档的其他位置，退出艺术字的编辑。

三、插入文本框并设置格式

涉及知识点：文本框的插入、编辑与格式设置

文本框中的内容不受段落格式、页面设置等的影响，可以随意调整文本框在文档中的位置，便于将文字放到适当的位置。设备使用说明书封面上“文件编号、密级”等内容放在文本框这个“容器”中。

【任务 8】插入横排文本框。

单击【插入】|【常用对象】|【文本框】命令，打开下拉列表，选择“横向”选项，鼠标指针变为十字形，按住鼠标左键拖曳出一个文本框。此时文本框处于编辑状态，单击“开始”选项卡，调整字体、字号为黑体、小四，输入两行文字“文件编号:”“密级:”，如图 4-1 所示。

【任务 9】设置文本框的格式。

步骤 1：调节文本框的位置、大小。

选中文本框，文本框周围会出现 8 个控制点，将鼠标指针移动到文本框边框上，此时鼠标指针会变为十字四向箭头，按住鼠标左键拖曳，移动文本框到封面右上方相应位置；将鼠标指针移动到控制点上，此时鼠标指针会变为双向箭头，按住鼠标左键拖曳可调整文本框的大小。

若需要精确设置文本框的位置与大小，则选中文本框，在“绘图工具”选项卡“大小”组的“形状高度”“形状宽度”列表框中输入精确的尺寸，如图 4-10 所示。

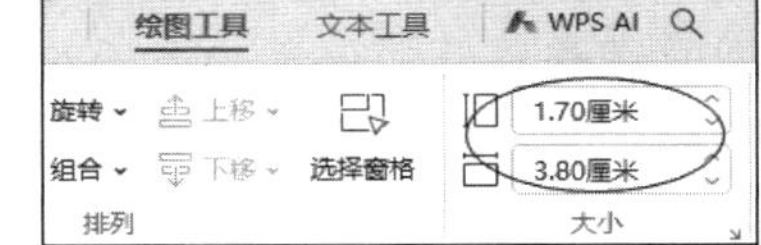

图 4-10　设置文本框的大小

步骤 2：设置文本框的文字环绕方式为“浮于文字上方”。

使用任务 6 中的方法设置环绕方式为“浮于文字上方”。

另一种方法：选中文本框对象，单击“绘图工具”选项卡“大小”组右下角的对话框启动器按钮 ↘，打开“布局”对话框，设置环绕方式，如图 4-11 所示。

步骤 3：设置文本框为无填充色、虚线边框。

选中文本框，当鼠标指针变为十字四向箭头时，单击鼠标右键，在弹出的快捷菜单中单击“设置对象格式”命令，打开“属性”任务窗格，在“形状选项”中进行相应设置，如图 4-12 所示。

图 4-11　“布局”对话框

图 4-12　文本框“属性”任务窗格

四、插入图片并设置格式

涉及知识点：图片的插入与格式设置

【任务 10】插入企业 LOGO 图片“LOGO.png”，并设置格式。

单击【插入】|【常用对象】|【图片】命令，在下拉列表中选择“本地图片”，打开“插入图片”对话框，找到 LOGO 图片文件的位置，选择“LOGO.png”图片文件并将其插入。

【任务 11】设置图片的环绕方式为“浮于文字上方”，调整图片的大小和位置。

步骤 1：设置图片的文字环绕方式为“浮于文字上方”。

方法同前文。

步骤 2：调整图片的大小。

方法同前文。

步骤 3：调整图片的位置。

在图片对象处于选中状态下，单击【图片工具】|【排列】|【对齐】命令，在打开的下拉列表中选择“水平居中”。

说明：

环绕方式为嵌入型的图片与文字是同等级别的，会随文字内容的变化而移动；在其他方式下，图片将相对固定在文档中的某个位置，不会随文字的移动而移动，用户可以通过拖动图片调整图片的位置；当插入的图片是位图时，四周型环绕与紧密型环绕的效果相同；穿越型环绕与紧密型环绕的效果相似，但可以在图片开放部位穿越；对于上下型环绕，文字在图片的顶部换行，在图片底部重新接排，图片两旁无文字环绕；环绕方式为浮于文字上方的图片会压住部分文字，而环绕方式为衬于文字下方的图片相反，文字会压在图片的上方。

【任务 12】保存文件。

单击快捷访问工具栏中的“保存”按钮，即可保存文件“××-×××××设备使用说明书.docx”。

4.3 任务二　使用样式、目录生成、文档分页分节、插入页眉页脚

4.3.1　课前准备

为保证任务能够顺利完成，请在实际操作前预习以下内容：了解样式的创建和应用、自动生成目录的方法、分页符与分节符的作用，了解页眉与页脚的概念及插入方法。

一、课前预习

1. 样式

长文档的内容多、篇幅长、格式多，如果手动设置每段文字和段落的格式，比较费时、费力，利用 WPS 文字中的“样式”就可以解决这类问题。样式是一组字符格式、段落格式的特定集合。

（1）样式的作用

通过预先定义样式，用户可以在需要时快速应用这些样式，而无须对每个元素进行重复的格式化操作，提高了工作效率，确保文档格式的一致性和美观性。

修改样式时，文档中应用此样式的部分文字的格式设置也会随之更新，便于文档格式统一更新。

还可以通过设置标题样式，为自动生成文档目录打下基础。

（2）样式的应用

单击“开始”选项卡“样式”组右下角的对话框启动器按钮，打开“样式和格式”任务窗格，“样式和格式”任务窗格中会显示系统已有的样式，如图 4-13 所示。将光标放置在需应用样式的文本内，在“样式和格式”任务窗格中单击要应用的样式即可。例如，在图 4-14（a）所示文档中，“第一章”应用“标题 1”样式，“第一节”“第二节”应用“标题 2”样式后，效果如图 4-14（b）所示。

图 4-13 “样式和格式”任务窗格

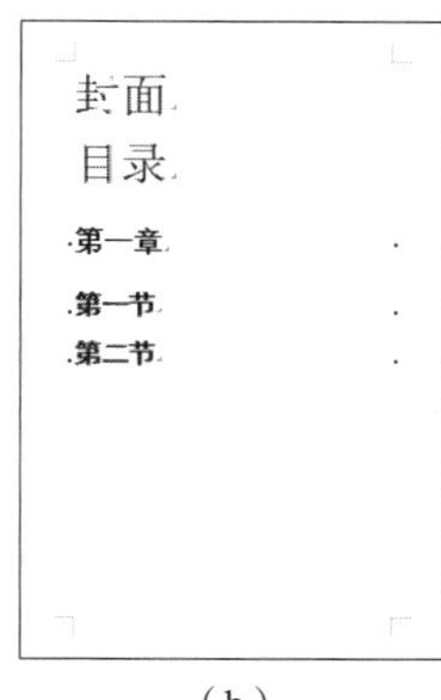

图 4-14　样式的应用

（3）创建新样式

WPS 文字内置样式的形式有限，用户也可以根据需要创建新样式。在“样式和格式”任务窗格中单击“新样式”按钮，打开“新建样式”对话框，在对话框中设置新样式的名称和字符格式、段落格式，如图 4-15 所示。

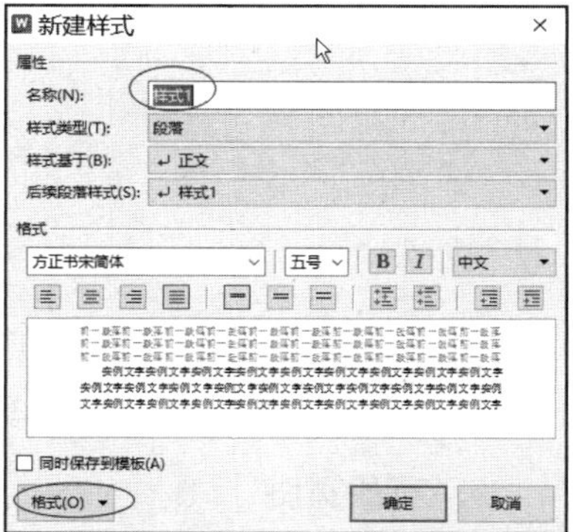

图 4-15 “新建样式”对话框

编辑文档时每次设置的新样式都会在“样式和格式”任务窗格中显示出来，这样用户就可以方便地使用自定义的样式。

（4）修改或删除样式

对于已有的样式，可以进行修改或删除，修改或删除后，文档中所有应用该样式的文字格式均同步变化。

2. 目录

WPS 文字文档具有目录自动生成功能，这是因为它内置了一套强大的样式系统。当你在文档中应用了特定的标题样式（如“标题 1”“标题 2”等样式），WPS 会自动捕捉这些标题并将其纳入目录。因此，正确使用标题样式是自动生成目录的关键。

自动生成目录的方法：单击【页面】|【结构】|【目录页】按钮，或者单击【引用】|【目录】|【目录】按钮，出现下拉列表，选择“自定义目录”命令，打开“目录”对话框，进行设置后，确定即可。

3. 分页符

分页符用于手动控制页面分割。如果一段文字没有写满一页，但希望另起一页，使用分页符可以确保后面的文字都会保持在新的页面。例如，图 4-14（b）所示文档通过插入分页符后形成如图 4-16 所示的效果。

插入分页符的方法：将光标定位在需要分页的位置，单击【页面】|【结构】|【分隔符】

按钮，出现下拉列表，选择“分页符”即可。

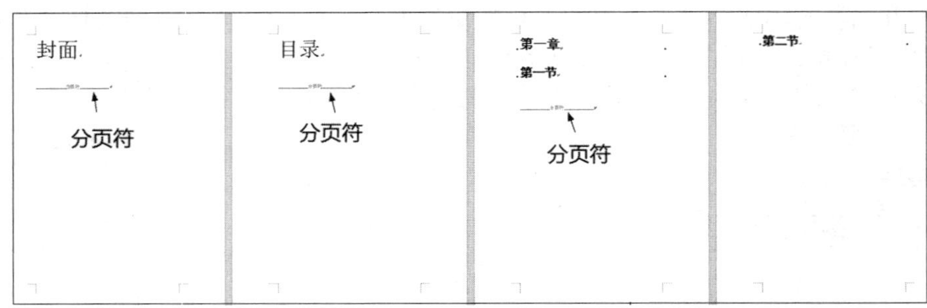

图 4-16　插入分页符后形成的效果

4. 分节符

分节符主要用于在文档中创建不同的节。同一个文档中不同的节可以进行不同的页边距、纸张方向、页眉、页脚、页码等设置。

插入分节符的方法：将光标定位在需要插入分页符的位置，单击【页面】|【结构】|【分隔符】按钮，出现下拉列表，选择“下一页分节符”，此时除了可以分页，还可以将文档分节前后的部分进行不同的设置。

例如，通过插入分节符可以达到不同节纸张方向设置不同的效果。图 4-17（a）所示文档在插入分节符后，文档分为 3 节，此时 3 节的纸张方向默认均为纵向。把光标定位在第 2 节，设置纸张方向为横向，第 2 节的纸张方向改为横向，第 1、3 节的纸张方向仍为纵向，如图 4-17（b）所示。

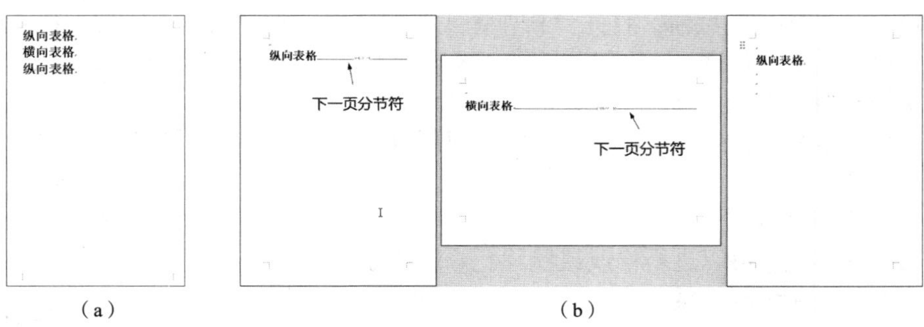

（a）　（b）

图 4-17　不同节设置不同纸张方向的效果

5. 页眉页脚

页眉、页脚分别是文档中显示在页面顶部、底部区域的内容，常用于显示文档的附加信息，如文档标题、公司徽标、日期、页码等。

插入页眉页脚的方法如下。单击【插入】|【页】|【页眉页脚】按钮，文档进入页眉页脚编辑状态，如图 4-18 所示，此时可以插入页眉与页脚。单击【页眉页脚】|【关闭】|【关闭】按钮，退出页眉页脚编辑状态。双击页面顶部或底部区域，也可以进入页眉页脚编辑状态，双击页面其他区域，则退出页眉页脚编辑状态。

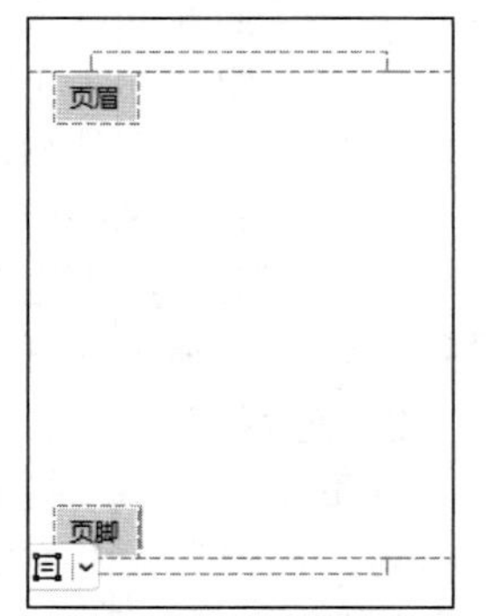

图 4-18　页眉页脚编辑状态

6. 模板

（1）模板文件的作用

WPS 模板是指预先设计好格式和样式的文档模板，用户可以直接在其基础上根据自己的需求进行修改，生成符合要求的文件，提高文档制作的效率，保持文档一致性。

WPS 提供了丰富的模板库，用户还可以自定义模板文件。

（2）自定义 WPS 文字模板文件

文档完成特定的格式和布局设置后，单击【文件】|【另存为】命令，打开“另存为”对话框，选择保存类型为 WPS 文字模板文件格式“.wpt”，选择好保存路径，命名保存即可生成模板文件。

（3）使用模板

① 使用 WPS 自带的模板库。WPS 自带的模板库分为免费和会员专享。免费模板的使用：在新建文档时，窗口左边列表框中有“免费专区”，可以访问和使用免费的模板。会员专享模板的使用：单击 WPS Office 首页的“稻壳商城”，搜索您喜欢的模板下载使用。

② 使用自定义模板。根据自定义模板文件的存储路径，找到并打开，按需要进行相应修改后，另存为.docx 格式文件。

二、预习测试

1. 单项选择题

（1）在 WPS 文字中，格式化文档时使用预先定义好的多种格式的集合，称为____。

A. 样式　　B. 格式组　　C. 项目符号　　D. 母版

（2）WPS 文字中的某一样式进行了更新，使用了该样式的文字____。

A. 格式同步更新　　B. 格式没有变化　　C. 字体变红　　D. 字体变粗

（3）WPS 文字文档中的目录输入方法，____。

A. 必须手工输入　　B. 基于特定的标题样式自动生成　　C. 基于任意的样式自动生成　　D. 不需要样式也可自动生成

（4）WPS 文字文档中插入目录，可使用____选项卡。

A. “开始”　　B. “插入”　　C. “页面”　　D. “视图”

（5）如果一段文字没有写满一页，但希望另起一页，插入____。

A. 回车符　　B. Web 页　　C. 分页符　　D. 若干空行

（6）如果文档的目录部分、正文部分都要插入页码，但正文与目录的页码形式不同，需使用____。

A. 分页符　　B. 分节符　　C. 引用　　D. 分栏符

（7）WPS 文字模板文件扩展名是____。

A. .wpt　　B. .wps　　C. .dot　　D. .pdf

2. 操作题

创建如图 4-17（a）所示文档，之后进行以下操作练习。

（1）制作如图 4-17（b）所示效果。

（2）完成（1）之后，插入页眉，页眉内容是“分节符练习”，文字对齐方式为右对齐。

三、预习情况解析

1. 涉及知识点

样式、目录、分页符、分节符、页眉页脚、模板的简单应用。

2. 预习测试题解析

见表 4-2。

表 4-2 “使用样式、目录生成、文档分页分节、插入页眉页脚”预习测试题解析

测试题序号	答案	参考知识点	测试题序号	答案	参考知识点
1.（1）	A	见课前预习“1.”	1.（5）	C	见课前预习“3.”
1.（2）	A	见课前预习“1.”	1.（6）	B	见课前预习“4.”
1.（3）	B	见课前预习“2.”	1.（7）	A	见课前预习“6.”
1.（4）	C	见课前预习“2.”	2.	见微课视频	

4.3.2 任务实现

一、用分页符分割页面

涉及知识点：插入分页符

打开 4.2.2 节制作的文档“××-×××××设备使用说明书.docx”，在封面内容后面加入文字“目录”和正文内容（见素材）。

【任务 1】使用分页符强制将封面、目录作为独立页，确保无论上面的文字行数如何变化，后面的文字都会保持在新的页面。

步骤 1：插入分页符，强制将封面作为独立页。

光标定位在“目录”文字之前，单击【页面】|【结构】|【分隔符】按钮，出现下拉列表，选择“分页符”。此时封面与目录之间插入了一个分页符，封面作为单独一页，无论封面文字行数如何变化，目录文字都会保持在新的页面。

步骤 2：插入分页符，强制将目录作为独立页。

光标定位在正文开头（文字“1 概述”之前），重复步骤 1 的操作。

二、使用样式

涉及知识点：样式的应用、修改，导航任务窗格的使用

长文档篇幅长、格式多，在排版过程中常常需要使用样式，以便快捷地使各级标题、正文等内容的格式符合要求。WPS 中内置了一些常用样式，可直接应用这些样式，也可以根据排版的格式要求，修改这些样式或新建样式。

【任务 2】为文档中的不同内容应用相应的样式。

说明书全文层次可分为正文一级标题（章标题）、正文二级标题（节标题）和其他正文内容等。

按图 4-19 所示样式设置的要求，对正文一级标题应用“标题 1”样式，正文二级标题应用“标题 2”样式，其他正文内容应用“正文”样式。

步骤 1：先设置正文全部内容为“正文”样式。

将光标定位在正文开始处，按住 Shift 键，同时按 Ctrl+End 组合键，正文内容将全部被选中。单击“开始”选项卡“样式”组右下角的对话框启动器按钮，打开“样式和格式”任

务窗格，在“样式和格式”任务窗格中单击“正文”样式。

目录

1 概述……1 【标题1】
1.1 产品特点……1 【标题2】
1.2 主要用途及使用范围……2 【标题2】
1.3 型号的组成及代表意义……2
1.4 使用环境条件……2
1.5 工作条件……3
1.6 对环境及能源的影响……3
1.7 安全……3
2 结构特征及工作原理……3 【标题1】
2.1 总体结构及其工作原理、工作特性……4 【标题2】
2.2 主要部件或功能单元的结构、作用及其工作原理……4

图 4-19　样式设置的要求

步骤 2：设置正文一级标题为“标题 1”样式。

将光标定位在正文开始一级标题“1 概述”处，在“样式和格式”任务窗格中单击“标题 1”样式；再把光标定位在一级标题“2 结构特征及工作原理”处，在“样式和格式”任务窗格中单击“标题 1”样式；反复使用上述方法把正文所有的一级标题设置为“标题 1”样式。

步骤 3：设置正文二级标题为“标题 2”样式。

使用步骤 2 的方法，把正文所有的二级标题设置为“标题 2”样式。

【任务 3】按要求对样式进行修改。

经过以上操作，正文应用了 WPS 文字内置的“标题 1”“标题 2”“正文”样式，但用户要求的格式（见表 4-3）与原有的内置样式不尽相同，需要对这些内置样式进行修改。

按照表 4-3 所示的样式要求对 WPS 文字的内置样式进行修改，然后按照图 4-19 为文档中的不同内容应用相应的样式。

表 4-3　样式修改要求

样式名称	字体格式	段落格式
标题 1	黑体、四号、加粗	2.4 倍行距，段前 17 磅、段后 16.5 磅、左对齐
标题 2	黑体、四号、加粗	1.7 倍行距，段前、段后各 13 磅、左对齐
正文	宋体、五号	1.5 倍行距，段前、段后各 0 磅、首行缩进 2 个字符

步骤 1：修改“标题 1”样式。

单击“开始”选项卡“样式”组右下角的对话框启动器按钮，打开“样式和格式”任务窗格，将指针移到“标题 1”样式上，单击其右侧的下拉箭头，在下拉列表中选择“修改”命令，如图 4-20 所示。此时会打开“修改样式”对话框，单击“对话框”中的“格式”按钮，在弹出的下拉列表中分别选择“字体”“段落”命令，如图 4-21 所示，将“标题 1”样式中的字体和段落格式修改为表 4-3 所示的内容。

步骤 2：修改“标题 2”“正文”样式。

使用步骤 1 的方法，按表 4-3 的内容修改“标题 2”“正文”样式。

修改样式后，所有应用了这些样式的内容格式均会随之变动。

图 4-20　样式修改

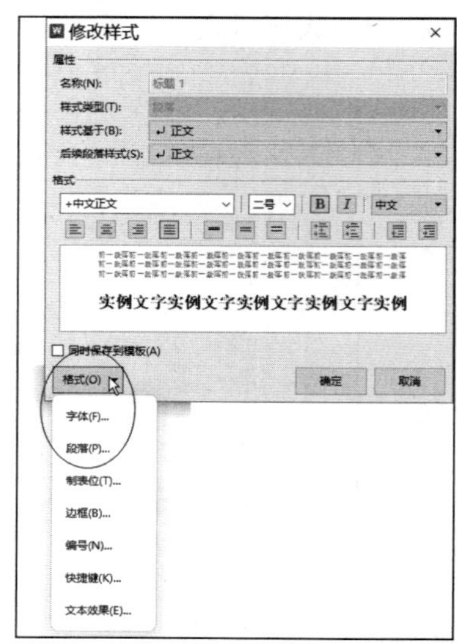

图 4-21　“修改样式”对话框

【任务 4】通过导航窗格，检查标题样式的设置情况，查看、编辑文档。

单击【视图】|【显示】|【导航窗格】按钮，弹出导航窗格，如图 4-22 所示，导航窗格的目录结构是基于文档的内置标题样式生成的。在导航窗格的目录框中，可以查看文档的目录结构，查看章节样式的设置情况，如果需要详细地查看或修改某部分内容，单击导航窗格目录中的条目可以直接跳转到文档的对应位置，进行浏览或编辑修改。在此可以利用导航窗格检查标题样式的设置情况，方便修改。

单击导航窗格的“查找和替换”选项卡，出现查找框，用户输入搜索内容，在全文中查找到对应的位置或进行批量替换。

导航窗格能够帮助用户更加方便地浏览、编辑长文档。

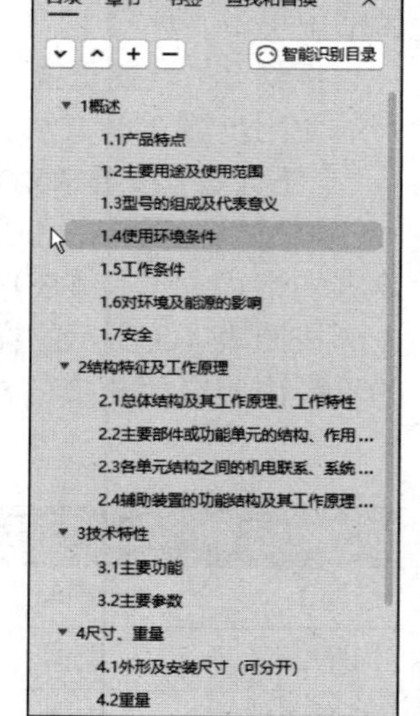

图 4-22　导航窗格

三、生成目录

涉及知识点：目录生成、编辑与更新

【任务 5】目录生成、编辑。

步骤 1：目录自动生成。

将光标定位在文字“目录”的下一行，单击【引用】|【目录】|【目录】按钮（或者单击【页面】|【结构】|【目录页】按钮），出现下拉列表，选择“自定义目录”命令，打开“目录”对话框，如图 4-23、图 4-24 所示，进行设置后，单击“确定”按钮即可。

步骤 2：目录编辑。

选中步骤 1 生成的目录，单击“开始”选项卡“段落”组右下角的对话框启动器按钮，打开“段落”对话框，设置行距为 1.5 倍行距。

【任务 6】目录更新。

如果目录需要更新，将指针移动到目录内容的任意位置，单击鼠标右键，在弹出的快捷菜单中选择“更新域”命令，如图 4-25 所示，打开“更新目录”对话框，如图 4-26 所示。如果选中“只更新页码”单选按钮，目录文字内容不变，只更新页码；如果选择“更新整个目录”，目录文字内容和页码都根据正文内容进行更新，目录文字的格式也会恢复到默认状态。

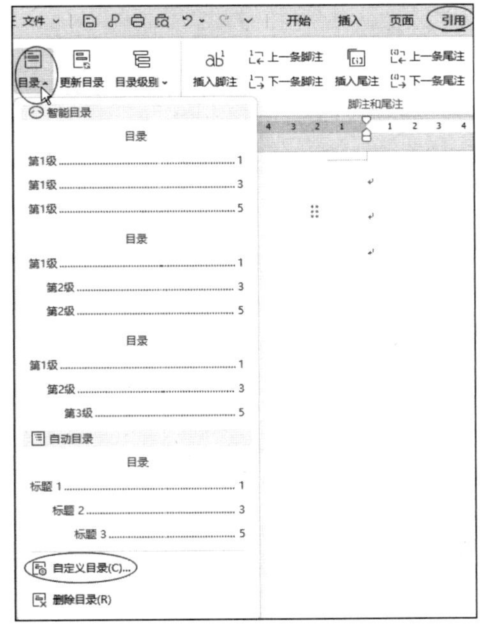

图 4-23　目录下拉列表

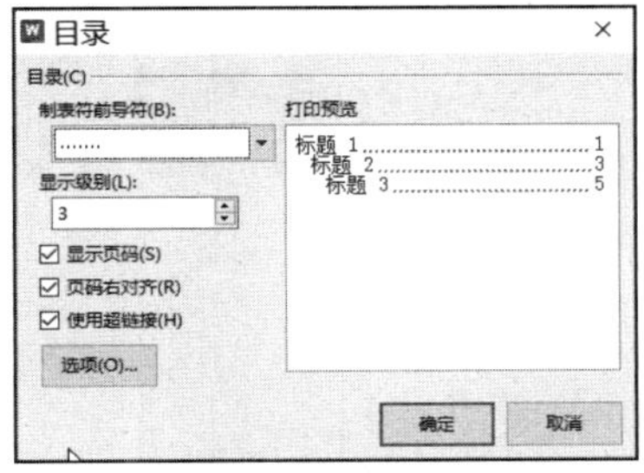

图 4-24　“目录”对话框

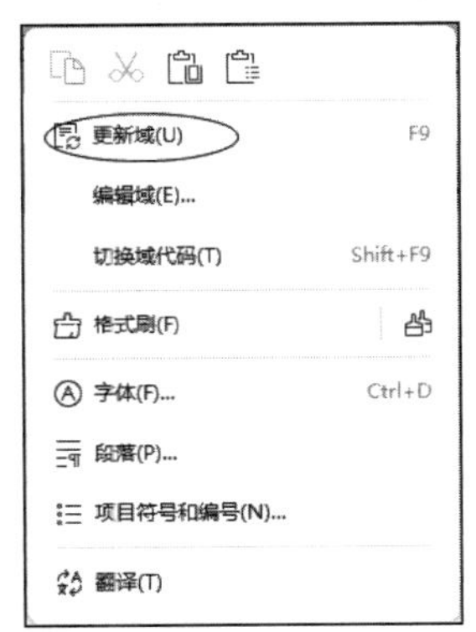

图 4-25　“目录”快捷菜单

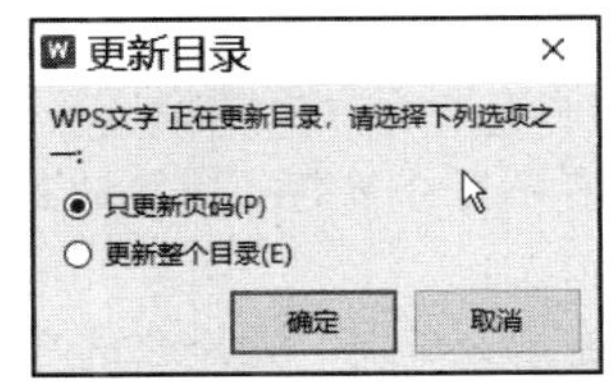

图 4-26　“更新目录”对话框

四、使用分节符

涉及知识点：插入分节符

【任务 7】插入分节符，在文档中创建不同的节。

由于设备使用说明书文档的封面、目录和正文各个部分需要设置不同的页眉和页脚，因此需在目录部分之前和正文部分之前插入分节符，把整个文档分为 3 节，如图 4-27 所示。

步骤 1：在目录部分之前插入分节符。

将指针移至目录部分的上方。单击【页面】|【结构】|【分隔符】命令，打开“分隔符”下拉列表，选择“下一页分节符”命令，如图 4-28 所示。

“下一页分节符”命令同时具有分节和分页作用，所以之前此处插入的分页符要删去。

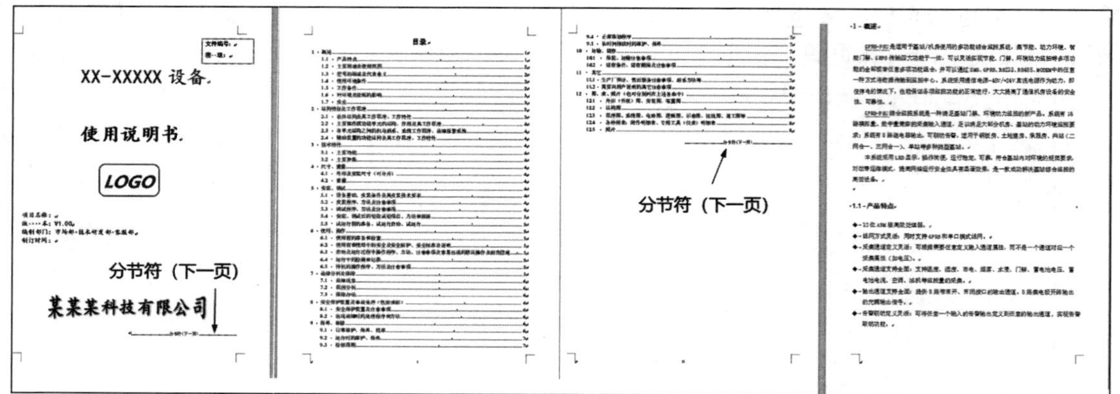

图 4-27　插入分节符位置示意

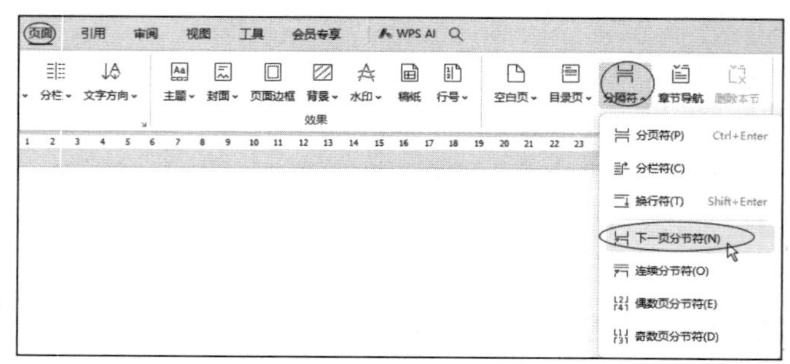

图 4-28　“分隔符”下拉列表

步骤 2： 在正文部分之前插入分节符。

将指针移至正文部分之前，使用步骤 1 的方法在此插入“下一页分节符”，同时删去此处原有的分页符。

说明：

分节符包含以下 4 种类型。

① 下一页分节符：选择此选项，当前光标位置后的全部内容将移到下一页，新节从新的一页开始。

② 连续分节符：选择此选项，将在插入点位置添加一个分节符，在同一页面中进行分节。常用于前后两节采用不同的分栏方式的情况。

③ 偶数页分节符：选择此选项，在光标位置后的下一个偶数页上开始新节。

④ 奇数页分节符：选择此选项，在光标位置后的下一个奇数页上开始新节。

五、插入页眉和页脚

涉及知识点：页眉、页脚和页码的设置

【任务 8】同一个文档不同节进行不同的页眉页脚设置。

文档第一节封面部分不需要设置页眉和页脚；文档第二节目录部分无页眉，页码的编号格式设置为“I,II,III…”；文档第三节正文部分的页码，编号格式设置为“第 1 页 共 × 页，第 2 页 共 × 页…”，奇偶页页眉不同，奇数页页眉的内容是“设备使用说明书”，对齐方式为右对齐，偶数页页眉的内容是“某某某科技有限公司”，对齐方式为左对齐，奇偶页均显示

单实线页眉横线。

步骤 1：进入页眉页脚编辑状态。

单击【插入】|【页】|【页眉页脚】命令，文档进入页眉页脚编辑状态，或者双击页面顶部或底部区域，也可以进入页眉页脚编辑状态，此时可以编辑页眉与页脚。单击【页眉页脚】|【关闭】|【关闭】命令，或者双击页面其他区域，则退出页眉页脚编辑状态。

步骤 2：设置各节页眉页脚选项

页眉页脚选项包括“首页不同”“奇偶页不同”“显示页眉横线”“页眉/页脚同前节”等。需要注意一点，文档只要有一节设置奇偶页不同，全文档的各节均表现为奇偶页不同。

将光标定位在第二节的页眉或页脚中，单击【页眉页脚】|【选项】|【页眉页脚选项】按钮 页眉页脚选项，打开“页眉/页脚设置”对话框，选中“奇偶页不同”复选框，取消选中“奇数页页眉同前节”“奇数页页脚同前节”“偶数页页眉同前节”“偶数页页脚同前节”复选框，如图 4-29 所示。

将光标定位在第三节的页眉或页脚中，进行上述同样操作，在“页眉/页脚设置”对话框中，选中“奇偶页不同”复选框，取消选中“页眉/页脚同前节”复选框，另外还要选中“显示奇数页页眉横线”“显示偶数页页眉横线”。

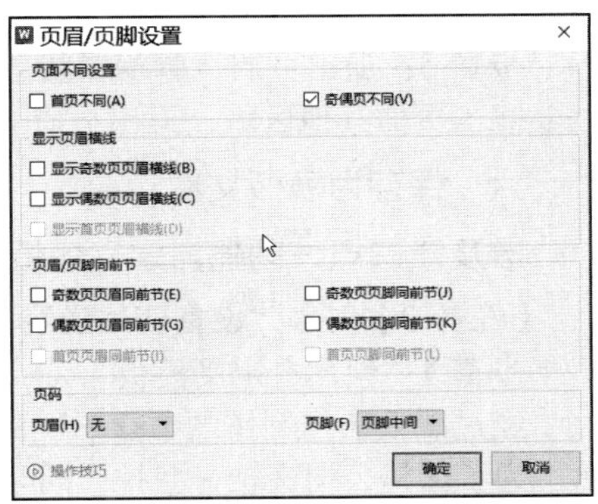

图 4-29　“页眉/页脚设置”对话框

步骤 3：设置文档第二节目录部分的页码，编号格式设为“I,II,III…”。

在页眉页脚编辑状态，将指针移到第二节页脚，此时页脚上方出现“插入页码”按钮，单击该按钮，打开“插入页码”对话框，在对话框中设置“样式：I,II,III…”“位置：居中”“应用范围：本节”，如图 4-30 所示，单击“确定”按钮。

另一种方法：将指针移到第二节页脚，单击【页眉页脚】|【页眉页脚】|【页码】命令，在下拉列表中选择“页码”命令，打开“页码”对话框进行设置。

此时，第二节的起始页码不是“I”，这是因为默认起始页码是“续前节”。单击页脚上方的“重新编号”按钮，在弹出的下拉列表中，设置“页码编号设为：”的选项为 1，如图 4-31 所示。

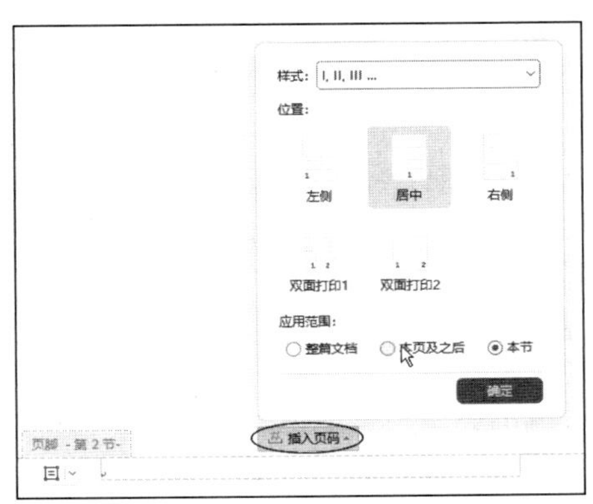

图 4-30　“插入页码”对话框

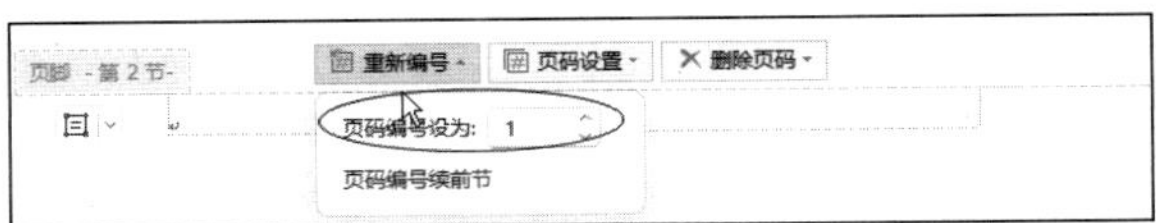

图 4-31　页码编号设置

第二节不需要页眉，所以不需要对页眉进行设置。

步骤 4：设置文档第三节正文部分的页码，编号格式设为“第 1 页 共 × 页，第 2 页 共 × 页…”。

在页眉页脚编辑状态，将指针移到第三节的第 1 页页脚处，按步骤 3 的方法打开“插入页码”对话框，在对话框中设置“样式：第 1 页 共 × 页”“位置：居中”“应用范围：本节”。再单击页脚上方的“重新编号”按钮，在弹出的下拉列表中，设置“页码编号设为：”的选项为 1。

步骤 5：设置文档第三节正文部分的页眉，奇数页页眉文字是“设备使用说明”，对齐方式为右对齐，偶数页页眉文字是“某某某科技有限公司”，对齐方式为左对齐，奇偶页均显示单实线页眉横线。

由于在“步骤 2”已设置好页眉页脚选项，此时只需要输入文字即可。

在奇数页页眉输入文字“设备使用说明”，再单击【开始】|【段落】|【右对齐】命令按钮 ≡；在奇数页页眉输入文字“某某某科技有限公司”，再单击【开始】|【段落】|【左对齐】按钮 ≡。

步骤 6：退出页眉页脚编辑状态，并保存文件。

双击页面其他区域，退出页眉页脚编辑状态；按“Ctrl+S”组合键，保存文件。

六、保存为模板文件

涉及知识点：创建自定义模板、使用模板文件

【任务 9】创建“设备使用说明书”模板文件。

步骤 1：创建自定义模板。

经过以上操作制作的“××-×××××设备使用说明书.docx”已经完成了特定的格式和布局设置。为了保持公司文档一致性，同时提高文档制作的效率，将此文档（指文档和文档中格式、样式的设置）存储为模板文件。

打开“××-×××××设备使用说明书.docx”文档，单击【文件】|【另存为】命令，打开“另存为”对话框，选择保存类型为模板文件格式.wpt，确保保存路径正确，以便日后能够方便地找到和使用。

步骤 2：使用模板文件。

找到并选择之前保存的模板文件，打开.wpt 模板文件，按需要进行修改后，单击【文件】|【另存为】命令，打开“另存为”对话框，选择保存类型为.docx，即可使用该模板文件快速制作符合要求的文件。

4.4 项目总结

在本项目中，我们主要完成了设备使用说明书的制作，详细介绍了长文档的排版方法和操作技巧。通过本项目的制作，我们掌握了图文混排的操作方法，样式、分页分节符的应用方法，目录的自动生成、编辑与更新方法，页眉和页脚的设置方法。

① 在项目的制作过程中，我们完成了封面的图文混排，了解了艺术字、文本框、图片、图形的插入及格式设置方法。

② 将整篇文档分为 3 节，分别设置不同的页眉、页脚内容。

③ 使用样式，并将定义好的各级样式分别应用到文档中，然后自动生成目录。

④ 制作设备使用说明书模板并使用模板文件。

完成本项目后，读者可以掌握 WPS 图文混排及长文档的排版方法和技巧，能够合理地在

长文档中使用样式、插入分隔符、设置不同的页眉和页脚内容、自动生成目录等。

4.5 技能拓展

4.5.1 理论考试练习

1. 单项选择题

（1）WPS 的文本框可用于将文本置于文档的指定位置，但文本框中不能插入____。

A. 文本内容　B. 图形内容　C. 声音内容　D. 特殊符号

（2）在 WPS 文字文档中，希望在每页都固定出现的内容，应该将其放在____中。

A. 页眉和页脚　B. 文本框　C. 图文框　D. 剪贴板

（3）在 WPS 文字文档中，需要插入分节符的情况是____。

A. 由不同章节组成的文档　B. 由不同段落格式组成的文档

C. 由不同页面格式组成的文档　D. 由文本、图形和表格组成的文档

（4）WPS 文字的样式是一组____的集合。

A. 格式　B. 模板　C. 公式　D. 控制符

（5）在 WPS 文字中编辑长文档时，若想为其建立便于更新的目录，应先对各标题设置____。

A. 字体　B. 字号　C. 样式　D. 居中

（6）下列关于 WPS 文字文档页眉和页脚的叙述，错误的是____。

A. 文档内容和页眉、页脚可以同时处于编辑状态

B. 文档内容可以和页眉页脚一起打印

C. 编辑页眉和页脚时不能编辑文档内容

D. 页眉页脚中也可以进行格式设置和插入剪贴画

（7）WPS 文字文档中设置页码应选择的选项卡是____。

A. 视图　B. 文件　C. 开始　D. 插入

（8）要删除分节符，可将光标置于点线上，然后按____。

A. Esc 键　B. Tab 键　C. Enter 键　D. Delete 键

（9）页码与页眉页脚的关系是____。

A. 页眉页脚就是页码

B. 页码与页眉页脚分别设定，所以二者毫无关系

C. 不设置页眉和页脚，就不能设置页码

D. 如果要求有页码，那么页码是页眉或页脚的一部分

（10）将一页分成两页，正确的操作是____。

A. 插入页码　B. 插入分页符

C. 插入自动图文集　D. 插入图片

（11）在 WPS 文字文档中，要求在打印文档时每页上都有页码，____。

A. 已经根据纸张大小分页时自动加上

B. 应当由用户单击“插入”选项卡中“页码”命令加以指定

C. 应当由用户单击【文件】|【页面设置】命令加以指定

D. 应当由用户在每页的文字中自行输入

（12）在 WPS 文字文档中，给当前打开的文档加上页码，应使用的选项卡是____。

A. 页面　B. 插入　C. 页眉页脚　D. 以上均可

（13）对当前文档的页眉、页脚进行格式设置时，要求奇偶页格式不同则必须选中“页眉/页脚设置”对话框中的____复选框。

A. 首页不同　B. 显示文档文字　C. 转到页眉　D. 奇偶页不同

2. 多项选择题

（1）WPS 文字中图形与文本混排时，文字可以有多种形式环绕图形，以下属于 WPS 文字环绕方式的有____。

A. 四周型环绕　B. 穿越型环绕　C. 上下型环绕　D. 左右型环绕

（2）在 WPS 文字文档中，图片的文字环绕方式有____。

A. 嵌入型　B. 四周型环绕　C. 紧密型环绕　D. 松散型环绕

（3）在 WPS 文字文档中，下列有关样式的说法正确的有____。

A. 样式能够自动输入文字

B. 样式一经生成不能修改

C. 样式就是应用于文档中的文本、表格和列表的一套格式特征

D. 使用样式能够提高文档的编辑排版效率

4.5.2 实践案例

1. 党的二十大报告提出“坚持以文塑旅、以旅彰文，推进文化和旅游深度融合发展”。黄山作为我国现代旅游的著名景点，正迎来前所未有的“大文旅时代”机遇。

按下列要求使用 WPS 文字制作黄山旅游宣传页，最终效果如图 4-32 所示。

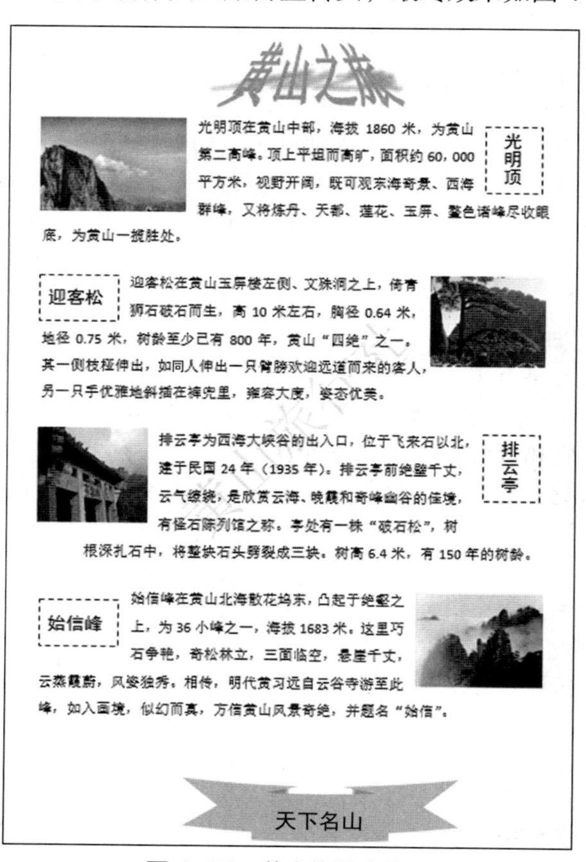
黄山之旅

光明顶

光明顶在黄山中部，海拔 1860 米，为黄山第二高峰。顶上平坦而高旷，面积约 60，000 平方米，视野开阔，既可观东海奇景、西海群峰，又将炼丹、天都、莲花、玉屏、鳌鱼诸峰尽收眼底，为黄山一揽胜处。

迎客松

迎客松在黄山玉屏楼左侧、文殊洞之上，倚青狮石破石而生，高 10 米左右，胸径 0.64 米，地径 0.75 米，树龄至少已有 800 年，黄山“四绝”之一。其一侧枝桠伸出，如同人伸出一只臂膀欢迎远道而来的客人，另一只手优雅地斜插在裤兜里，雍容大度，姿态优美。

排云亭

排云亭为西海大峡谷的出入口，位于飞来石以北，建于民国 24 年（1935 年）。排云亭前绝壁千丈，云气缭绕，是欣赏云海、晚霞和奇峰幽谷的佳境，有怪石陈列馆之称。亭处有一株“破石松”，树根深扎石中，将整块石头劈裂成三块。树高 6.4 米，有 150 年的树龄。

始信峰

始信峰在黄山北海散花坞东，凸起于绝壑之上，为 36 小峰之一，海拔 1683 米。这里巧石争艳，奇松林立，三面临空，悬崖千丈，云蒸霞蔚，风姿独秀。相传，明代黄习远自云谷寺游至此峰，如入画境，似幻而真，方信黄山风景奇绝，并题名“始信”。

天下名山

图 4-32　黄山旅游宣传页

（1）标题“黄山之旅”以艺术字形式插入，字体为宋体，字号为 36。

（2）正文的字号、字体为小四、宋体，段落格式为 1.5 倍行距，段后间距为 1 行。

（3）各段文字一侧插入相应图片，调节图片大小，环绕方式为四周型环绕。

（4）各段文字另一侧插入文本框，边框为短划线，文本框内文字的字号、字体为小三、黑体，环绕方式为四周型环绕。

（5）在页面下方插入自选图形“前凸带形”，并在自选图形中添加文字“天下名山”，文字为宋体加粗、小三，设置图形颜色为水绿色、无边框。

（6）为背景添加“黄山旅行社”水印，文字为宋体、48 号字、半透明、斜式。

2. 党的二十大报告强调“青年强，则国家强”，指出“当代中国青年生逢其时，施展才干的舞台无比广阔，实现梦想的前景无比光明”，对广大青年提出了“立志做有理想、敢担当、能吃苦、肯奋斗的新时代好青年”的要求，我们整理了部分二十大代表在贯彻落实二十大精神过程中的一些优秀事迹，供大家学习。下面将素材“二十大代表优秀事迹（文字素材）.docx”（摘自“中国共产党新闻网”）按照以下要求完成编排。

（1）打开未排版的文档“二十大代表优秀事迹（文字素材）.docx”，对其进行页面设置，设置纸张大小为 A4，上边距为 2.8 厘米，下边距为 2.5 厘米，左边距为 3 厘米，右边距为 2.5 厘米，纸张方向为“纵向”。

（2）分别在封面页和目录页的页面末尾插入分节符，在需要分页的位置插入分页符。

（3）定义标题样式，具体要求如表 4-4 所示。

表 4-4　标题样式的具体要求

样式名称	字体	字体格式	段落格式
一级标题	黑体	四号、加粗	居中、1.5 倍行距，段前、段后 5 磅
二级标题	宋体	小四、加粗	多倍行距 1.25，段前、段后 10 磅、左对齐

（4）使用第（3）步自定义的样式，分别设置文档中一级标题、二级标题和其他正文内容的格式（小四、宋体、单倍行距、首行缩进 2 个字符）。

（5）设置页眉和页脚。文档封面不要求有页眉和页脚；目录要求有页脚无页眉，页脚格式为“I,II,III…”，居中放置；正文要求既有页眉又有页脚，奇数页页眉文字内容为“学习贯彻党的二十大精神”，对齐方式为右对齐，偶数页页眉文字内容为“二十大代表在基层”，对齐方式为左对齐，页码从“-1-”开始，不分奇数页和偶数页。

（6）创建目录：定义好目录选项和目录的字体（小四、宋体、1.2 倍行距），自动生成目录。

项目五　协同编辑——设备使用说明书多人协同编辑

学习目标

随着科技的不断发展，协同办公自动化成为现代企业工作中的一种趋势。

在实际的工作和学习中，经常需要团队协作完成报告等文档制作。本项目介绍让团队成员实现远程共同查看、编辑文档的方法，让团队信息数据共享、高度互通，实现更加高效地协同创作。多人协同编辑实现多设备同步编辑，任一设备都能查看，且文档权限可控，确保文档安全，大大提高工作质量与效率。

通过对本项目的学习，达到下列学习目标。

知识目标：

- 掌握 WPS 云文档的相关知识。
- 掌握文档批注与修订的相关知识。
- 掌握同一账号跨设备访问云文档的相关知识。
- 掌握多人协同编辑的应用。

技能目标：

- 学会文档云同步的使用。
- 学会文档批注与修订的方法。
- 能够使用同一账号跨设备访问云文档。
- 学会历史版本控制管理方法
- 学会协作模式的应用。
- 学会多人协同编辑的方法。
- 学会协作模式下设置的文档权限方法。

5.1 项目总要求

1. 同一账号跨设备访问云文档

① 同一账号可以在不同的设备上编辑云文档，并能及时查看其他人更新后的云文档的内容。

② 不同人员可以通过批注方式提出疑惑、注解、批语；修订后的文档，其他人能够清楚地看到文档中的修改部分，接收者可以选择接受或拒绝这些修订。

③ 对云文档可以进行历史版本的查看与恢复。

2. 多人协同编辑

① 不受账号限制跨设备协同编辑。

② 协同编辑时，编辑情况可以跨设备同步显示。

③ 协作模式下可以对文档操作权限进行限制。

5.2 任务一　同一账号跨设备访问云文档

5.2.1 课前准备

为保证任务能够顺利完成，请在实际操作前预习以下内容：了解云文档的设置与访问。

一、课前预习

1. 云文档

云文档可以理解为存储在网络服务器上的文件，在任何连接互联网的设备上都可以访问这些文档。

存储为云文档分为两种情况：开启文档云同步，所有打开的本地文档都自动同步到云端；单个文档保存为云文档。

2. 文档云同步

开启文档云同步后，所有打开的本地文档都会自动同步到云端，在任意设备登录你的 WPS 账号，即可在其他设备随时随地查看同步到云端的文件。

3. 单个文档保存为云文档

任何一个文档在进行另存为操作时，选择保存在“我的云文档”，即可保存为云文档，实现跨设备访问该文档。

二、预习测试

单项选择题

在 WPS 中，以下哪种情况可以使用同一个 WPS 账号实现跨设备访问文档，____。

A. 开启“文档云同步”功能时打开的文档　B. 单个文档保存为云文档

C. A、B 均可　D. 以上都不对

三、预习情况解析

1. 涉及知识点

云文档、文档云同步、单个文档保存为云文档。

2. 预习测试题解析

见表 5-1。

表 5-1 “同一账号跨设备访问云文档”预习测试题解析

测试题	答案	参考知识点
单项选择题	C	见课前预习

5.2.2 任务实现

一、开启文档云同步，同一个 WPS 账号跨设备访问云文档

涉及知识点：云文档、文档批注与修订、历史版本控制

【任务 1】开启文档云同步，登录同一个 WPS 账号跨设备访问所有同步的本地文档。

在 WPS 文字的工作界面，单击左上角的首页标签 WPS Office ，进入 WPS Office 首页界面。单击右上方的“开启文档云同步”按钮 未开启文档云同步 ，打开“开启文档云同步”对话框，如图 5-1 所示。单击“立即开启”按钮，此时所有打开的本地文档均自动同步至个人云空间，存储为云文档，不同人员在其他设备以同一账号登录 WPS Office，就可以跨设备访问所有同步的

本地文档。

【任务 2】文档批注与修订。

步骤 1：文档批注。

在其他设备的 WPS 文字工作界面，单击左上角的首页标签 WPS Office ，进入 WPS Office 首页界面，在“最近”列表中，会发现步骤 1 中打开的文档，文件位置为“我的设备”，双击即可跨设备访问文档。其他人员跨设备查看文档时，可以通过批注的方式向文档创建者提出疑惑、注解、批语。

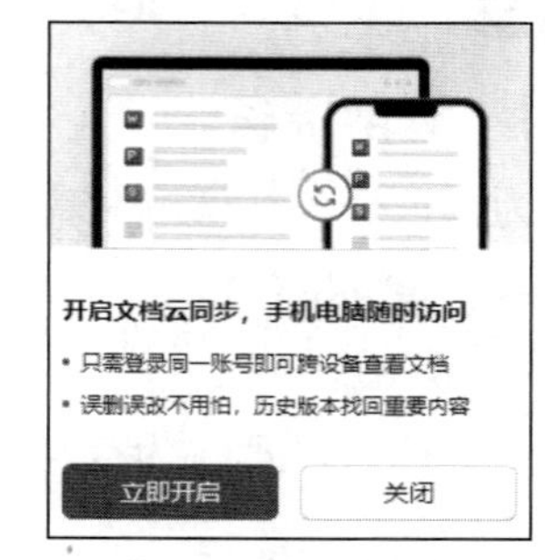

图 5-1 “开启文档云同步”对话框

插入批注的方法：选中文档需批注部分，单击【审阅】|【批注】|【插入批注】按钮，在文档右侧出现的批注框内写入批注。

步骤 2：进入文档修订状态。

在此状态下，其他人员跨设备修改该文档时，需进入文档修订状态，便于修订内容由文档创建者确认后再接受修改。

单击【审阅】|【修订】|【修订】按钮，文档进入修订状态。此时如果增加内容，增加的内容默认为红色加下画线，将指针移到增加的内容上，单击鼠标右键，在弹出的快捷菜单上可以选择“接受插入”或者“拒绝插入”命令，如图 5-2 所示；如果删除内容，会在文档右侧出现删除提示框，可以单击删除框中“接受修订”或者“拒绝修订”按钮，如图 5-3 所示。

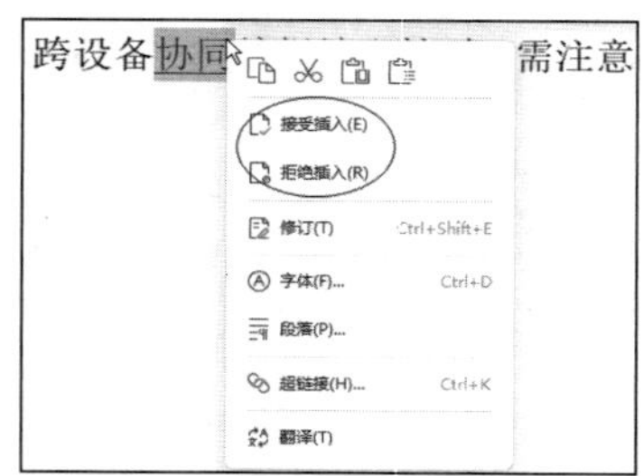

图 5-2 接受或拒绝插入

图 5-3 接受或拒绝修订

【任务 3】跨设备查看云文档的内容。

步骤 1：查看云文档更新版本。

使用开启文档云同步跨设备编辑的功能，文档经过修改后，在工作界面右上方的云按钮会显示为“有修改” 有修改 ，单击该按钮后，会将文档同步到云端，之后云按钮恢复原状。

此时，如果正在其他设备上查看该文档，窗口右上方的云按钮则会显示为“有更新” 有更新 ，单击该按钮后，会打开“文档有新版本，立即更新”提示框，单击“立即更新”按钮，即可跨设备查看更新后的内容。

如果没有正在其他设备上查看该文档，之后打开该文档时会弹出“文档有新版本”提示框，如图 5-4 所示，单击“立即更新”按钮，即可查看跨设备修订后的内容。

图 5-4 “文档有新版本”提示框

步骤 2：查看或恢复历史版本。

如果出现误删、误改的情况，在存储为云文档的情况下，可以恢复到历史版本，方法如下：打开该文档后，在文档窗口右上方有一云按钮，单击该按钮，在弹出的下拉列表中单击“查看全部历史版本”命令，如图 5-5 所示。此时，打

开“历史版本”对话框，在这个对话框中可以选择某历史版本进行预览或恢复或另存为的操作，如图 5-6 所示；或者单击【文件】|【备份与恢复】|【历史版本】命令，直接打开“历史版本”对话框进行操作。

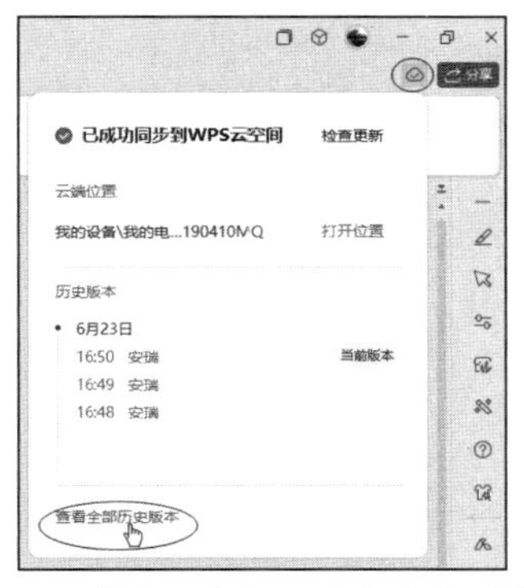

图 5-5 “查看全部历史版本”列表框

图 5-6 “历史版本”对话框

二、单个文件存储为“我的云文档”，同账号跨设备访问

步骤 1：存储为“我的云文档”。

在打开的文档窗口，单击【文件】|【另存为】命令，打开“另存为”对话框，选择“我的云文档”进行存储。

步骤 2：跨设备查看云文档的内容或恢复云文档的历史版本。

在其他设备的 WPS Office 首页界面的“最近、常用等列表区”中，会发现步骤 1 中打开的文档，文件位置为“我的云文档”，双击即可跨设备访问该文档。其他操作方法同任务 1。

5.3 任务二　协作模式下的多人协同编辑

5.3.1 课前准备

为保证任务能够顺利完成，请在实际操作前预习以下内容：了解协同编辑的概念与应用场景。

一、课前预习

1. 协同编辑的概念

协同编辑是一种可以实现多个用户同时编辑一个文档的新技术，允许团队成员远程同时在线查看编辑同一份文档或项目，多端实时同步。

2. 协同编辑的应用场景

协同编辑需开启 WPS 协作模式，此时系统会自动保存每个人的每次修改，所有人看到的都是最新修订的文档。

多个用户可以在同一时间、不同地点编辑同一个文档，同时查看所有人修订的内容，这使多人协同编辑一个文档变得更加高效和便捷。

二、预习测试

单项选择题

（1）协同编辑是一种技术，允许多个用户同时编辑一个文档通过实时通信技术，多个用户可以在____编辑同一个文档。

A. 同一时间、同一地点　　B. 不同时间、同一地点
C. 同一时间、不同地点　　D. 不同时间、不同地点

（2）以下说法正确的是，____。

A. 协同编辑需开启 WPS 协作模式
B. 协作模式下，所有人每次看到的都是最新版的文档
C. 只有同一 WPS 账号，才可以进入协作模式
D. A、B 均正确

三、预习情况解析

1. 涉及知识点

协同编辑。

2. 预习测试题解析

见表 5-2。

表 5-2 “协作模式下的多人协同编辑”预习测试题解析

测试题序号	答案	参考知识点	测试题序号	答案	参考知识点
（1）	C	见课前预习“2.”	（2）	D	见课前预习“2.”

5.3.2 任务实现

WPS 中同一个账号或不同账号，都可以使用多人协同编辑功能。多人协同编辑需先切换到文档协作模式。

一、使用同一个 WPS 账号进行多人协同编辑

涉及知识点：协作模式、评论与修订

步骤 1：进入协作模式。

打开一云文档，单击窗口右上方“分享”按钮，弹出“协作”面板，如图 5-7 所示；或者单击【文件】|【分享文档】命令，也可弹出“协作”面板。在面板中，将“和他人一起查看/编辑”开关打开，此时该文档窗口切换到协作模式，如图 5-8 所示。

图 5-7 “协作”面板

如果打开的文档不是云文档，在进行切换到协作模式操作时，将会出现提示信息。需将文档上传为云文档后，才可以完成切换到协作模式操作。

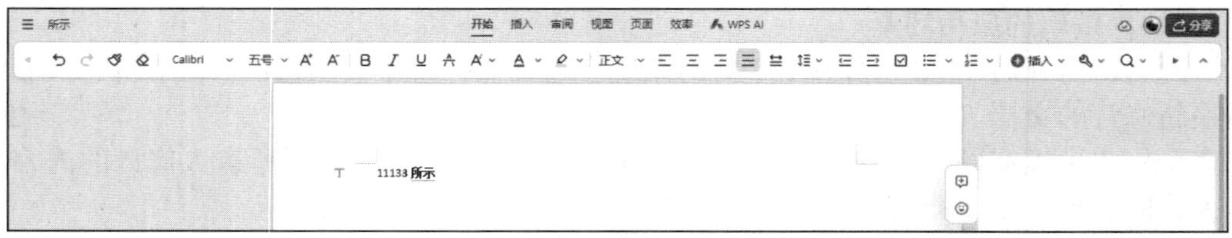

图 5-8 协作模式工作窗口

步骤 2：使用同一个 WPS 账号跨设备打开文档。

在不同的设备上登录同一个 WPS 账号。在 WPS Office 首页界面的“最近、常用等列表区”中，双击步骤 1 中操作的云文档，打开该文档协作模式工作窗口。

步骤 3：协同编辑时的评论与修订。

在协作模式窗口，单击【审阅】|【修订】按钮，开启修订状态，此时对文档的增、删、改操作均会在文档右侧标注；单击【审阅】|【评论】按钮，在文档右侧会显示评论内容（类似批注），如图 5-9 所示。单击这些标注框，可以选择“接受修订”或“拒绝修订”。

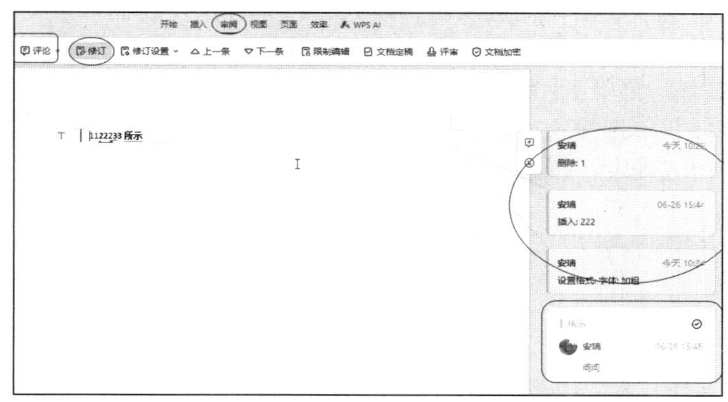

图 5-9　协作模式下的修订状态

在协作模式下，文档内容跨设备多端实时同步更新显示，实现多人协同编辑。

二、使用不同 WPS 账号多人协同编辑

涉及知识点：分享文档链接

【任务 1】使用不同 WPS 账号对设备使用说明书文档多人协同编辑。

设备使用说明书需要市场部、技术研发部、客服部 3 个部门的相关人员共同制作完成，为提高工作效率，使用多人协同编辑。

“使用不同 WPS 账号多人协同编辑”比“使用同一个 WPS 账号进行多人协同编辑”增加了一个步骤，其他完全相同。

步骤 1：进入协作模式。

打开设备使用说明书云文档，切换到协作模式，方法同前文。

步骤 2：复制分享文档的链接

进入协作模式后，再次单击窗口右上方“分享”按钮，打开“协作”面板，设置链接权限后，单击“复制链接”按钮复制分享文档的链接，如图 5-10 所示。可以通过微信或 QQ 向协同编辑者发送链接。

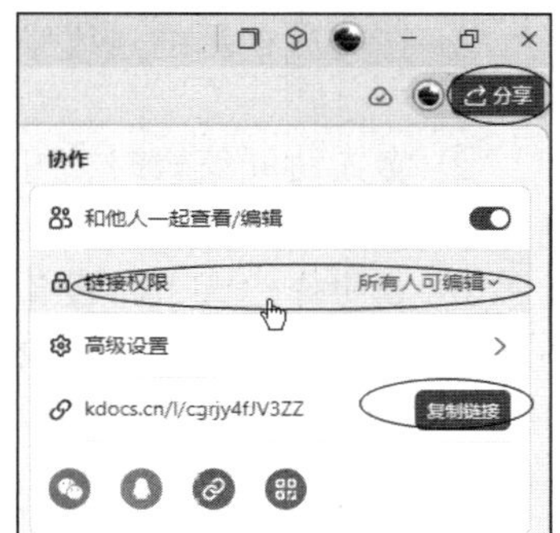

图 5-10　复制分享文档的链接

步骤 3：使用不同账号跨设备打开文档。

在其他设备登录微信或 QQ，单击链接，在 WPS 中使用其他账号打开设备使用说明书文档的 WPS 网页版。

协同编辑时的评论与修订方法同前文。

三、使用协同编辑中的“限制编辑”功能

涉及知识点：协同编辑中的权限设置

【任务 2】对设备使用说明书文档协同编辑时启用“限制编辑”功能。

市场部、技术研发部、客服部 3 个部门的工作人员共同制作完成了设备使用说明书文档的 V1.00 版本。一段时间后，有几处需要修改，制作 V1.01 版本的设备使用说明书。为防止

误操作，在协同编辑时启用“限制编辑”功能。

“限制编辑”功能可以设置只读、修订、评论、内容控件几种选项。V1.01 版本的设备使用说明书只需要对个别指定内容进行修改。在需要修改的地方插入内容控件，协同编辑时只能在设置的内容控件区域编辑，其他区域仅查看。

打开设备使用说明书文档，先进入协作模式，将光标定位在需修改内容下方，单击【插入】|【控件】按钮，在下拉列表中选择“格式文本控件”命令，如图 5-11 所示，此时光标处出现控件框 单击此处直接编辑。。再单击【审阅】|【限制编辑】按钮，打开“限制编辑”窗格，如图 5-12 所示，选中“内容控件”单选按钮，单击“启动保护”按钮，弹出“设置文档保护密码”对话框，输入密码，单击“确定”按钮即可启用“限制编辑”功能。

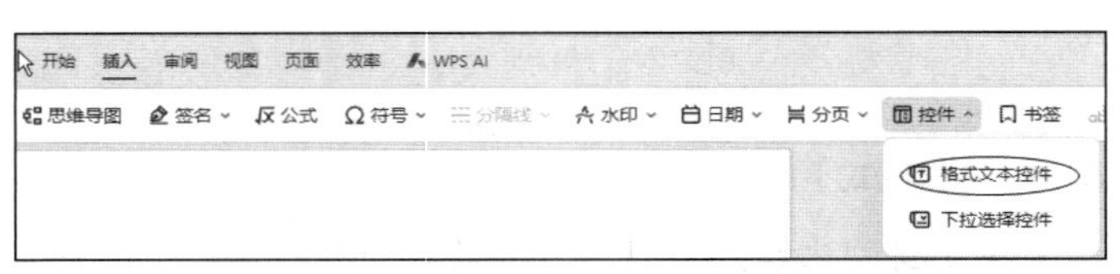

图 5-11 选择“格式文本控件”命令

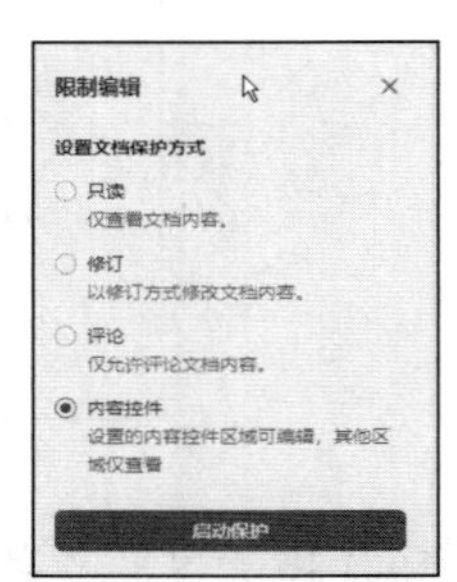

图 5-12 “限制编辑”窗格

四、协同编辑完成后导出文件

涉及知识点：协同编辑中文档导出

【任务 3】导出设备使用说明书 PDF 文档。

在协作模式窗口，单击【效率】|【导出为 PDF】按钮 导出为PDF，打开“导出”窗格，设置导出范围与选项，导出即可。

5.4 项目总结

在本项目中，我们详细介绍了进行协同编辑的相关步骤和操作细节的设置方法。

① 在完成项目的过程中，我们了解了云文档的应用，掌握了非协作模式下跨设备访问的方法。

② 多人协同编辑时，可以通过文档批注（评论）与文档修订状态的使用，提出疑惑、注解、批语，查看修订情况。

③ 非协作模式下跨设备协同编辑，可以进行历史版本的查看与恢复。

④ 协同编辑中的权限设置，保障了数据安全。

完成本项目后，读者可以掌握多人协同编辑方法，实现不同设备同一时间编辑，极大地提高了工作质量与效率。

5.5 技能拓展

1. 单项选择题

（1）在 WPS 中，开启文档云同步功能时，____。

A. 所有打开的本地文档均自动同步至个人云空间，存储为云文档

B. 打开的且处于当前状态的本地文档自动同步至个人云空间，存储为云文档

C. 本地文档无论是否打开均自动同步至个人云空间，存储为云文档

D. 所有打开的本地文档均自动同步至个人云空间，但不存储为云文档

（2）WPS 中协同编辑对账号的要求是____。

A. 同一账号　B. 两个账号　C. 不同账号　D. 以上均可

（3）文档修订状态下，____。

A. 能够清楚地看到文档中的修改部分

B. 可以选择接受或拒绝这些修订

C. A、B 都对

D. A、B 都不对

（4）在存储为云文档的情况下，该文档的历史版本可以____。

A. 查看　B. 恢复　C. 另存为　D. 以上均可

（5）以下说法正确的是____。

A. 必须先存储为云文档才能进入协作模式

B. 只要进行分享，不用存储为云文档，就能进入协作模式

C. 非协作模式下的跨设备访问，可以不用存储为云文档

D. 以上均可

2. 多项选择题

以下说法正确的有____。

A. 在协作模式下窗口，不需要其他操作，编辑情况可以跨设备同步显示

B. 非协作模式下的跨设备访问，需要单击“有更新”云按钮，编辑情况才可以跨设备同步显示

C. 非协作模式下的跨设备访问，不需要其他操作，编辑情况可以跨设备同步显示

D. 在协作模式下窗口，需要单击“有更新”云按钮，编辑情况才可以跨设备同步显示

项目六　WPS 表格数据输入与格式设置——制作员工信息表

学习目标

在日常的工作和生活中，我们往往需要制作商品明细表、采购清单、员工信息表等表格。这一类表格的特点是结构清晰、数据量大，常需要进行一定的数据处理工作。可以使用 WPS Office 的电子表格组件来完成这样的工作任务。

本项目通过制作“员工信息表”介绍 WPS 表格的使用方法，介绍以数据展示和存储为目的的简单电子表格的制作和处理方法。

本项目内容设计依据《高等职业教育专科信息技术课程标准（2021 版）》，同时涵盖全国高等学校计算机水平考试及全国计算机等级考试的相关知识点。通过对本项目的学习，达成下列学习目标。

知识目标：

- 熟悉 WPS 表格的基本功能、运行环境、启动和退出的方法。
- 熟悉工作簿和工作表的创建、保存和退出的方法。
- 熟悉输入和编辑数据的方法，自定义序列填充单元格、快速填充。
- 熟悉单元格的选中、插入、删除、合并、拆分。
- 熟悉便捷查看大型工作表的方法，包括工作表的拆分与冻结的方法，使用阅读模式、护眼模式。
- 熟悉工作表的格式化，包括设置单元格格式、设置列宽和行高、设置条件格式、使用样式等。
- 熟悉工作表的页面设置、打印预览和打印。
- 熟悉工作簿、工作表数据安全、保护和隐藏操作。

技能目标：

- 学会 WPS 表格的基本操作。
- 能够按需求以合适的数据格式输入数据。
- 能够编辑表格格式，并对工作表进行美化。
- 能够便捷地查看大型工作表。
- 能够进行工作表的打印输出。
- 学会 WPS 表格文件加密、保护工作簿和保护工作表的方法。

6.1　项目总要求

小王毕业后进入一家小型信息技术企业的综合部工作，他每天需要处理大量的员工信息。小王接到工作任务后，打算先用 WPS 表格创建一个员工信息表，对员工信息进行后续的管理。

小王对员工信息表进行了规划，表中的信息包括工号、部门、职位、姓名、性别、学历、手机、家庭住址、入职时间、备注。由于需要打印为纸质文档进行存档，要求打印表格时，每张纸都能输出表头、列标题，因此每页打印 14 名员工信息，并在页眉处注明制表人的姓名。

为顺利完成任务，小王设计了以下解决方案。

① 了解 WPS 表格的工作界面等基础知识后，创建一个员工信息表工作簿文件，保存在“D:\员工信息”文件夹中，进行归类存放。

② 定义表结构，选中工作簿中的第一个工作表，输入表格列标题名。

③ 在员工信息表各列中按照数据的特点分别输入员工的相关信息。

④ 通过设置工作表的边框、底纹、行高、列宽、字体和对齐方式实现工作表的格式设置。

⑤ 进行页面设置（纸张大小、页眉页脚、顶端标题行、页边距等的设置）并进行打印预览，为打印做好准备。

⑥ 对数据进行多种方式的保护。

员工信息表的最终效果如图 6-1 所示。

	A	B	C	D	E	F	G	H	I	J
1	员工信息表									
2	工号	部门	职位	姓名	性别	学历	手机	家庭住址	入职时间	备注
3	100011	5G项目部	部长	史*超	男	本科	189****5678	安徽省巢湖市居**区****路北***号	2015-10-2	
4	100012	5G项目部	技术总监	程*剑	男	硕士研究生	139****5678	安徽省芜湖市鸠**区****路***号	2021-1-1	
5	100013	5G项目部	技术员	林*莉	女	专科	136****5678	江苏省南京市白**区****路北***号	2021-1-29	
6	100014	财务部	财务总监	王*阳	男	博士研究生	130****5678	安徽省六安市金**区****路北***号	2016-8-1	
7	100015	财务部	会计	李*海	男	本科	134****5678	安徽省蚌埠市龙**区****路北***号	2021-1-29	
8	200011	系统集成部	部长	马*岚	女	硕士研究生	137****5678	湖南省长沙市雨**区****大道北***号	2015-8-2	
9	200012	系统集成部	高级程序员	向*勇	男	本科	131****5678	安徽省蚌埠市蚌**区****路北***号	2021-5-1	
10	200013	系统集成部	工程师	何*平	男	硕士研究生	188****5678	安徽省六安市裕**区****路北***号	2023-1-14	
11	200014	系统集成部	管理员	李*左	女	专科	180****5678	安徽省蚌埠市禹**区****路北***号	2021-3-31	
12	200015	软件开发部	部长	孙*丽	女	本科	151****5678	安徽省合肥市蜀**区****路北***号	2017-3-1	
13	200016	软件开发部	高级程序员	由*斌	男	博士研究生	189****7139	安徽省巢湖市居**区****路北***号	2021-1-29	

图 6-1　员工信息表的最终效果

6.2 任务一　WPS 表格基本数据输入

6.2.1　课前准备

为保证任务能够顺利完成，请在实际操作前预习以下内容：熟悉电子表格、二维表、工作簿、工作表、单元格等基本概念，认识 WPS 表格工作界面，熟悉单元格的选中、输入等操作。

一、课前预习

1. 熟悉 WPS 表格的基本概念

（1）二维表

WPS 表格以二维表的形式组织数据，即由行和列两个维度来组成表格。二维表的特点是只要知道行号和列标就可以通过定位确定表中的数据，在日常生活中，二维表得到了广泛的应用。

（2）工作簿

在 WPS 表格中，用来存储并处理工作数据的文件称为工作簿。

进入 WPS Office 首页。单击最上方的“新建”按钮 +，或者单击左侧的“新建”按钮 + 新建，或者按 Ctrl+N 组合键，将弹出“新建”面板。单击面板中的“表格”按钮，在“新建表格”窗口中单击“空白表格”按钮，即可新建一个名为“工作簿 1”的空白工作簿，在标题栏中可以看到工作簿的名称。如果已打开一个 WPS 表格文件且为当前工作窗口，按 Ctrl+N 组合键，即可直接新建一个空白工作簿。

WPS 工作簿扩展名通常为“.et”，WPS 表格也支持“.xlsx”“.xls”格式的文件。

（3）工作表

工作簿中的表格称为工作表。工作簿中可建立若干工作表（默认为 1 个工作表），个数受可用内存的限制。

一个工作表可以由 1048576 行和 16384 列构成。行的编号从 1 到 1048576，列的编号依次用字母 A、B……Z、AA、AB……XFD 表示。行号显示在工作簿窗口的左边，列标显示在工作簿窗口的上边。工作表名显示在工作表标签上，默认新建的工作簿中会有一个名为“Sheet1”的工作表，可根据需要修改工作表名称。白色的工作表标签表示活动工作表。在工作表标签处单击鼠标右键，在弹出的快捷菜单中可以执行工作表的移动、复制、插入或删除等操作。双击工作表标签可以修改工作表名称；单击某个工作表标签，可以设置该工作表为活动工作表。

（4）单元格

每个工作表由列和行构成的“存储单元”组成。这些“存储单元”被称为单元格。输入的所有数据都保存在单元格中。

单元格地址：每个单元格都有其固定的地址，一个地址也唯一地表示一个单元格，如“B5”指的是“B”列与第“5”行交叉位置上的单元格。

活动单元格：指正在使用的单元格，其外边有一个深绿色的方框，此时输入的数据都会被保存在该单元格中。

2. 认识 WPS 表格工作界面

从图 6-2 中可以看出 WPS 表格的功能区和 WPS 文字的功能区是非常类似的，WPS 表格的工作表区域包括行号、列标、工作表标签等。

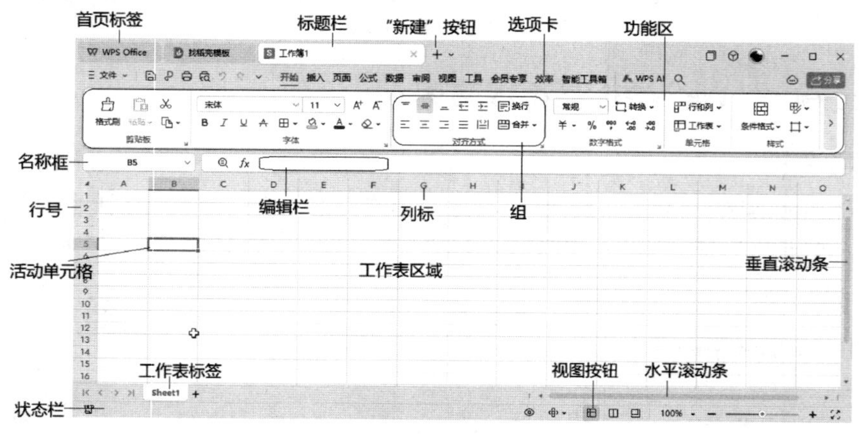

图 6-2　WPS 表格工作界面

3. 进行 WPS 表格基本操作

（1）选中单元格操作

在对工作表进行增、删、改等操作之前，需要确定操作对象对应的单元格。单击某一单元格后，该单元格成为活动单元格，其边框加粗，该单元格所在行的行号和所在列的列标均加深显示（图 6-2 中 B5 为活动单元格），此时可以对该单元格进行操作。此外，通过名称框显示的单元格地址也可以精确地看出选中的单元格。

（2）输入数据操作

① 输入数据。一个单元格成为活动单元格后，直接输入数据，输入的内容将存放在该单元格中。例如，选中 A1 单元格后，输入文字“员工信息表”，则 A1 单元格中存储的数据为“员工信息表”。

② 完成输入。输入完毕后，可以使用以下方式确认并结束输入，活动单元格将移动到不同的单元格中。

a. 按 Enter 键，活动单元格移动到同一列的下一个单元格。

b. 按制表键（Tab 键），活动单元格移动到同一行的下一个单元格。

c. 按方向键，活动单元格移动到指定方向的下一个单元格。

③ 取消输入。在未结束输入时，如需取消输入内容，按 Esc 键即可。

（3）单元格区域操作

单元格区域可以由一组相邻的单元格组成，也可以由不连续的单元格组成。

① 使用单元格区域的优点是可以同时对多个单元格进行复制、剪切以及格式化等操作。

② 连续单元格区域的地址表示方法是：起始单元格地址：结束单元格地址，如“A1:B3”，其表示以 A1 和 B3 单元格为对角线的矩形区域，包括 A1、A2、A3、B1、B2 和 B3 6 个单元格组成的区域。

③ 选中单元格区域操作。

a. 选中所有单元格：单击工作表左上角的全选按钮或按 Ctrl+A 组合键，可以选中工作表中的所有单元格，如图 6-3 所示。

b. 选中一行或一列：单击相应的行号或列标。

c. 选中指定的单元格区域：例如，选中 A1:B5 单元格区域，可以通过以下 3 种方法来实现。

方法 1：单击 A1 单元格，按住鼠标左键拖曳鼠标指针到 B5 单元格，然后松开鼠标左键。此时 A1:B5 单元格区域被选中，A1 为活动单元格，如图 6-4 所示。

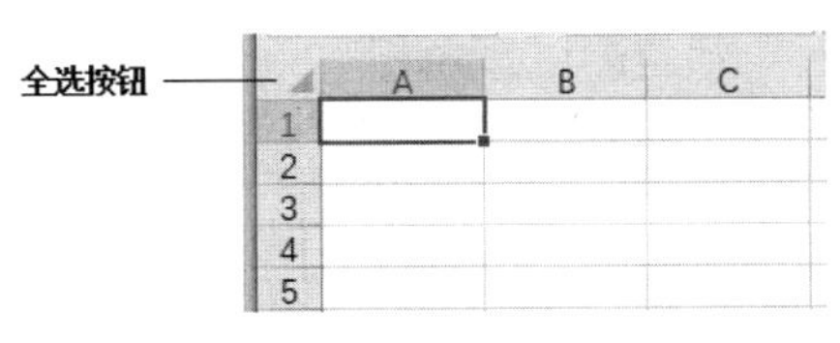

图 6-3　全选按钮

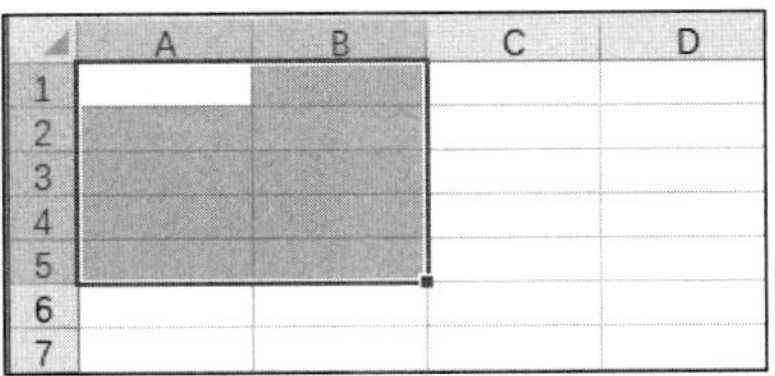

图 6-4　选中 A1:B5 单元格区域

方法 2：单击 A1 单元格，再按住 Shift 键单击 B5 单元格，A1:B5 单元格区域即被选中。

方法 3：单击 A1 单元格，按住 Shift 键，然后分别按 4 次向下和 1 次向右的方向键，A1:B5 单元格区域即被选中。

d. 选中多个不相邻单元格区域：先选中第一个区域，然后按住 Ctrl 键选择其他区域，可以选中多个不相邻的单元格区域。

④ 在单元格区域输入数据。选中单元格区域后，可以直接输入多个数据，按 Enter 键或 Tab 键结束每个单元格的输入，此时不能以方向键作为结束输入的确认键，否则会取消选中的单元格区域。

二、预习测试

单项选择题

（1）下列对工作表的描述，正确的是____。

A. 一个工作表可以有无穷个行和列

B. 工作表不能更名

C. 一个工作表就是一个独立存储的文件

D. 工作表是工作簿的一部分

（2）以下关于选中单元格区域的说法，错误的是____。

A. 先选中指定区域左上角的单元格，按住鼠标左键拖曳鼠标指针到该区域右下角单元格

B. 在名称框中输入单元格区域的地址并按 Enter 键

C. 先选中指定区域左上角的单元格，再按住 Shift 键单击该区域右下角的单元格

D. 单击要选中区域的左上角单元格，再单击该区域的右下角单元格

（3）在工作表中，表示一个以单元格 C5、N5、C8、N8 为 4 个顶点的单元格区域，正确的表示是____。

A. C5:C8:N5:N8　　B. C5:N8

C. C5:C8　　D. N8:N5

（4）王老师想删除学生信息表中的几位转学同学的信息，可以按住____键，选中不连续的多行后同时删除。

A. Shift　　B. Fn　　C. Alt　　D. Ctrl

三、预习情况解析

1. 涉及知识点

工作簿、工作表、单元格的概念，工作簿的打开、保存和关闭，单元格和单元格区域的选中，数据输入。

2. 预习测试题解析

见表 6-1。

表 6-1 “WPS 表格基本数据输入”预习测试题解析

测试题序号	答案	参考知识点	测试题序号	答案	参考知识点
（1）	D	见课前预习“1.(3)”	（3）	B	见课前预习“3.(3)”
（2）	D	见课前预习“3.(3)”	（4）	D	见课前预习“3.(3)”

6.2.2 任务实现

一、新建工作簿文件

涉及知识点：工作簿的新建和保存

为完成本案例，需要新建工作簿文件，并将其命名为“员工信息表.xlsx”。

【任务 1】新建工作簿，并将工作簿命名为“员工信息表”。

步骤 1：新建工作簿。

先打开 WPS Office 程序，进入 WPS Office 首页。如果已经打开了一个 WPS 文档，单击最上方的“首页标签”按钮 WPS Office ，进入 WPS Office 首页。单击窗口上方的“新建”按

钮 +，或者单击左侧的“新建”按钮 + 新建 ，弹出“新建”面板。单击面板中的“表格”按钮，在“新建表格”窗口中单击“空白表格”按钮，即可新建一个名为“工作簿 1”的空白工作簿。

步骤 2： 保存工作簿。

单击【文件】|【保存】命令，在弹出的“另存为”对话框中选择 D 盘中的“员工信息”文件夹为目标文件夹，并将工作簿命名为“员工信息表”，保存类型选择“WPS 表格文件(*.xlsx)”，单击“保存”按钮进行保存。

说明：

保存文件的类型： WPS 工作簿除了可以保存为“WPS 表格文件(*.et)”类型，还可以保存为“Excel 文件(*.xlsx)”“Excel 97-2003 文件(*.xls)”等多种文件类型。

二、规划表格结构

涉及知识点：合并与拆分单元格、单元格和单元格区域的数据输入

为了更好地输入员工信息表的内容，应先规划工作表的表格结构，再输入相关数据。

【任务 2】规划员工信息表的表格结构，合并与拆分单元格，输入表头以及列标题的文字内容。

步骤 1： 选中单元格，输入表头文本。

单击 A1 单元格，可以看到 A1 单元格边框为深绿色的粗方框，表示 A1 单元格被选中，成为活动单元格。此时，在 A1 单元格中输入“员工信息表”，输入完毕后，按 Enter 键结束输入。

步骤 2： 将表头行合并成一个单元格并居中显示。

单击 A1 单元格，按住 Shift 键单击 J1 单元格，此时 A1:J1 单元格区域被选中，单击【开始】|【对齐方式】|【合并】命令，弹出下拉菜单，选择“合并居中”命令，合并 A1:J1 单元格并使其中的内容对齐方式为居中。

说明：

拆分已经合并的单元格：选中合并后的单元格，此时【合并】按钮为选中状态，单击该按钮，取消该按钮的选中状态即可。

步骤 3： 选中单元格区域，输入列标题文本。

单击 A2 单元格，按住鼠标左键拖曳鼠标指针到 J2 单元格，然后松开鼠标左键，可以看到单元格 A2 到单元格 J2 外有一个深绿色的方框，表示 A2:J2 单元格区域被选中。

A2:J2 单元格区域被选中后，输入列标题“工号”，按 Tab 键结束输入后，B2 单元格自动处于被选中状态。不要移动鼠标，直接输入列标题“部门”，按 Tab 键结束输入，C2 单元格自动处于被选中状态，继续输入下一个列标题直至所有列标题输入完毕。如果只有一行单元格被选中，使用 Enter 键也可完成上述操作。

任务 2 结束后，可以看到规划后的员工信息表的结构如图 6-5 所示。

	A	B	C	D	E	F	G	H	I	J
1	员工信息表									
2	工号	部门	职位	姓名	性别	学历	手机	家庭住址	入职时间	备注
3										
4										

图 6-5　规划后的员工信息表的结构

三、输入员工的相关信息

涉及知识点：单元格数字格式，自动填充，单元格行与列的插入、删除

规划好表格结构后，在员工信息表中输入具体数据，其中部门、职位、姓名、性别、学历及家庭住址列为文本型数据，工号及手机列为数值型数据，入职时间列为时间或日期型数据。

【任务 3】依次输入员工信息表中各员工的相关信息。

步骤 1：输入文本。

单击 D3 单元格，使 D3 单元格为活动单元格，输入姓名“史*超”，按 Enter 键结束输入，重复该过程完成姓名信息的输入。用同样的方法完成员工信息表中“部门、职位、姓名、性别、学历及家庭住址”6 列文本信息的输入。

这 6 列单元格的文本信息都是文本型数据。单元格的数字格式可以在【数字格式】选项组中显示或者设置。如图 6-6 所示，活动单元格 D3 的数字格式是常规格式。系统会根据单元格中的内容，自动判断数据类型。

也可以在【数字格式】选项组中直接设置 D3 的数字格式为文本格式。

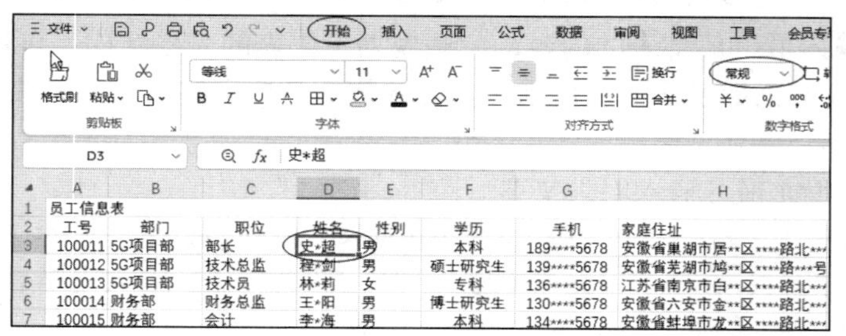

图 6-6　单元格数字格式的显示

说明：

① 文本型数据。可以包含文字字符，也可以包含数字，如街道地址。文本型数据常用于标识数据以及分类排序等。

可以使用步骤 1 中的方法将单元格数字格式设置为“文本”类型，还可以选中单元格，右击打开快捷菜单，选择“设置单元格格式”命令，在打开的“单元格格式”对话框的“数字”选项卡中将单元格数字格式设置为“文本”类型。此时输入的数据即为文本型数据。

另外，还可以在单元格中先输入“'”（英文状态下的单引号），再输入数据，也可确定为文本型数据。如输入“'123”，此时就会输入“123”文本数据。

② 文本型数据的显示。默认情况下在单元格中左对齐显示。当文本长度超过单元格长度时，如果相邻单元格为空，超出部分会显示到相邻单元格的位置；如果相邻单元格不为空，那么文本显示被截断，不显示超出部分，但单元格中存储的文本内容不受影响。

③ 换行。如果输入文本时需要在同一单元格中换行，可以按 Alt+Enter 组合键。

步骤 2：输入数字。

单击 A3 单元格，使 A3 单元格为活动单元格，输入员工工号“100011”，按 Enter 键结束输入。此时 A4 单元格成为活动单元格，用同样的方法完成员工信息表中“工号”列信息的输入。

说明：

① 数值型数据。可以用来进行各种计算和分析，还可以生成复杂的图表。数值型数据包含了 0～9。此外，还包含了如表 6-2 所示的特殊字符。

表 6-2　数值型数据中包含的特殊字符

字符	含义
+	表示正值
−或（）	表示负值
$	表示货币
%	表示百分数
.	表示小数
,	分隔输入的数字（千位分隔符）
E 或 e	科学记数显示数字

输入正值时，加号可以不用输入；输入负值时，可以在数字前加负号或用括号将数字括起来；输入分数时，应在分数前加上 0 和空格。例如，想要输入“1/2”，则应输入“0　1/2”，如果不加 0 和空格，其将显示为日期数据。

② 数值型数据的显示。默认情况下数值型数据右对齐显示。当数值型数据长度超过单元格长度时，将以科学记数法（指数）、#（####）或四舍五入形式显示：在列宽小于等于 4 个字符时显示为一系列“#”；在列宽超过 4 个字符但仍不足以显示或者数值超过 11 位，数值以科学记数法进行显示，但实际上单元格存储的仍是输入的源数据。

单元格输入数值超过 11 位时，WPS 表格会将其默认设置为文本类型数据，此时单元格左上角有一个三角形，如 123456789123 。

③ 数字格式转换。文本类型数据不方便进行数学运算，可以单击【开始】|【数字格式】|【转换】命令，把文本类型数据转换为数值型数据。同样，数值型数据也可以转换为文本类型数据。

④ 数值型数据的精度。单元格中仅保留 15 位的数字精度，如果数字长度超出 15 位，会将超出部分转换为 0。

步骤 3：输入时间或日期数据。

单击 I3 单元格，使 I3 单元格为活动单元格，输入入职时间“2015-10-2”，按 Enter 键结束输入。此时 I4 单元格成为活动单元格，重复该过程输入所有员工的入职时间。

说明：

① 时间或日期型数据的分隔符。日期型数据的年月日之间以符号“-”或“/”分隔，因此也可以输入“2015/10/2”；时间型数据的时分秒使用“:”分隔；如果一个单元格中既有日期型数据又有时间型数据，这两者间应该以空格分隔。

② 输入当前日期和时间。按 Ctrl+; 组合键可以输入当前日期，按 Ctrl+Shift+; 组合键可以输入当前时间。

③ 改变时间型数据或日期型数据的显示格式。如果对时间型数据或日期型数据的显示格式有要求，可以在相应单元格中单击鼠标右键，在弹出的快捷菜单中选择“设置单元格格式”命令，在打开的“单元格格式”对话框中切换到“数字”选项卡，在“数字”选项卡的“分类”列表框中选择“时间”选项或“日期”选项，在右侧的“类型”列表框中选择对应格式。

④ 自定义显示格式。如果已有的格式不能满足格式要求，可以在“单元格格式”对话框

中选择“自定义”选项，在右侧的“类型”列表框中拖动滚动条选择相近格式进行修改或直接输入新的类型，如“yyyy-m-d”，单击“确定”按钮，如图 6-7 所示。

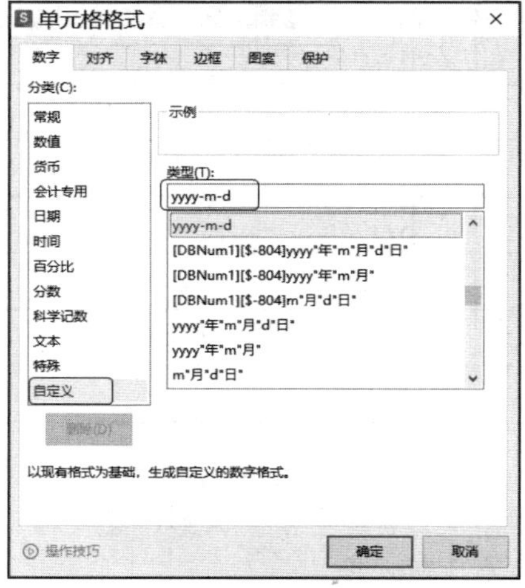

图 6-7　自定义显示格式

步骤 4：设置数字格式。

为了方便特殊号码的输入，使 G 列（“手机”列）严格按照输入显示，可以设置 G 列的数字格式为文本，操作步骤如下。

选中 G 列，单击【开始】|【数字格式】组右下角的对话框启动器按钮（或者使用“步骤 3 说明③”中的方法），打开“单元格格式”对话框，在“数字”选项卡的“分类”列表框中选择“文本”选项，单击“确定”按钮，即可设置 G 列单元格的数字格式为文本格式。

说明：

① 不同类型的数值格式。数值往往有不同的类型——货币、百分数、小数等，合理采用数字格式不仅可以更有效地解释和分析数据，还可以避免一些问题。不同类型的数据会有不同的显示方式，如表 6-3 所示。

表 6-3　数字格式与显示效果对照表

类别	显示方式	输入	显示
常规	按输入显示数据	1234	1234
数值	默认显示两位小数	1234	1234.00
货币	显示货币符号（可设置）	1234	¥1,234.00
会计专用	显示货币符号	1234 12	¥ 1,234.00 ¥12.00
日期	以多种形式显示日期	1234	1903/5/18
时间	以多种形式显示时间	1234	0:00:00
百分比	以百分数形式显示数值	1234	123400.00%
分数	以分数形式显示数值	12.34	12 17/50
科学记数	以科学记数形式显示数值	1234	1.23E+03

续表

类别	显示方式	输入	显示
文本	严格按输入显示数据，包括数字 0	1234	1234
特殊	邮编、电话等形式（美国制式）	1234	001234

② 数字以文本格式进行显示和处理。某些特殊情况需要将数字以文本格式进行显示和处理。例如，国际手机号码往往表现为诸如“0013253701234”之类以 0 开头的数值，如果采用普通的输入方式系统将自动省略开头的 0，而将数字格式设置为文本型就可以解决这个问题。需要强制让数字以文本格式进行显示和处理时，可以采用如下两种方法：一是将单元格数字格式设定为文本格式；二是先输入英文单引号再输入数字。

步骤 5：使用自动填充。

工作表 A3:A7 单元格区域中的员工工号分别为 100011、100012……100015，构成了等差数列，此时可以使用自动填充来实现：先在 A3 单元格中输入 100011，选中 A3，将鼠标指针移动到 A3 单元格的右下角，鼠标指针变成黑色实心十字形状（自动填充柄）时，按住鼠标左键向下拖曳至 A7，完成 A3:A7 单元格数据的自动填充输入，如图 6-8 所示。使用此方法完成“工号”列其他单元格数据的输入。

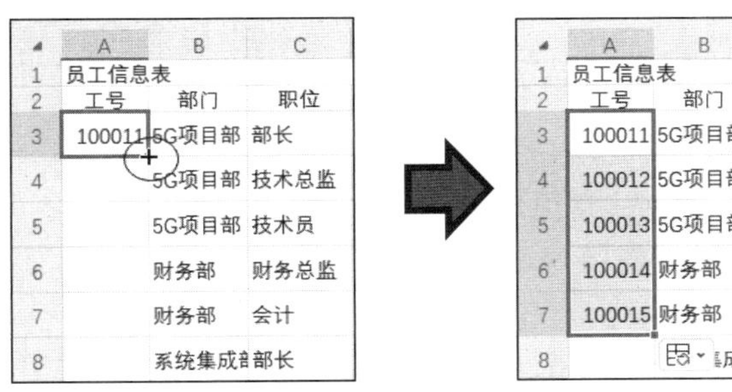

图 6-8　使用自动填充

说明：

① 自动填充适用场合。一系列有规律的数据，如一行或一列呈等差数列、等比数列或存在其他规律的数据。不可以在不连续的单元格中使用自动填充功能。

② 用拖曳方式进行填充。输入起始单元格的数据后，选中起始单元格，按住自动填充柄，拖曳至目标单元格，完成填充。默认自动填充的规则为：原数据为数值，使用递增式填充（步长值为 1）；原数据为普通文本，使用相同文本填充；原数据为特殊文本，如“一月”，使用自定义序列填充为“二月”。

拖动填充时按住 Ctrl 键，无论原数据是什么数据类型，均按原数据填充，相当于复制。

③ 数值自动填充递增步长值。递增步长值默认为 1，可以用以下方法调整步长值。单击【开始】|【数字格式】|【填充】命令，打开下拉菜单，选择“序列”命令，打开“序列”对话框，设置步长值，还可以进行“等差序列”“等比序列”等选择，如图 6-9 所示。

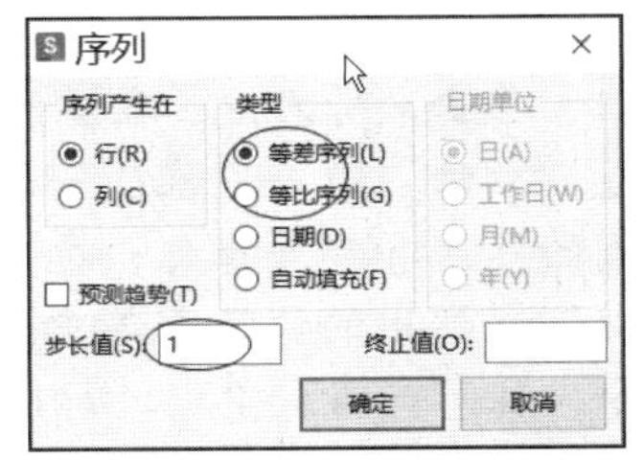

图 6-9　“序列”对话框

也可以采用先在相邻单元格输入两个或以上有规律的数据，选中这两个或以上相邻单元格，拖动填充柄，就可以根据已有规律进行数据填充。例如，单元格 A1 值为“1”，A2 值为

“3”，选中 A1、A2 两个单元格，按住自动填充柄向下拖动，A3 值就为“5”，A4 值就为“7”……

④ 自定义序列填充。单击【文件】|【选项】命令，打开“选项”对话框，在左侧选择“自定义序列”选项，可以看到已有的序列，如果需要添加新序列，可以在对话框中输入序列或者从单元格中导入，如图 6-10 所示。

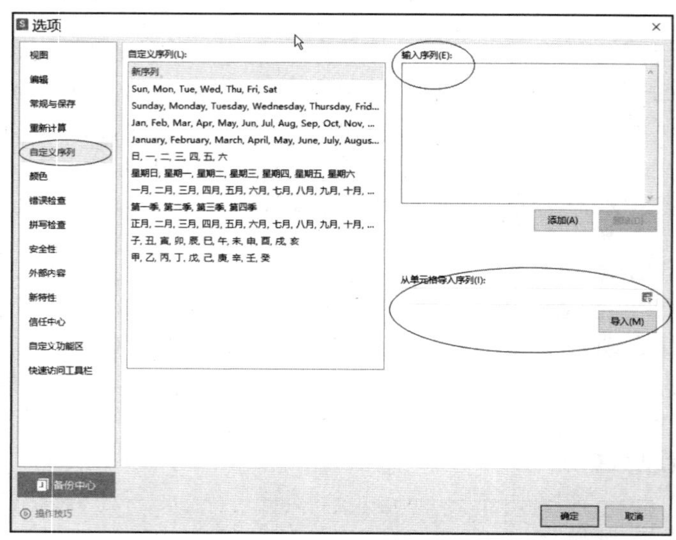

图 6-10　添加自定义序列

【全国高等学校计算机水平考试常见考点练习】

【任务 4】对输入有误的数据进行修改，“插入”或“删除”批注。

步骤：修改或删除数据。

若在输入时发现单元格数据输入错误，需要重新输入，可以选中单元格，直接输入新的数据，新输入的数据将覆盖原来的数据。

说明：

① 修改数据。如果想修改单元格中的部分数据，可以使用以下方法。

选中目标单元格，按 F2 键或双击，可在单元格内进行编辑；或者选中目标单元格，在编辑栏中直接修改，编辑栏如图 6-11 所示。

图 6-11　编辑栏

② 删除单元格数据。可以选中目标单元格或单元格区域，按 Delete 键或 Backspace 键进行删除。

③ 单元格、行、列的插入和删除。选中目标单元格，单击鼠标右键，在弹出的快捷菜单中选择“插入”或“删除”命令，在下一级菜单中进行单元格、行、列的插入和删除操作；选中目标行或列，单击鼠标右键，在弹出的快捷菜单中选择“插入”或“删除”命令，在下一级菜单中进行行或列的插入和删除操作。

④ 插入批注：选中要插入批注的单元格，单击【审阅】|【批注】|【新建批注】命令，输入指定的批注内容即可。

完成任务 4 后，员工信息表的效果如图 6-12 所示。

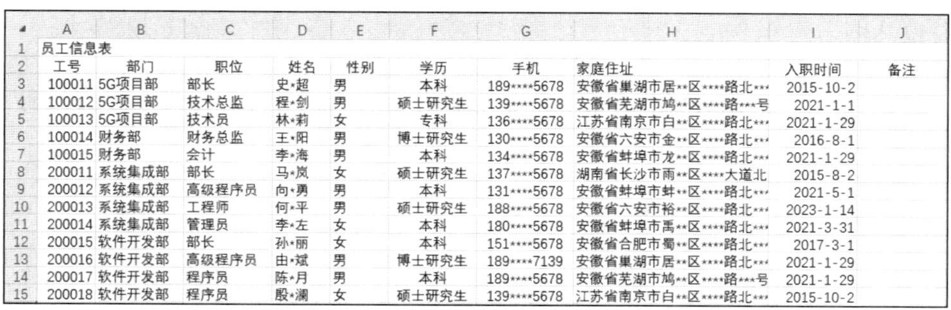

	A	B	C	D	E	F	G	H	I	J
1	员工信息表									
2	工号	部门	职位	姓名	性别	学历	手机	家庭住址	入职时间	备注
3	100011	5G项目部	部长	史*超	男	本科	189****5678	安徽省巢湖市居**区****路北***	2015-10-2	
4	100012	5G项目部	技术总监	程*剑	男	硕士研究生	139****5678	安徽省芜湖市鸠**区****路***号	2021-1-1	
5	100013	5G项目部	技术员	林*莉	女	专科	136****5678	江苏省南京市白**区****路北***	2021-1-29	
6	100014	财务部	财务总监	王*阳	男	博士研究生	130****5678	安徽省六安市金**区****路北***	2016-8-1	
7	100015	财务部	会计	李*海	男	本科	134****5678	安徽省蚌埠市龙**区****路北***	2021-1-29	
8	200011	系统集成部	部长	马*岚	女	硕士研究生	137****5678	湖南省长沙市雨**区****大道北	2015-8-2	
9	200012	系统集成部	高级程序员	向*勇	男	本科	131****5678	安徽省蚌埠市蚌**区****路北***	2021-5-1	
10	200013	系统集成部	工程师	何*平	男	硕士研究生	188****5678	安徽省六安市裕**区****路北***	2023-1-14	
11	200014	系统集成部	管理员	李*左	女	本科	180****5678	安徽省蚌埠市禹**区****路北***	2021-3-31	
12	200015	软件开发部	部长	孙*丽	女	本科	151****5678	安徽省合肥市蜀**区****路北***	2017-3-1	
13	200016	软件开发部	高级程序员	由*斌	男	博士研究生	189****7139	安徽省巢湖市居**区****路北***	2021-1-29	
14	200017	软件开发部	程序员	陈*月	男	本科	189****5678	安徽省芜湖市鸠**区****路***号	2021-1-29	
15	200018	软件开发部	程序员	殷*澜	女	硕士研究生	139****5678	江苏省南京市白**区****路北***	2015-10-2	

图 6-12　员工信息表的效果

6.3 任务二　WPS 表格格式设置、查看与打印

6.3.1 课前准备

为保证任务能够顺利完成，请在实际操作前预习以下内容：学会设置字体、对齐方式、边框与底纹等的方法，了解格式的复制与清除操作以及工作表的拆分和冻结。

一、课前预习

1. 单元格的字体格式设置

操作方法如下。

① 使用功能区命令按钮。选中单元格或单元格区域后，单击【开始】|【字体】组中的相应命令按钮。

② 使用“单元格格式”对话框。选中单元格或单元格区域，单击【开始】|【字体】组右下角的对话框启动器按钮，打开“单元格格式”对话框，切换到“字体”选项卡，进行相关的设置，如图 6-13 所示。选中单元格或单元格区域后单击鼠标右键，在弹出的快捷菜单中选择“设置单元格格式”命令，也可打开“单元格格式”对话框。

2. 对齐方式的设置

与字体格式的设置类似，操作方法如下。

① 使用功能区命令按钮。选中单元格或单元格区域后，单击【开始】|【对齐方式】组中的相应命令按钮。

② 使用“单元格格式”对话框。打开“单元格格式”对话框，切换到“对齐”选项卡，进行相关的设置，如图 6-14 所示。

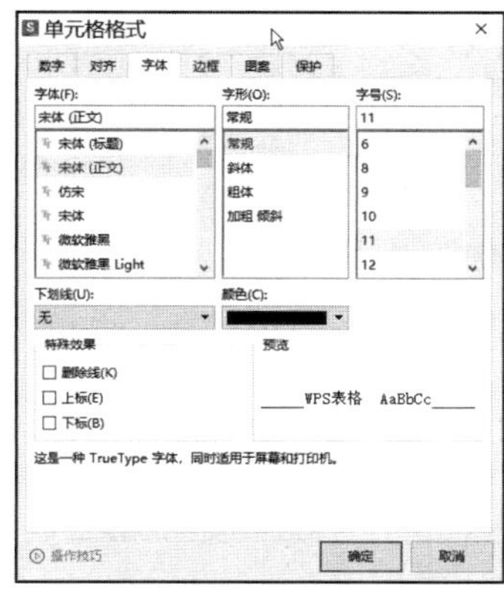

图 6-13　设置字体格式

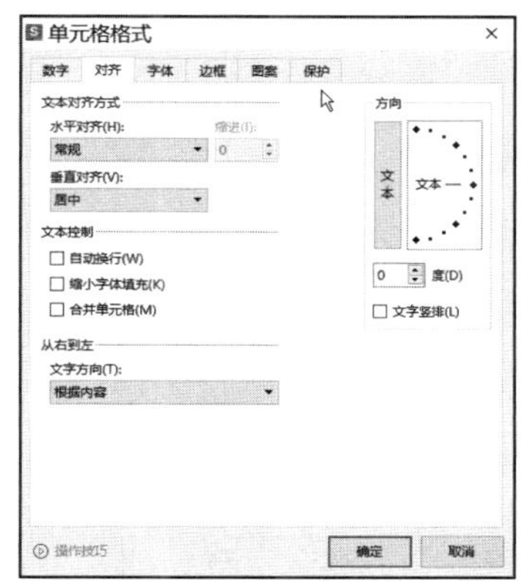

图 6-14　设置对齐方式

对齐方式的类型如下。

① 水平对齐。水平对齐是指单元格中的数据在水平方向上设置为左对齐、右对齐、居中对齐。

② 垂直对齐。垂直对齐是指单元格中的数据在垂直方向上设置为向上对齐、向下对齐、居中对齐。

③ 自动换行。当该选项被选中时，单元格中数据的字符长度如果超出单元格宽度，将自动换行，自动换行的效果如图 6-15 所示。

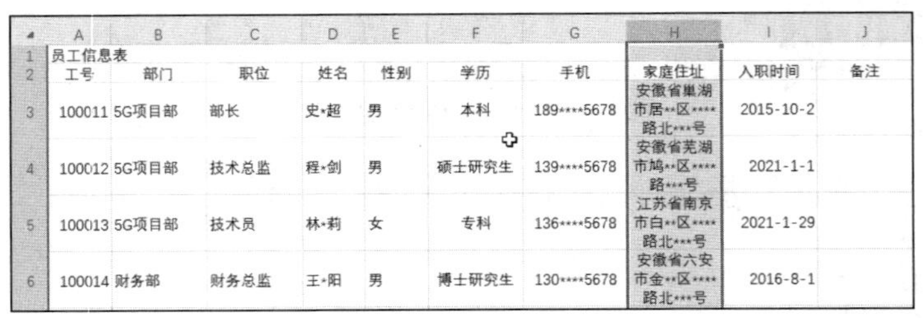

员工信息表

工号	部门	职位	姓名	性别	学历	手机	家庭住址	入职时间	备注
100011	5G项目部	部长	史*超	男	本科	189****5678	安徽省巢湖市居**区****路北***号	2015-10-2	
100012	5G项目部	技术总监	程*剑	男	硕士研究生	139****5678	安徽省芜湖市鸠**区****路***号	2021-1-1	
100013	5G项目部	技术员	林*莉	女	专科	136****5678	江苏省南京市白**区****路北***号	2021-1-29	
100014	财务部	财务总监	王*阳	男	博士研究生	130****5678	安徽省六安市金**区****路北***号	2016-8-1	

图 6-15 自动换行的效果

3. 边框与底纹的设置

电子表格由多个单元格组成，往往需要为单元格设置边框与底纹，以更加有条理地显示数据行或数据列。

（1）边框的设置

默认情况下，工作表中看到的框线只是辅助用户使用的线条，在打印时不会打印出来。用户自定义的框线在打印时，可以打印出来。设置边框的方法如下。

① 使用功能区命令按钮。单击【开始】|【字体】|【下框线】下拉按钮（也可能是其他形式框线按钮），在弹出的下拉菜单中选择对应的边框样式，在这个下拉菜单中还可以选择绘图边框或擦除边框，设置边框线条粗细和样式，插入斜线表头，如图 6-16（a）所示。

② 使用“单元格格式”对话框。选中单元格或单元格区域，打开“单元格格式”对话框，切换到“边框”选项卡，进行相关的设置，如图 6-16（b）所示。

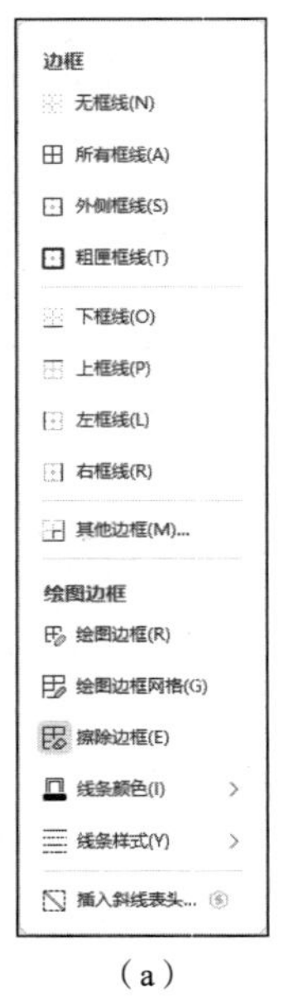

（a）

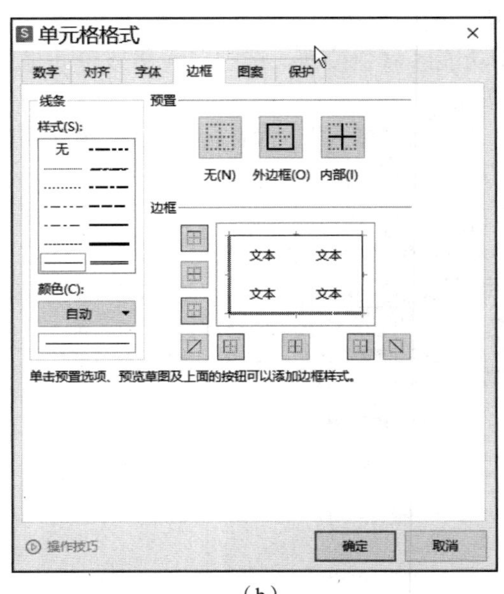

（b）

图 6-16 设置边框

（2）底纹的填充设置

一般来说，大型的工作簿可以添加隔行的浅色底纹，使行与行之间更为清晰。使用底纹时要注意，底纹不能干扰数据的呈现，因此底纹一般使用浅色。

设置底纹的方法：可以单击【开始】|【字体】|【填充颜色】按钮，打开下拉列表进行设置；也可以在“单元格格式”对话框中，切换到“图案”选项卡，进行相关的设置。在该选项卡中还可以选择图案作为底纹，如图 6-17 所示。

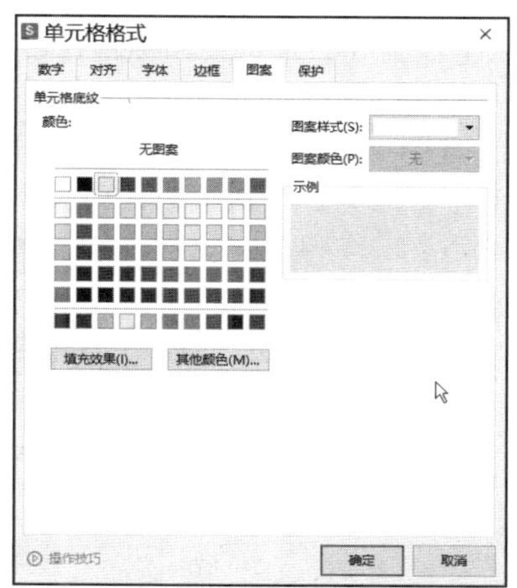

图 6-17　底纹的填充设置

二、预习测试

操作题

使用 WPS 表格制作图 6-18 所示的表格效果。

__年__班课程表					
	星期一	星期二	星期三	星期四	星期五
早自习					
第1节					
第2节					
第3节					
第4节					
午　休					
第5节					
第6节					
第7节					
第8节					
晚自习					

图 6-18　表格效果

三、预习情况解析

1. 涉及知识点

字体格式设置、对齐方式设置、边框与底纹的设置。

2. 预习测试题解析

见表 6-4。

表 6-4　“WPS 表格格式设置、查看与打印”预习测试题解析

测试题序号	答案	参考知识点
操作题	见微课视频	见课前预习“1.”“2.”“3.”

6.3.2　任务实现

一、设置工作表格式

涉及知识点：设置单元格字体格式、对齐方式，调整列宽和行高，边框与底纹的设置，格式的复制与清除，样式的使用

输入工作表的内容后，发现“部门”“家庭住址”等信息只显示了一部分内容。“手机”列为数值型数据，显示为科学记数法。而“工号”“性别”等列过宽，不便于查阅，为此需要进行一系列的格式设置工作。

【任务 1】为表头和标题行设置合适的字体使整个表格更为醒目。

步骤：设置文本格式。

选中 A1 单元格，分别在【开始】|【字体】组的“字体”“字号”下拉列表框中设置字体为楷体、字号为 24。再选中 A2:J2 单元格区域，设置字体样式为加粗，完成后的效果如图 6-19 所示。

	A	B	C	D	E	F	G	H	I	J
1	员工信息表									
2	**工号**	**部门**	**职位**	**姓名**	**性别**	**学历**	**手机**	**家庭住址**	**入职时间**	**备注**
3	100011	3G项目部	部长	史*超	男	本科	189****567	安徽省巢	2015-10-2	
4	100012	3G项目部	技术总监	程*剑	男	硕士研究生	139****567	安徽省芜	2021-1-1	
5	100013	3G项目部	技术员	林*莉	女	专科	136****567	江苏省南	2021-1-29	
6	100014	财务部	财务总监	王*阳	男	博士研究生	130****567	安徽省六	2016-8-1	
7	100015	财务部	会计	李*海	男	高中	134****567	安徽省蚌	2021-1-29	
8	200011	系统集成	部长	马*岚	女	硕士研究生	137****567	湖南省长	2015-8-2	

图 6-19　设置文本格式后的效果

【任务 2】设置工作表的主体，分别为每一列设置对齐方式，并合理调整行高和列宽。

步骤 1：设置 F、G、H 列单元格的对齐方式为水平居中，其他列对齐方式为垂直居中。

单击列标 F，按住鼠标左键拖曳至 H 列，同时选中 F、G、H 列，单击【开始】|【对齐方式】组右下角的对话框启动器按钮，打开“单元格格式”对话框，在“对齐”选项卡的“水平对齐”和“垂直对齐”下拉列表框中均选择“居中”选项，并选中“自动换行”复选框，单击“确定”按钮，如图 6-20 所示。

同时选中 A～E、I、J 列，单击【开始】|【对齐方式】组中的“垂直居中”按钮，使这几列对齐方式为垂直居中。

【全国高等学校计算机水平考试常见考点练习】

新建 WPS 表格，在表格第 1 行前插入一行，并在 A1 单元格中输入标题“正××电器厂职工工资表”，设置字体为黑体、字号为 16 磅，合并 A1:H1 单元格区域、设置水平对齐居中。

步骤 2：调整列宽和行高。

完成步骤 1 后可能发现 H 列显示不全的问题，可以调整行高，使内容完全显示。同时选中第 2 行至末行，打开快捷菜单，选择“最适合的行高”命令，行高就调整适合显示全部内容的行高。

第 1 行为标题行，单独设置行高为 50 磅（50 磅高约为 1.76 cm）。选中第 1 行，打开快捷菜单，选择“行高”命令，打开“行高”对话框，进行设置，如图 6-21 所示。

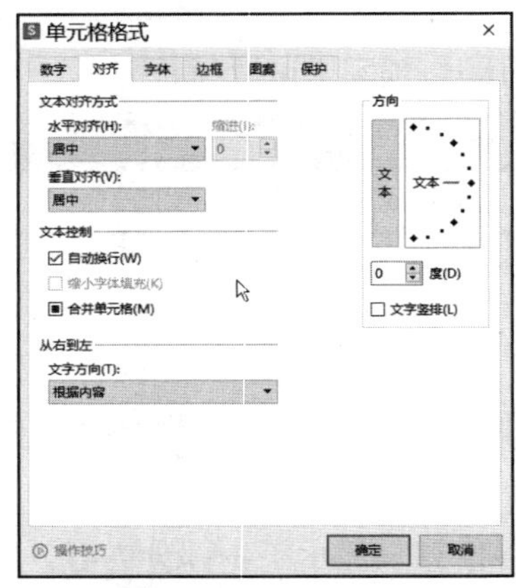

图 6-20　设置对齐方式

图 6-21　“行高”对话框

列宽值按表 6-5 的要求进行设置。其中，A 列、D 列和 E 列的列宽相同，可以按住 Ctrl 键选中不连续的 3 列作为单元格区域，然后单击鼠标右键，打开快捷菜单，选择“列宽”命令，打开“列宽”对话框进行设置。其他列使用相同的方法进行操作。

表 6-5　列宽值的要求

列	宽度	列	宽度
A	7	F	11
B	11	G	12
C	11	H	25
D	7	I	11
E	7	J	11

说明：

调整行高和列宽的 3 种方式如下。

①“列宽”对话框：先选中指定列，使用上述步骤的方法打开“列宽”对话框，也可以通过单击【开始】|【单元格】|【行和列】命令，在打开的下拉菜单中选择“列宽”命令，打开“列宽”对话框，进行设置。

② 拖曳鼠标：将鼠标指针移动到列标的右边界，鼠标指针会变成双向箭头形状，此时左右拖曳即可减少或增加列宽，如图 6-22 所示。

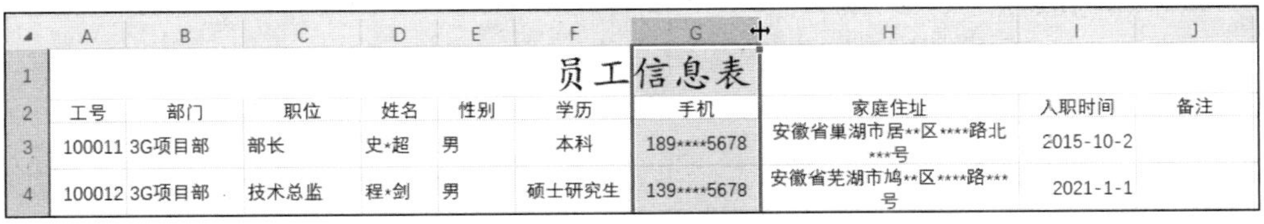

	A	B	C	D	E	F	G	H	I	J
1	员工信息表									
2	工号	部门	职位	姓名	性别	学历	手机	家庭住址	入职时间	备注
3	100011	3G项目部	部长	史*超	男	本科	189****5678	安徽省巢湖市居**区****路北***号	2015-10-2	
4	100012	3G项目部	技术总监	程*剑	男	硕士研究生	139****5678	安徽省芜湖市鸠**区****路***号	2021-1-1	

图 6-22　用拖曳鼠标的方式调整列宽

③ 双击：双击列标的右边界，可以将列宽自动调整到与该列单元格的最长字符长度相同。

调整行高的方法类似，此处不赘述。

【任务 3】为标题行设置底纹。设置表格边框，采用套用表格样式的方式对表格主体进行格式设置。

步骤 1：为标题行设置底纹。

选中 A1:J1 单元格区域，单击【开始】|【字体】|【填充颜色】命令，选择“白色，背景 1，深色 25%”，如图 6-23 所示；或者在“单元格格式”对话框的“图案”选项卡中进行相关的设置。

步骤 2：设置表格边框。

选中 A1:J1 单元格区域，单击【开始】|【字体】|【所有框线】右侧的下拉按钮，在弹出的下拉列表中选择“所有框线”选项，再次单击该下拉按钮，选择“粗匣框线”选项，如图 6-24 所示。此时表格内部为细框线，表格外侧为粗框线。

步骤 3：套用表格样式。

选中 A2:J32 单元格区域，单击【开始】|【样式】|【套用表格样式】命令，在弹出的面板中，“主题颜色”选择灰色，“预设样式”选择“表样式 2”，如图 6-25 所示。

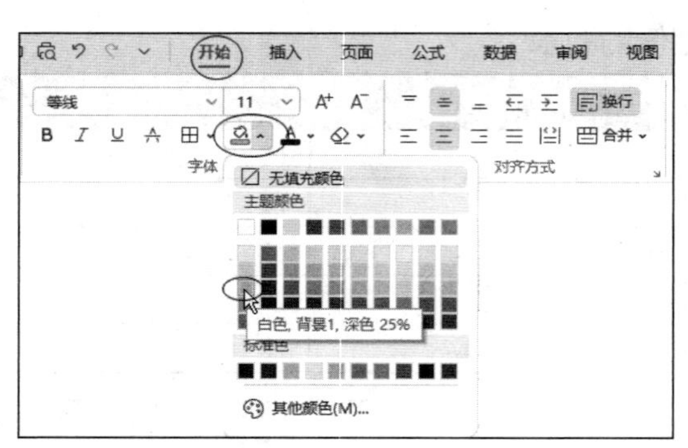

图 6-23　设置底纹

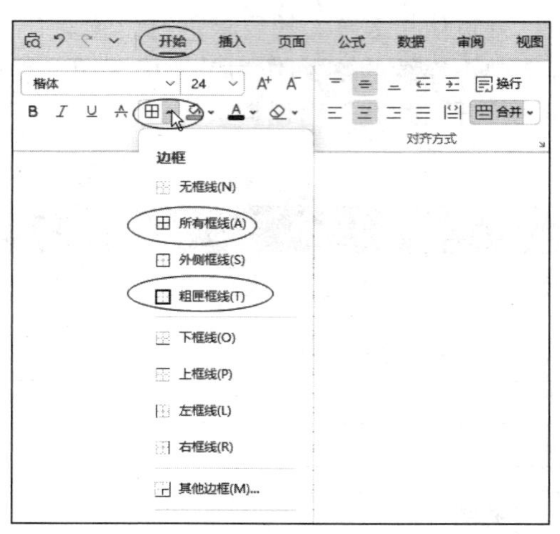

图 6-24　设置边框

步骤 4：设置单元格样式。

发现标题行不美观，选中 A2:J2 单元格区域，单击【开始】|【样式】|【单元格样式】命令，在弹出的面板中选择“输出”，如图 6-26 所示，标题行的样式即可变为指定样式。

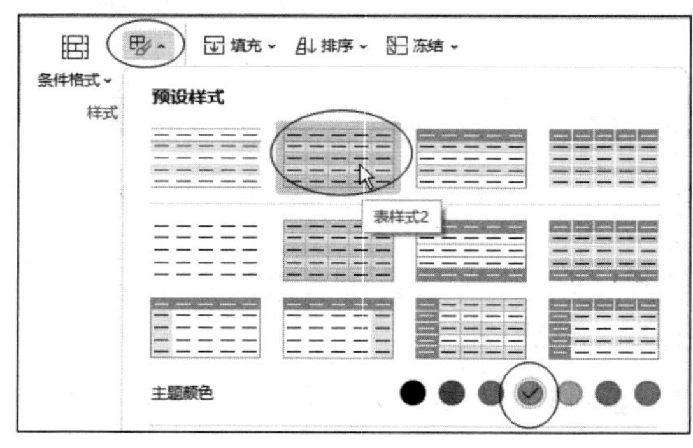

图 6-25　套用表格格式

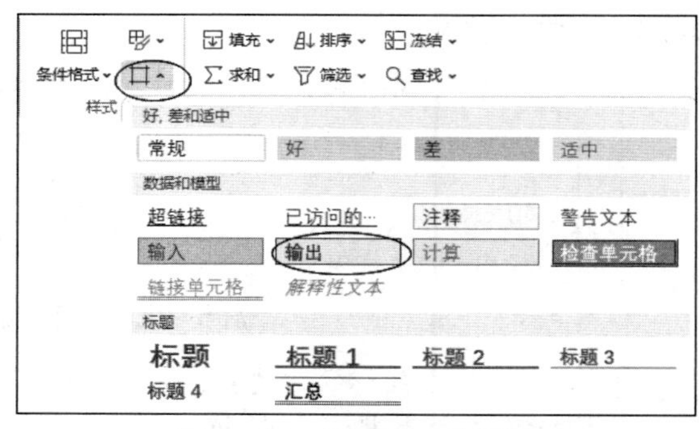

图 6-26　设置单元格样式

步骤 5：格式的复制与清除。

（1）格式的复制。选中已设置好格式的单元格区域，单击【开始】|【剪贴板】|【格式刷】命令，然后单击目标单元格或单元格区域。双击“格式刷”按钮可以重复复制，将复制的格式应用到多个不连续的单元格或单元格区域。

（2）格式的清除。如果需要在保留单元格中数据的同时清除格式设置，将格式恢复为默认状态，可以使用清除功能。具体操作方式为：选中需要清除格式的单元格区域，单击【开始】|【字体】|【清除】按钮，打开下拉菜单，选择“格式”命令；或者选中需要清除格式的单元格区域，右击打开快捷菜单，单击【清除内容】|【格式】命令。

步骤 6：重命名工作表。

在工作表标签处双击，工作表名称显示为可编辑状态，输入新的工作表名称“员工信息表”；也可以在工作表标签处单击鼠标右键，在弹出的快捷菜单中选择“重命名”命令，然后输入新的名称。

步骤 6 完成后，表格效果如图 6-27 所示。

员工信息表									
工号	部门	职位	姓名	性别	学历	手机	家庭住址	入职时间	备注
100011	3G项目部	部长	史*超	男	本科	189****5678	安徽省巢湖市居**区****路北***号	2015-10-2	
100012	3G项目部	技术总监	程*剑	男	硕士研究生	139****5678	安徽省芜湖市鸠**区****路***号	2021-1-1	
100013	3G项目部	技术员	林*莉	女	专科	136****5678	江苏省南京市白**区****路北***号	2021-1-29	
100014	财务部	财务总监	王*阳	男	博士研究生	130****5678	安徽省六安市金**区****路北***号	2016-8-1	
100015	财务部	会计	李*海	男	高中	134****5678	安徽省蚌埠市龙**区****路北***号	2021-1-29	
200011	系统集成部	部长	马*岚	女	硕士研究生	137****5678	湖南省长沙市雨**区****大道北***号	2015-8-2	
200012	系统集成部	高级程序员	向*勇	男	本科	131****5678	安徽省蚌埠市蚌**区****路北***号	2021-5-1	
200013	系统集成部	工程师	何*平	男	硕士研究生	188****5678	安徽省六安市裕**区****路北***号	2023-1-14	
200014	系统集成部	管理员	李*左	女	专科	180****5678	安徽省蚌埠市禹**区****路北***号	2021-3-31	

图 6-27　表格效果

【全国高等学校计算机水平考试常见考点练习】

① 为工作表 Sheet1 中的 A2:B8 单元格添加“田”字形（红色单实线）边框，文字设置为水平居中对齐。

② 设置工作表 Sheet1 的标题（A1:B1）单元格的字体为黑体，字号设置为 20 磅，在 B2 单元格内填充黄色底纹，填充图案设置为 12.5%灰色。

二、查看电子表格

涉及知识点：冻结窗格、拆分窗口、阅读模式、护眼模式

【任务 4】使用“冻结窗格”功能锁定工作表中的某一部分，方便查阅表格。

步骤 1：冻结前两行标题部分便于观看。

选中第 1、第 2 两行（或者单击 A3 单元格使其成为活动单元格），再单击【视图】|【窗口】|【冻结窗格】命令，在弹出的下拉菜单中选择“冻结至第 2 行”命令，实现前两行的冻结。此时向下滚动表格的时候前 2 行就会被固定住，一直显示，便于观看。

步骤 2：取消冻结。

单击【视图】|【窗口】|【冻结窗格】命令，在弹出的下拉菜单中选择“取消冻结窗格”命令。

步骤 3：冻结第 1 列。

选中 A 列，再单击【视图】|【窗口】|【冻结窗格】命令，在弹出的下拉菜单中选择“冻结至第 A 列”命令，实现 A 列的冻结。此时，向右滚动表格的时候 A 列就会被固定住，一直显示。

步骤 4：同时冻结前两行和 A 列。

单击 B3 单元格使其成为活动单元格，单击【视图】|【窗口】|【冻结窗格】命令，在弹出的下拉菜单中选择“冻结至第 2 行 A 列”命令，此时表格的前两行和 A 列就会被固定住了。

【任务 5】使用“拆分窗口”功能，将当前工作表窗口拆分为最多 4 个大小可以设定的区域，查看工作表分隔较远的部分。

步骤 1：拆分窗口。

数据表格过多过长，不便查看与对比，可以使用 WPS 表格“拆分窗口”功能。例如，单击 F7 单元格使其成为活动单元格，单击【视图】|【窗口】|【拆分窗口】命令，当前工作表窗口拆分为 4 个区域，如图 6-28 所示。被拆分的区域相互独立，可以使用滚动条调节各区域显示，方便对比查看。

步骤 2：取消窗口拆分。

单击【视图】|【窗口】|【取消拆分】命令即可。

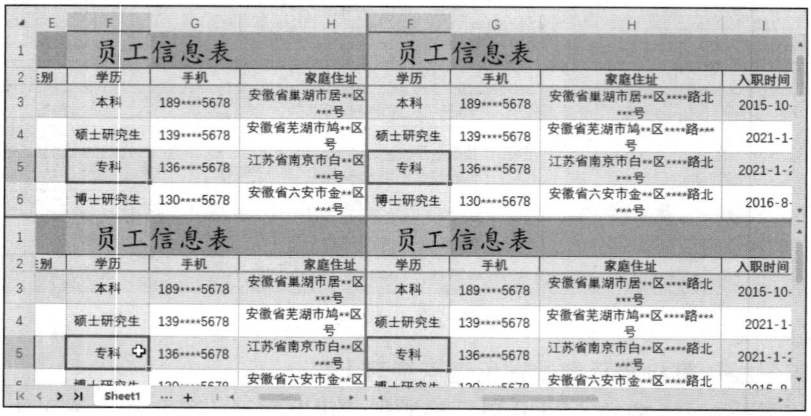

图 6-28　拆分窗口

【任务 6】使用阅读模式查看与 D4 单元格处于同一行和同一列的数据。

单击 D4 单元格使其成为活动单元格，单击【视图】|【工作簿视图】|【阅读】命令。此时，活动单元格 D4 处于同一行列的数据都被相同填充颜色突出显示，方便查看当前单元格同一行和同一列的数据，如图 6-29 所示。

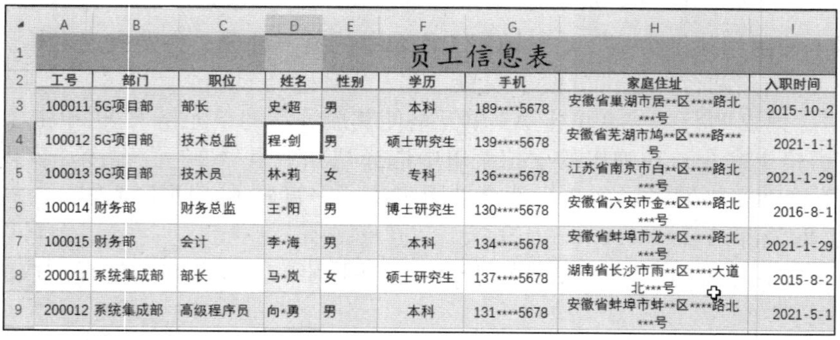

员工信息表								
工号	部门	职位	姓名	性别	学历	手机	家庭住址	入职时间
100011	5G项目部	部长	史*超	男	本科	189****5678	安徽省巢湖市居**区****路北***号	2015-10-2
100012	5G项目部	技术总监	程*剑	男	硕士研究生	139****5678	安徽省芜湖市鸠**区****路***号	2021-1-1
100013	5G项目部	技术员	林*莉	女	专科	136****5678	江苏省南京市白**区****路北***号	2021-1-29
100014	财务部	财务总监	王*阳	男	博士研究生	130****5678	安徽省六安市金**区****路北***号	2016-8-1
100015	财务部	会计	李*海	男	本科	134****5678	安徽省蚌埠市龙**区****路北***号	2021-1-29
200011	系统集成部	部长	马*岚	女	硕士研究生	137****5678	湖南省长沙市雨**区****大道北***号	2015-8-2
200012	系统集成部	高级程序员	向*勇	男	本科	131****5678	安徽省蚌埠市蚌**区****路北***号	2021-5-1

图 6-29　WPS 表格阅读模式

【任务 7】开启护眼模式，缓解眼疲劳。

护眼模式下，屏幕通常会变为一种柔和的黄绿色调，这有助于减少长时间盯着屏幕时带来的眼睛疲劳。单击【视图】|【工作簿视图】|【护眼】按钮 护眼，即可开启护眼模式。

三、打印电子表格

涉及知识点：设置打印方向、纸张大小、页边距，设置页眉、页脚和页码，设置打印顶端标题行，设置打印参数

当工作表数据量较多时，为了保证打印效果，需要进行进一步的页面设置。

【任务 8】打印“员工信息表”。设置为 A4 纸横向打印，页眉内容为制作人信息、对齐方式为左对齐，页码显示在页脚中部、为“1，2……”，每一页表格都含有表头和标题行两行信息。

步骤 1：设置打印方向、打印机名和纸张大小。

单击【页面】|【打印设置】组右下角的对话框启动器按钮 ↘，打开“页面设置”对话框，

在对话框的“页面”选项卡中进行方向、打印机名、纸张大小设置，如图 6-30 所示。

步骤 2： 设置页边距。

用步骤 1 的方法打开“页面设置”对话框，切换到“页边距”选项卡，在该选项卡中不仅可以设置页边距，还可以设置页眉页脚宽度以及打印居中方式，本步骤保持默认设置即可。

步骤 3： 设置页眉。

用步骤 1 的方法打开“页面设置”对话框，切换到“页眉/页脚”选项卡，单击“自定义页眉”按钮，弹出“页眉”对话框，在“左”文本框中输入页眉信息“制作人：王*”，如图 6-31 所示，单击“确定”按钮完成页眉的设置。

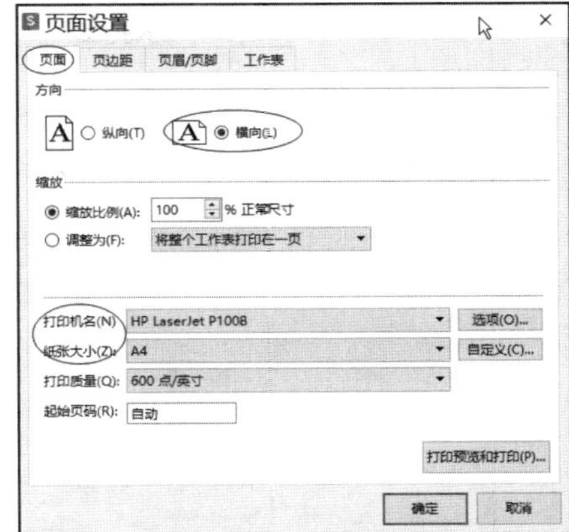

图 6-30　设置打印方向、打印机名和纸张大小

步骤 4： 设置页码。

打开“页面设置”对话框，切换到“页眉/页脚”选项卡，单击“自定义页脚”按钮，弹出“页脚”对话框，光标定位在“中”文本框中，单击“页码”按钮，如图 6-32 所示。这样，打印页码显示在页脚中部，为“1，2……”。

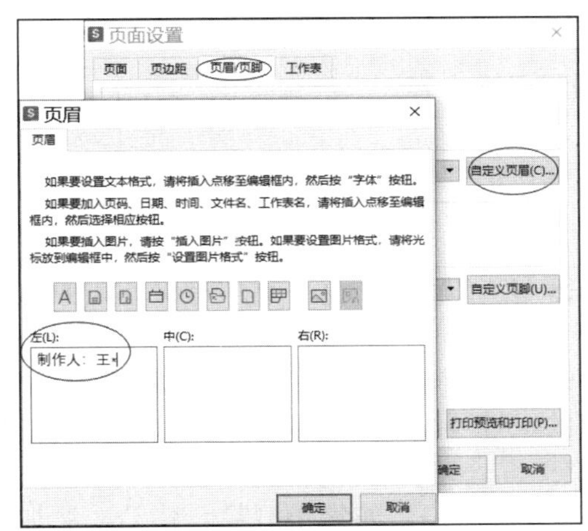

图 6-31　设置页眉

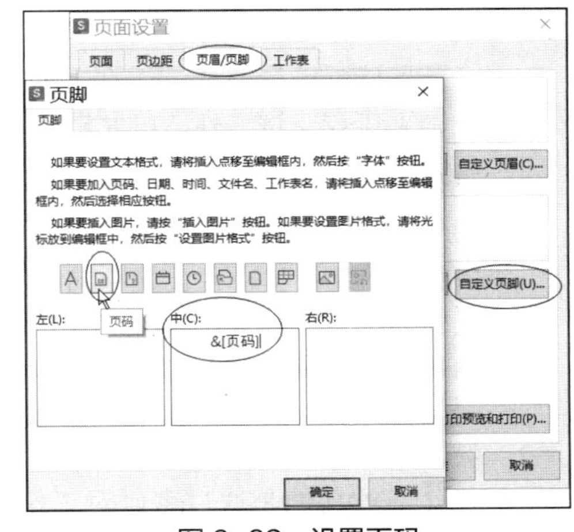

图 6-32　设置页码

步骤 5： 设置打印顶端标题行。

打开“页面设置”对话框，切换到“工作表”选项卡。单击“顶端标题行”文本框右侧的拾取按钮，返回工作表选中第 1 行和第 2 行，按 Enter 键确定选中。此时，“顶端标题行”文本框中自动出现“$1:$2”，如图 6-33 所示。也可以直接在“顶端标题行”文本框中手动输入“$1:$2”。这样打印的顶端标题行就设置为第 1、第 2 行（表头和标题行）。

步骤 6： 打印预览及打印。

单击【文件】|【打印】|【打印预览】命令，或者单击【页面】|【打印设置】|【打印预览】命令，可以预览打印效果，单击下方的页面切换按钮可以预览打印的各个页面。单击“退出预览”按钮或按 Esc 键退出预览界面。

步骤 7： 打印。

单击【文件】|【打印】|【打印】命令，打开“打印”对话框，设置打印的页码范围、打

印内容、份数等参数后，单击“确定”按钮，即可打印，如图 6-34 所示。

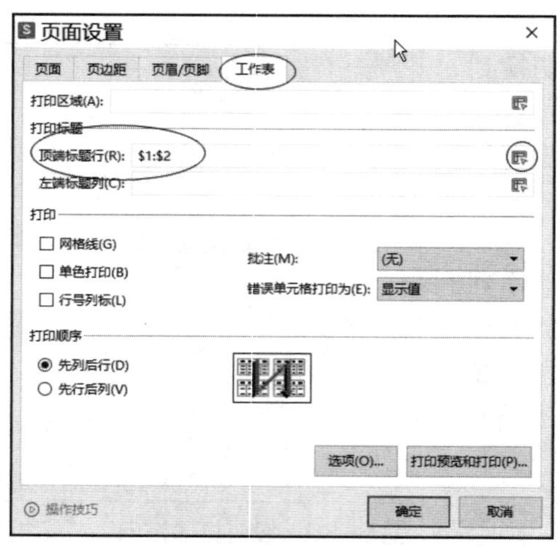

图 6-33　设置打印顶端标题行

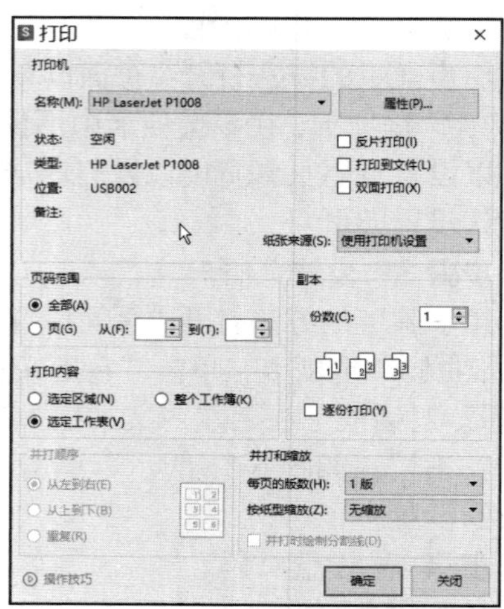

图 6-34　“打印”对话框

6.4　任务三　工作簿与工作表保护及隐藏

6.4.1　课前准备

为保证任务能够顺利完成，请在实际操作前预习以下内容：学会保护工作簿与工作表，隐藏工作簿、工作表、行、列、单元格。

一、课前预习

1. 保护工作簿与工作表

工作中视具体情况，可以设置不同的保护工作簿与工作表的方法，具体有以下几种。

（1）文件加密

文件加密又分为密码加密与文档加密。密码加密是设置文档打开权限或编辑权限的密码；文档加密则是在开启“文档加密保护”后，仅指定的账号可以查看或编辑文档。

（2）保护工作簿

保护工作簿的功能是通过密码对工作簿的结构进行保护，如禁止删除、移动、添加工作表。

（3）保护工作表

保护工作表的功能是通过密码对锁定的单元格进行保护，防止工作表中的数据被更改。

2. 隐藏工作簿、工作表、行、列、单元格

（1）隐藏工作簿。需要在 Windows 操作系统中设置，具体操作方法见“项目二”。

（2）隐藏工作表、行、列。打开工作簿文件，可以对指定的工作表、行、列进行隐藏设置。

（3）隐藏单元格。除了隐藏工作表、行、列使单元格不可见，还可以对指定的单元格单独设置，使单元格仍然可见，但其内容或公式不可见。

二、预习测试

多项选择题

（1）下列对 WPS 表格文件加密的描述，正确的是____。

A. 密码加密是设置文档打开权限或编辑权限的密码

B. 开启“文档加密保护”功能后，仅指定的账号可以查看或编辑文档

C. 开启“文档加密保护”功能后，WPS 任一账号都可以输入密码打开加密的 WPS 表格文件

D. “密码加密”功能不限制打开加密表格文件的 WPS 账号

（2）以下关于选中单元格区域的说法，错误的是____。

A. 开启“保护工作簿”功能后，没有密码就无法删除、移动、添加工作簿

B. 开启“保护工作簿”功能后，没有密码就无法删除、移动、添加工作表

C. 开启“保护工作表”功能后，没有密码就无法删除、移动、添加工作表

D. 开启“保护工作表”功能后，没有密码就无法修改锁定的单元格

三、预习情况解析

1. 涉及知识点

保护工作簿与工作表，隐藏工作簿、工作表、行、列、单元格。

2. 预习测试题解析

见表 6-6。

表 6-6 “工作簿与工作表保护及隐藏”预习测试题解析

测试题序号	答案	参考知识点	测试题序号	答案	参考知识点
（1）	ABD	见课前预习“1.(1)”	（2）	AC	见课前预习“1.(2)”“1.(3)”

6.4.2 任务实现

一、保护工作簿与工作表

涉及知识点：文件加密，保护工作簿与工作表

WPS 表格文件加密包括密码加密、文档加密保护等方式，可以选择设置其中一种或多种方式。它们的操作与 WPS 文字文件加密类似。

【任务 1】文件加密。

步骤 1：密码加密，设置文档打开权限或编辑权限的密码。

单击【文件】|【文件加密】|【密码加密】命令，打开“密码加密”对话框，设置文档打开权限或编辑权限的密码后，单击“应用”按钮即可。

步骤 2：开启“文档加密保护”功能。

单击【文件】|【文档加密】|【文档加密】命令，或者单击【审阅】|【文档安全】|【文档加密】命令，打开“文档加密”对话框，开启“文档加密保护”后，弹出“账号确认”对话框，确认本人账号后单击“开启保护”。文档加密后，仅文档拥有者的账号可查看、编辑。若需让指定的人员查看或编辑文档，可以添加指定人员并为不同人员设置不同的访问权限。

说明：

① 取消密码加密。打开“密码加密”对话框，清空密码即可。

② 关闭“文档加密保护”功能。打开“文档加密”对话框，关闭“文档加密保护”开关。

【任务 2】开启“保护工作簿”“保护工作表”功能。

步骤 1：保护工作簿。

（1）保护工作簿。单击【审阅】|【保护】|【保护工作簿】命令，打开“保护工作簿”对

话框，输入密码，单击“确定”按钮后，打开“确认密码”对话框，再次输入正确密码，单击“确定”按钮。此时，该工作簿就会禁止删除、移动、添加工作表。

（2）撤销工作簿保护。如果需要删除、移动、添加工作表，需撤销工作簿保护。单击【审阅】|【保护】|【撤销工作簿保护】命令，打开“撤销工作簿保护”对话框，输入正确密码即可。

步骤 2：保护工作表。

（1）保护工作表。单击【审阅】|【保护】|【保护工作表】命令，打开“保护工作表”对话框，如图 6-35 所示，输入密码，单击“确定”按钮后，打开“确认密码”对话框，如图 6-36 所示，再次输入正确密码，单击“确定”按钮。此时，该工作表锁定的单元格数据无法更改。在“单元格格式”对话框“保护”选项卡中可以设置单元格是否锁定，默认情况下，单元格均为锁定状态。

（2）撤销工作表保护。如果需要更改锁定单元格的数据，需撤销工作表保护。单击【审阅】|【保护】|【撤销工作表保护】命令，打开“撤销工作表保护”对话框，输入正确密码即可。

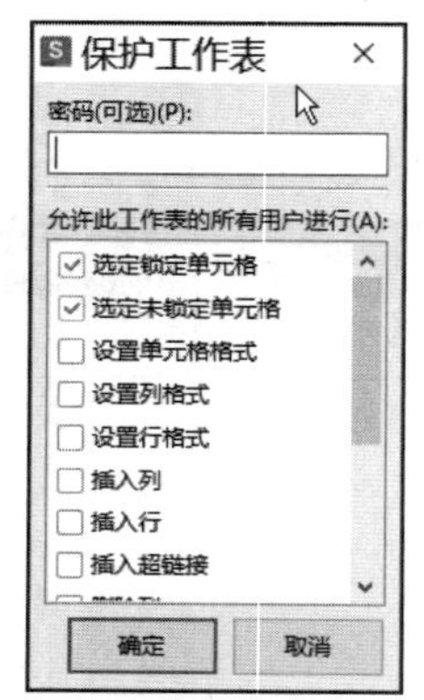

图 6-35 “保护工作表”对话框

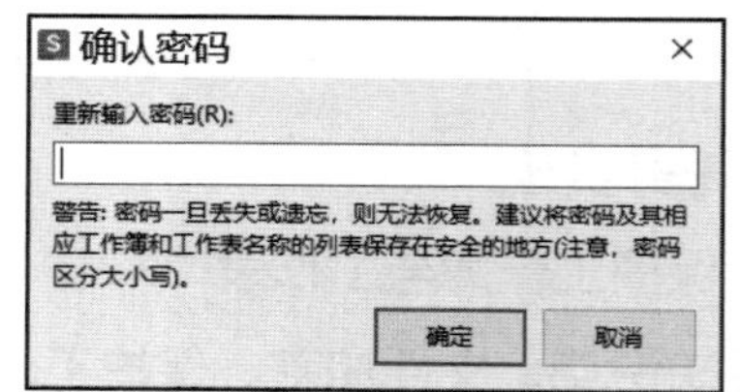

图 6-36 “确认密码”对话框

二、隐藏工作表、行、列、单元格

涉及知识点：隐藏与取消隐藏工作表、隐藏与取消隐藏行或列、隐藏单元格公式

【任务 3】隐藏与取消隐藏工作表、行、列。

步骤 1：隐藏与取消隐藏工作表。

（1）隐藏工作表。单击【开始】|【单元格】|【工作表】命令，在弹出的下拉菜单中选择“隐藏工作表”命令；或者右击当前工作表标签，在弹出的快捷菜单中选择“隐藏”命令，当前工作表将被隐藏。

（2）取消隐藏工作表。单击【开始】|【单元格】|【工作表】命令，在弹出的下拉菜单中选择“取消隐藏工作表”命令；或者右击当前工作簿中任意工作表标签，在弹出的快捷菜单中选择“取消隐藏”命令。打开“取消隐藏”对话框，选择要取消隐藏的工作表名，将取消隐藏该工作表。

步骤 2：隐藏与取消隐藏 G 列“电话”。

隐藏 G 列。光标定位在 G 列的任意单元格，单击【开始】|【单元格】|【行和列】命令，在弹出的下拉菜单中选择“隐藏和取消隐藏”命令，在下一级菜单中选择“隐藏列”选项；或者在 G 列标上单击鼠标右键，在弹出的快捷菜单中选择“隐藏”命令。此时，G 列将被隐藏，列标变为双向箭头 F H 。

（2）取消隐藏 G 列。同时选中被隐藏的 G 列相邻的左右两列（F 列和 H 列），单击鼠标右键，在弹出的快捷菜单中选择“取消隐藏”命令，将取消隐藏 G 列。

说明：

① 隐藏行。与隐藏列的操作类似。光标定位在指定行的任意单元格，单击【开始】|【单元格】|【行和列】命令，在弹出的下拉菜单中选择“隐藏和取消隐藏”命令，在下一级菜单中选择“隐藏行”命令；或者将鼠标指针放在指定行的行号上，单击鼠标右键，在弹出的快捷菜单中选择“隐藏”命令。

② 取消隐藏行。

同时选中被隐藏行的相邻的上下两行，单击鼠标右键，在弹出的快捷菜单中选择“取消隐藏”命令，将取消隐藏该行。

【任务 4】隐藏单元格公式。

如果需要显示单元格内容，但需要隐藏单元格公式，可以进行以下操作。

选中需要设置的单元格，打开“单元格格式”对话框，在“保护”选项卡中选中“隐藏”复选框，如图 6-37 所示，只有在“工作表保护”功能开启时，“隐藏”功能才有效。此时，编辑栏为空，不显示该单元格的公式，但表格中单元格内容仍然显示，如图 6-38 所示。

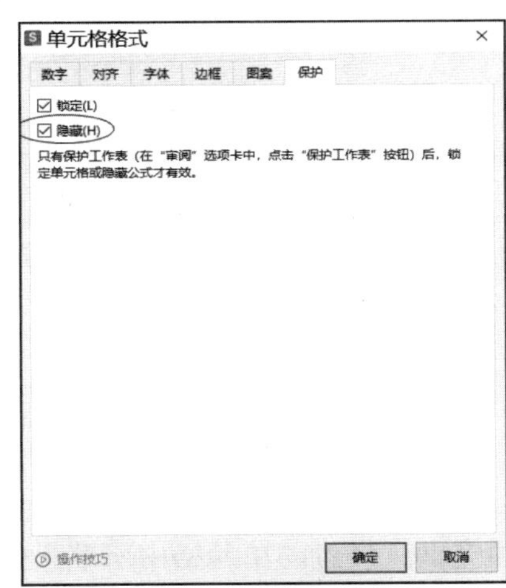

图 6-37　设置隐藏单元格公式

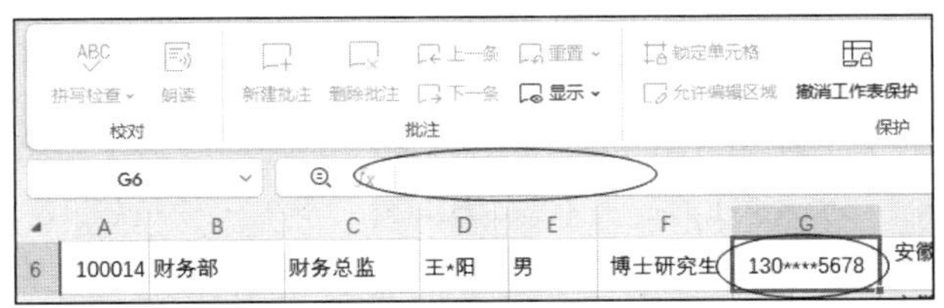

图 6-38　隐藏单元格公式效果

6.5　项目总结

在本项目中，我们主要完成了员工信息表的创建。

① 在完成项目的过程中，我们对 WPS 表格的特点和使用方法有了初步的了解，学习了处理包含大量数据的电子表格的基础知识，了解了如何对将要创建的表格进行简单的规划。

② 按照选中目标单元格或单元格区域—输入数据—设置数字格式的过程，输入员工信息表的各种类型的数据。

③ 输入相关信息后，对工作表进行了美化，包括对表格中的文字、行高与列宽、对齐方式、边框与底纹等的设置工作以及页面设置工作。

④ 了解了方便查看大型表格的方法。

⑤ 掌握了保护工作簿与工作表内容的各种方法。

完成本项目后，读者可以创建简单的电子表格，具备制作和打印各种一览表、清单等信息展示类电子表格的能力，下一步我们将学习数据处理和分析、图表化工作表数据的相关项目，进一步提升 WPS 表格应用水平。

6.6 技能拓展

6.6.1 理论考试练习

1. 单项选择题

（1）若要在单元格中输入邮政编码 231000（字符型数据），应该输入____。

A. 231000'　　B. '231000

C. 231000　　D. '231000'

（2）在 WPS 表格中，下列关于日期型数据的叙述，错误的是____。

A. 日期格式有多种显示格式

B. 不论一个日期值以何种格式显示，值不变

C. 日期字符串必须加引号

D. 日期数值能自动填充

（3）在 WPS 表格中，当输入的字符串长度超过单元格的长度范围时，且其右侧相邻单元格为空，在默认状态下，____。

A. 超出部分被截断删除

B. 超出部分作为另一个字符串存入 B1 中

C. 字符串显示为#####

D. 继续超格显示

（4）在工作表中，当鼠标指针的形状变为____时，就可进行自动填充操作。

A. 空心十字　　B. 向左下方箭头

C. 实心十字　　D. 向右上方箭头

（5）创建 WPS 表格文件时，系统会自动产生一个工作簿 1，并且自动为该工作簿创建____个工作表。

A. 1　　B. 3　　C. 8　　D. 10

（6）向活动单元格输入一个数字后，按住____键拖曳填充柄，经过的单元格中所填入的数据是不变的。

A. Alt　　B. Ctrl　　C. Shift　　D. Del

（7）为了加快输入速度，在相邻单元格中输入“二月”到“十月”的连续字符时，可使用____功能。

A. 复制　　B. 移动

C. 自动计算　　D. 自动填充

（8）A1、A2 单元格中的数据分别为 2 和 5，若选中 A1:A2 单元格区域并向下拖曳填充柄，则 A3:A6 单元格区域中的数据序列为____。

A. 6、7、8、9　　B. 3、4、5、6

C. 2、5、2、5　　D. 8、11、14、17

（9）在 WPS 表格中，单击【开始】|【字体】|【清除】按钮，可使用的相关命令不能____。

A. 删除单元格　　B. 清除内容

C. 清除批注　　D. 清除单元格的格式

（10）下列说法正确的是____。

A. 锁定保护单元格不开启“工作表保护”功也有效

B. 隐藏单元格公式只有在开启“工作表保护”功能后才有效

C. 锁定单元格设置后，无论是否开启“工作表保护”功能，都不能更改单元格内容

D. “工作簿保护”功能开启后，在打开该工作簿文件时就需输入密码

2. 多项选择题

（1）在 WPS 表格中，下列有关行高的叙述，正确的有____。

A. 整行的高度是一样的

B. 系统默认行高自动以本行中最高的字符为准

C. 行高增加时，该行各单元格中的字符也随之自动增大

D. 一次可以调整多行的行高

（2）在 WPS 表格中，自动填充功能可完成____操作。

A. 复制　　B. 剪切

C. 按等差序列填充　　D. 按等比序列填充

（3）下列关于 WPS 工作表的操作，能选中单元格区域 A1:C9 的是____。

A. 单击 A1 单元格，然后按住 Shift 键单击 C9 单元格

B. 单击 A1 单元格，然后按住 Ctrl 键单击 C9 单元格

C. 将鼠标指针移动到 A1 单元格，按住鼠标左键拖曳鼠标指针到 C9 单元格

D. 在名称框中输入单元格区域“A1:C9”，然后按 Enter 键

6.6.2　实践案例

党的二十大报告指出“我们坚持精准扶贫、尽锐出战，打赢了人类历史上规模最大的脱贫攻坚战，全国八百三十二个贫困县全部摘帽，近一亿农村贫困人口实现脱贫，九百六十多万贫困人口实现易地搬迁，历史性地解决了绝对贫困问题，为全球减贫事业作出了重大贡献”。图 6-39 所示为 2012—2020 年我国贫困地区的数据变化，请在 WPS 表格中对图 6-39 所示的工作表完成以下操作。

	A	B	C	D
1	年份	贫困地区农村居民人均可支配收入(元)	农村贫困人口(万人)	贫困县(个)
2	2012年	-	9899	832
3	2014年	6852	7017	832
4	2016年	8452	4335	804
5	2018年	10371	1660	396
6	2020年	12588	0	0
7				
8		数据来源:	《人类减贫的中国实践》白皮书	

图 6-39　2012—2020 年我国贫困地区的数据变化

（1）设置 C8 单元格的文本控制方式为“自动换行”。

（2）为表格（A1:D8）设置双实线外边框和细实线内边框。

（3）设置 A1:C8 单元格区域的格式为水平居中对齐和垂直居中对齐。

项目七　WPS 表格数据编辑、运算、统计操作及其 AI 应用——制作员工工资表、员工出勤情况统计表

学习目标

在日常的工作和生活中，除了制作采购清单、员工信息表等数据表格，还要制作工资表、成绩统计表等需要进行大量数据计算的表格。

本项目通过“员工工资表”和“员工出勤情况统计表”的制作来进一步介绍 WPS 表格，帮助读者熟练使用 WPS 表格的公式与函数进行数据的计算和处理，对指定单元格区域数据求和、求最大值、平均值、执行条件选择运算等。

通过对本项目的学习，读者能够掌握全国高等学校计算机水平考试及全国计算机等级考试的相关知识点，达到下列学习目标。

知识目标：

- 掌握工作表的插入、删除、复制、移动、重命名。
- 掌握数据的移动、复制、选择性粘贴。
- 掌握公式的使用方法。
- 掌握常见函数（SUM、MAX、IF、AVERAGE、COUNT、COUNTIF 等）的使用方法。
- 了解 WPS 表格 AI 应用。

技能目标：

- 能使用公式处理常见的数据运算。
- 会进行多个工作表间的数据操作。
- 能够根据需求选用相应函数处理、分析数据。
- 学会使用 WPS 表格 AI 功能。

7.1 项目总要求

李先生在某公司从事人事管理工作，每个月末需要处理大量的员工工资信息。处理员工工资信息时既需要输入大量的员工基本信息及与工资相关的原始数据，还需要对这些数据进行统计计算，得出每名员工的实发工资。最终，提交给人事组织部门 WPS 表格文件“员工工资情况总览.xlsx”。

“员工工资情况总览.xlsx”工作簿初始文件包括两个工作表：从生产、财务等部门取得“员工职位表”以及本月的“员工加班请假情况汇总表”，如图 7-1 和图 7-2 所示。通过对这两个工作表数据进行统计计算得出“员工工资表”和“员工出勤情况统计表”。最终，提交给人事组织部门的 WPS 表格文件“员工工资情况总览.xlsx”包含 4 个工作表：“员工职位表”“员工

加班请假情况汇总表”“员工工资表”“员工出勤情况统计表”。

编号	姓名	部门	职位	岗位工资
1	史向超	5G项目部	部长	¥8,000
2	程剑	5G项目部	技术总监	¥6,800
3	林莉	5G项目部	技术员	¥4,500
4	王国阳	财务部	财务总监	¥7,600
5	李海	财务部	会计	¥3,750
6	马岚	系统集成部	部长	¥8,000
7	向勇	系统集成部	高级程序员	¥7,600
8	何明平	系统集成部	工程师	¥8,000
9	李左	系统集成部	管理员	¥4,000
10	孙丽	软件开发部	部长	¥8,000
11	由斌	软件开发部	高级程序员	¥7,600
12	陈宏月	软件开发部	程序员	¥4,500
13	殷澜	软件开发部	程序员	¥4,500
14	胡乐	软件测试部	测试工程师	¥5,200
15	刘畅	软件测试部	测试工程师	¥5,200
16	何子伟	软件测试部	测试工程师	¥5,200
17	王海	销售部	部长	¥8,000
18	何川	销售部	业务员	¥3,850
19	许琼	销售部	业务员	¥3,850
20	蓝辉	市场部	部长	¥8,000
21	许兰	市场部	业务员	¥3,850
22	陆弘天	市场部	业务员	¥3,850
23	史钰洋	市场部	业务员	¥3,850
24	左青	客户服务部	技术员	¥4,500
25	陈洁	客户服务部	技术员	¥4,500
26	徐志栋	客户服务部	技术员	¥4,500
27	孙羽	综合信息部	技术总监	¥6,800
28	杜忠鹏	综合信息部	系统分析员	¥5,000
29	陈文贤	综合信息部	系统分析员	¥5,000
30	安涛	综合信息部	技术员	¥4,500

图 7-1 员工职位表

编号	姓名	部门	加班工时	请假工时
1	史向超	5G项目部	30	8
2	程剑	5G项目部	15	0
3	林莉	5G项目部	40	0
4	王国阳	财务部	0	0
5	李海	财务部	0	10
6	马岚	系统集成部	8	5
7	向勇	系统集成部	0	0
8	何明平	系统集成部	0	12
9	李左	系统集成部	20	0
10	孙丽	软件开发部	0	0
11	由斌	软件开发部	12	0
12	陈宏月	软件开发部	30	0
13	殷澜	软件开发部	20	0
14	胡乐	软件测试部	0	0
15	刘畅	软件测试部	5	8
16	何子伟	软件测试部	0	5
17	王海	销售部	0	0
18	何川	销售部	0	0
19	许琼	销售部	8	0
20	蓝辉	市场部	0	5
21	许兰	市场部	5	0
22	陆弘天	市场部	30	0
23	史钰洋	市场部	0	0
24	左青	客户服务部	0	0
25	陈洁	客户服务部	0	5
26	徐志栋	客户服务部	8	0
27	孙羽	综合信息部	12	0
28	杜忠鹏	综合信息部	0	0
29	陈文贤	综合信息部	0	5
30	安涛	综合信息部	20	0

图 7-2 员工加班请假情况汇总表

最终制作好的员工工资表如图 7-3 所示。员工工资表中数据的计算方法为：岗位工资、加班工资、满勤奖金之和为应发金额，应发金额减去请假扣款即得到实发金额（说明：五险一金和个人所得税等扣除项，不在本项目的讲解内容中计算）。其中加班工资和请假扣款按 40 元每工时计算，员工请假工时为 0 则可获得满勤奖金 300 元。

编号	姓名	部门	职位	岗位工资	加班工时	加班工资	满勤奖金	应发金额	请假工时	请假扣款	实发金额
1	史向超	5G项目部	部长	¥8,000	30	¥1,200	¥0	¥9,200	8	¥320	¥8,880
2	程剑	5G项目部	技术总监	¥6,800	15	¥600	¥300	¥7,700	0	¥0	¥7,700
3	林莉	5G项目部	技术员	¥4,500	40	¥1,600	¥300	¥6,400	0	¥0	¥6,400
4	王国阳	财务部	财务总监	¥7,600	0	¥0	¥300	¥7,900	0	¥0	¥7,900
5	李海	财务部	会计	¥3,750	0	¥0	¥0	¥3,750	10	¥400	¥3,350
6	马岚	系统集成部	部长	¥8,000	8	¥320	¥0	¥8,320	5	¥200	¥8,120
7	向勇	系统集成部	高级程序员	¥7,600	0	¥0	300	¥7,900	0	¥0	¥7,900
8	何明平	系统集成部	工程师	¥8,000	0	¥0	¥0	¥8,000	12	¥480	¥7,520
9	李左	系统集成部	管理员	¥4,000	20	¥800	¥300	¥5,100	0	¥0	¥5,100
10	孙丽	软件开发部	部长	¥8,000	0	¥0	¥300	¥8,300	0	¥0	¥8,300
11	由斌	软件开发部	高级程序员	¥7,600	12	¥480	¥300	¥8,380	0	¥0	¥8,380
12	陈宏月	软件开发部	程序员	¥4,500	30	¥1,200	¥300	¥6,000	0	¥0	¥6,000
13	殷澜	软件开发部	程序员	¥4,500	20	¥800	¥300	¥5,600	0	¥0	¥5,600
14	胡乐	软件测试部	测试工程师	¥5,200	0	¥0	¥300	¥5,500	0	¥0	¥5,500
15	刘畅	软件测试部	测试工程师	¥5,200	5	¥200	¥0	¥5,400	8	¥320	¥5,080
16	何子伟	软件测试部	测试工程师	¥5,200	0	¥0	¥0	¥5,200	5	¥200	¥5,000
17	王海	销售部	部长	¥8,000	0	¥0	¥300	¥8,300	0	¥0	¥8,300
18	何川	销售部	业务员	¥3,850	0	¥0	¥300	¥4,150	0	¥0	¥4,150
19	许琼	销售部	业务员	¥3,850	8	¥320	¥300	¥4,470	0	¥0	¥4,470
20	蓝辉	市场部	部长	¥8,000	0	¥0	¥0	¥8,000	5	¥200	¥7,800
21	许兰	市场部	业务员	¥3,850	5	¥200	¥300	¥4,350	0	¥0	¥4,350
22	陆弘天	市场部	业务员	¥3,850	30	¥1,200	¥300	¥5,350	0	¥0	¥5,350
23	史钰洋	市场部	业务员	¥3,850	0	¥0	¥300	¥4,150	0	¥0	¥4,150
24	左青	客户服务部	技术员	¥4,500	0	¥0	¥300	¥4,800	0	¥0	¥4,800
25	陈洁	客户服务部	技术员	¥4,500	0	¥0	¥0	¥4,500	5	¥200	¥4,300
26	徐志栋	客户服务部	技术员	¥4,500	8	¥320	¥300	¥5,120	0	¥0	¥5,120
27	孙羽	综合信息部	技术总监	¥6,800	12	¥480	¥300	¥7,580	0	¥0	¥7,580
28	杜忠鹏	综合信息部	系统分析员	¥5,000	0	¥0	¥300	¥5,300	0	¥0	¥5,300
29	陈文贤	综合信息部	系统分析员	¥5,000	0	¥0	¥0	¥5,000	5	¥200	¥4,800
30	安涛	综合信息部	技术员	¥4,500	20	¥800	¥300	¥5,600	0	¥0	¥5,600

图 7-3 员工工资表

根据员工工资表计算出员工出勤情况统计表中的各项内容，如图 7-4 所示。

	A	B	C	D	E	F
1	员工出勤情况统计表					
2		人数	占员工百分比	总工时数	最长工时	平均工时
3	加班情况	15	50.0%	263	40	8.8
4	请假情况	9	30.0%	63	12	2.1
5						
6		公司工资总额	¥182,800.00			
7		员工总数：	30			
8						

员工加班请假情况汇总表 员工工资表 员工出勤情况统计表

图 7-4 员工出勤情况统计表

“员工工资情况总览.xlsx”工作簿的制作可以分解为两部分进行。

1. 制作“员工工资表”

① 在初始“员工工资情况总览.xlsx”工作簿中，复制员工职位表，产生新的工作表，重命名为“员工工资表”。

② 制作“员工工资表”的表结构，并复制相关数据。

③ 利用公式和 IF 函数完成员工工资表中数据的计算。

2. 制作“员工出勤情况统计表”

① 插入新的工作表，重命名为“员工出勤情况统计表”。

② 引用工作表间的数据，利用 COUNTIF 函数统计员工加班、请假总人数。

③ 利用 COUNT 函数统计员工总数，并使用公式分别计算加班人数、请假人数占员工总数的百分比。

④ 利用 SUM 函数计算员工加班、请假的总工时，并计算公司工资总额。

⑤ 利用 MAX 函数统计员工加班、请假的最长工时。

⑥ 利用 AVERAGE 函数计算员工加班、请假的平均工时。

7.2 任务一 制作“员工工资表”

7.2.1 课前准备

为保证任务能够顺利完成，请在实际操作前预习以下内容：掌握工作表的插入、删除、移动、复制及重命名等操作，了解利用公式、IF 函数对数据进行计算的方法。

一、课前预习

1. 插入、删除工作表

（1）插入工作表

单击工作表标签右侧的“新建工作表”按钮 + ，或按 Shift+F11 组合键，或在工作表标签 Sheet1 上单击鼠标右键，在弹出的快捷菜单中单击“插入工作表”命令，均可在当前工作簿中添加一个新的工作表。

（2）删除工作表

在目标工作表标签上单击鼠标右键，在弹出的快捷菜单中单击“删除”命令，即可删除指定工作表。工作表被删除后，不能用“撤销”命令恢复，所以要慎重使用。

2. 移动或复制工作表

（1）在当前工作簿中移动或复制工作表。按住鼠标左键拖曳要移动的工作表标签，在目标位置松开鼠标左键，即可移动工作表的前后位置。按 Ctrl 键的同时按住鼠标左键，拖曳要复制的工作表标签，并在目标位置松开鼠标左键与 Ctrl 键，或者在工作表标签上单击鼠标右键，在弹出的快捷菜单中单击“创建副本”命令，即可在当前工作簿中复制工作表。

（2）移动或复制工作表到另外一个工作簿中。在目标工作表标签上单击鼠标右键，在弹出的快捷菜单中单击“移动”命令，在打开的“移动或复制工作表”对话框中选择目标位置，即可移动工作表到其他工作簿中，如果是复制工作表，那么需要选中“建立副本”复选框。

3. 重命名工作表

重命名工作表，可以在目标工作表标签上单击鼠标右键，在弹出的快捷菜单中单击“重命名”命令，或双击工作表名，在工作表名的编辑状态下输入新的工作表名称。

4. 选择性粘贴

“选择性粘贴”的概念在 WPS 文字部分有过介绍。在 WPS 表格中同样可以通过使用选择性粘贴，将剪贴板中的内容粘贴为不同的格式。例如，可以使用快捷菜单中的“选择性粘贴”命令按钮，或者单击【开始】|【剪贴板】|【粘贴】|【选择性粘贴】命令，打开“选择性粘贴”对话框，有选择地粘贴剪贴板中的数值、格式、公式、批注等内容，使复制和粘贴操作更加灵活。

5. 公式

公式是工作表中进行数值计算的等式。在需要计算的单元格中输入以“=”开始的计算公式即可，如“=5+2*3”。

公式的组成：公式包括运算符、常量及对其他单元格的引用。例如，“=D2*5”表示当前单元格的值由 D2 单元格的值乘以 5 得到；还可以包含函数，如“=SUM(D2:D6)”表示当前单元格的值为 D2:D6 单元格区域值之和。

6. IF 函数

WPS 表格中可以使用内置函数和自定义函数进行计算与统计分析。单击需要计算的单元格，使其为活动单元格，单击编辑栏左边的“插入函数”按钮 fx，打开“插入函数”对话框，选择函数进行运算。

WPS 表格中的 IF 函数可以实现以下功能：判断条件为 TRUE，返回值 A；判断条件为 FALSE，则返回另一个值 B，即在单元格中输入“=IF(条件,A,B)”。

例如，若要在 B1 单元格内输出 A1 单元格中的值与 10 比较的结果，可以在 B1 单元格中输入“=IF(A1>10,"大于 10","不大于 10")”。这段内容表示：如果 A1 单元格中的值大于 10，返回字符“大于 10”，否则返回字符“不大于 10”。

二、预习测试

单项选择题

（1）对工作表的操作，下面说法正确的是____。

A. 工作表能移动到其他工作簿中
B. 工作表不能移动到其他工作簿中
C. 工作表不能复制到其他工作簿中
D. 工作表不能在工作簿中任意移动

（2）在单元格中输入公式时，输入的第一个符号是____。

A. + B. = C. − D. $

（3）如果在 A1 单元格中输入“=4*5”，那么 A1 单元格将显示____。

A. 4*5 B. 20 C. 4 D. 5

（4）已知 C2、C3 单元格的值均为 0，在 C4 单元格中输入“C4=C2+ C3”，则 C4 单元格显示的内容为____。

A. 0　　B. TRUE　　C. 1　　D. C4=C2+C3

（5）下列叙述错误的是____。

A. 一个工作簿中可以有多个工作表

B. 双击工作表标签，可以重新命名工作表

C. 在工作表标签上单击鼠标右键，可以实现工作表的重新命名

D. 一个 WPS 表格文件就是一个工作表

（6）已知 A2 单元格中的值为 120，在 C2 单元格中输入“=IF(A2>= 100,100,A2)”，则 C2 单元格中将显示____。

A. 120　　B. 100　　C. 0　　D. 出错

三、预习情况解析

1. 涉及知识点

复制或移动工作表、工作表的重命名以及工作表中公式和函数的使用。

2. 预习测试题解析

见表 7-1。

表 7-1 “制作‘员工工资表’”预习测试题解析

测试题序号	答案	参考知识点	测试题序号	答案	参考知识点
（1）	A	见课前预习“2.”	（4）	D	见课前预习“5.”
（2）	B	见课前预习“5.”	（5）	D	见课前预习“1.”“3.”
（3）	B	见课前预习“5.”	（6）	B	见课前预习“6.”

7.2.2 任务实现

一、创建员工工资表

涉及知识点：工作表的复制、重命名、数据有效性

由于员工工资表的大部分字段和已有的员工职位表的大部分字段一致，可以复制员工职位表，再通过修改其表结构来制作员工工资表。

【任务 1】根据已有的员工职位表，制作“员工工资表”。

步骤 1：对已有的员工职位表岗位工资进行数据有效性检查。

选中工作表“员工职位表”岗位工资数据区域 E2:E31，单击【数据】|【数据工具】|【有效性】按钮，打开“数据有效性”对话框，进行相应设置（假设岗位工资限定为 2000～50000 的整数），如图 7-5 所示。

图 7-5 “数据有效性”对话框

再次单击【数据】|【数据工具】|【有效性】按钮的下拉箭头，在打开的下拉菜单中选择“圈释无效数据”命令，此时 E2:E31 中不属于有效范围的数据将被圈释。

如果在数据输入操作前进行了数据有效性设置，在数据输入时无效数据将无法输入。

步骤 2：复制“员工职位表”工作表，生成“员工工资表”工作表。

打开“员工工资情况总览.xlsx”工作簿初始文件，已经包含两个工作表，分别是“员工职位表”和“员工加班请假情况汇总表”。

在“员工职位表”工作表标签上单击鼠标右键，在弹出的快捷菜单中单击“创建副本”命令，产生了一个新的工作表“员工职位表（2）”。双击“员工职位表（2）”工作表标签，使其工作表名成为编辑状态，重命名为“员工工资表”。

步骤 3：修改员工工资表的表结构。

选中 F1:L1 数据区域，依次输入员工工资表的标题：加班工时、加班工资、满勤奖金、应发金额、请假工时、请假扣款、实发金额。

任务 1 完成后，员工工资表的表结构如图 7-6 所示。

	A	B	C	D	E	F	G	H	I	J	K	L
1	编号	姓名	部门	职位	岗位工资	加班工时	加班工资	满勤奖金	应发金额	请假工时	请假扣款	实发金额
2	1	史向超	5G项目部	部长	¥8,000							
3	2	程剑	5G项目部	技术总监	¥6,800							
4	3	林莉	5G项目部	技术员	¥4,500							
5	4	王国阳	财务部	财务总监	¥7,600							
6	5	李海	财务部	会计	¥3,750							
7	6	马岚	系统集成部	部长	¥8,000							
8	7	向勇	系统集成部	高级程序员	¥7,600							
9	8	何明平	系统集成部	工程师	¥8,000							
10	9	李左	系统集成部	管理员	¥4,000							
11	10	孙丽	软件开发部	部长	¥8,000							
12	11	由斌	软件开发部	高级程序员	¥7,600							

图 7-6　员工工资表的表结构

二、工作表间的数据复制及条件格式标识

涉及知识点：选择性粘贴、条件格式

“员工工资表”中的加班工时等数据均来自“员工加班请假情况汇总表”，并且这两个表中的人员编号排列一一对应，因此填充这一部分数据可以采用工作表间的数据复制操作来完成。

【任务 2】从“员工加班请假情况汇总表”中复制数据到“员工工资表”。

选中“员工加班请假情况汇总表”的 D 列数据，单击鼠标右键，在弹出的快捷菜单中单击“复制”命令，复制加班工时数据。

单击“员工工资表”工作表标签，使之成为当前工作表。

选中“员工工资表”的 F2 单元格，单击鼠标右键，在弹出的快捷菜单中单击“粘贴为数值”按钮，完成加班工时数据的复制。还可以在弹出的快捷菜单中单击“选择性粘贴”按钮，打开“选择性粘贴”对话框，如图 7-7 所示，选中“数值”单选按钮，完成加班工时数据的复制。

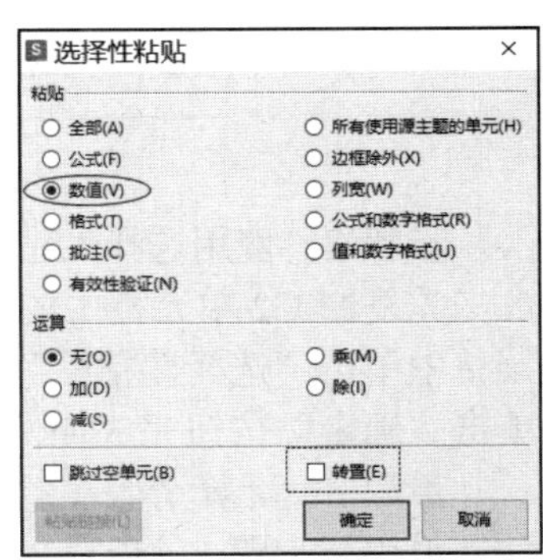

图 7-7　“选择性粘贴”对话框

说明：

默认情况下，在 WPS 表格中进行复制（或剪切）和粘贴时，原来单元格或单元格区域的数据、格式、公式、有效性验证和批注等都将被粘贴到目标单元格，这也是按 Ctrl+V 组合键粘贴时发生的情况。由于这可能不是用户想要的，“选择性粘贴”功能可以选择内容的数值、公式、格式、批注、有效性验证等选项进行复制，具体取决于要复制的内容。

例如，需要粘贴公式的结果，而不粘贴公式本身，或者希望粘贴单元格的数值，但不粘贴其格式，这些情况就选择“选择性粘贴”中的“数值”选项。在“选择性粘贴”对话框中还可以选择将粘贴的数据转置。

采用类似方法将“员工加班请假情况汇总表”的 E 列数据复制到“员工工资表”的 J 列中，完成请假工时数据的输入。

【任务 3】对大于或等于 30 的加班工时加粗显示。

选中“员工工资表”中的 F 列数据，单击【开始】|【样式】|【条件格式】|【突出显示单元格规则】|【其他规则】命令，在弹出的“新建格式规则”对话框中，“选择规则类型”设置为“只为包含以下格式的单元格设置格式”，“编辑规则说明”中设置单元格值为大于或等于 30，单击“格式”按钮，弹出“单元格格式”对话框，设置字体为粗体。完成后，大于或等于 30 的加班工时将加粗显示。

三、使用公式及函数完成“员工工资表”的制作

涉及知识点：公式和 IF 函数的使用

【任务 4】使用公式计算加班工资和请假扣款项目。

步骤 1：使用公式计算 G2 单元格的加班工资。

单击 G2 单元格，使 G2 单元格成为活动单元格，输入“=”，单击 F2 单元格（用以引用单元格地址 F2），此时活动单元格仍为 G2 单元格，其内容变为“=F2”。接着输入“*40”，最终 G2 单元格内容为“=F2*40”，按 Enter 键结束输入，此时 G2 单元格内容显示为公式计算结果值，编辑栏内显示公式，如图 7-8 所示。

G2　　fx　=F2*40

	A	B	C	D	E	F	G	H
1	编号	姓名	部门	职位	岗位工资	加班工时	加班工资	满勤奖金
2	1	史向超	5G项目部	部长	¥8,000	30	1200	
3	2	程剑	5G项目部	技术总监	¥6,800	15		
4	3	林莉	5G项目部	技术员	¥4,500	40		
5	4	王国阳	财务部	财务总监	¥7,600	0		
6	5	李海	财务部	会计	¥3,750	0		
7	6	马岚	系统集成部	部长	¥8,000	8		
8	7	向勇	系统集成部	高级程序员	¥7,600	0		

图 7-8　使用公式计算加班工资

步骤 2：使用选择性粘贴完成加班工资的计算。

先复制 G2 单元格中的内容，再选中 G3:G31 单元格区域，单击鼠标右键，在弹出的快捷菜单中单击“选择性粘贴”命令，在打开的“选择性粘贴”对话框中选中“公式”单选按钮，单击“确定”按钮完成加班工资的计算。

步骤 3：计算请假扣款项目。

采用与步骤 1、步骤 2 类似的方法完成请假扣款数据的计算。

【任务 5】使用 IF 函数计算满勤奖金。

满勤奖金只发给请假工时为 0 的员工，因此需要在对请假工时进行判断的基础上计算，使用 IF 函数可以实现。

步骤 1：在 H2 单元格插入 IF 函数。

单击 H2 单元格，使 H2 单元格成为活动单元格，单击编辑栏左边的“插入函数”按钮 fx，打开“插入函数”对话框，在“全部函数”选项卡中选择函数为 IF 函数，单击“确定”按钮，打开“函数参数”对话框。

在“函数参数”对话框中，将光标定位在第一个参数“测试条件”处，输入“J2=0”，并依次在“真值”和“假值”参数处分别输入数值“300”和“0”，如图 7-9 所示，单击“确定”按钮完成函数的应用。

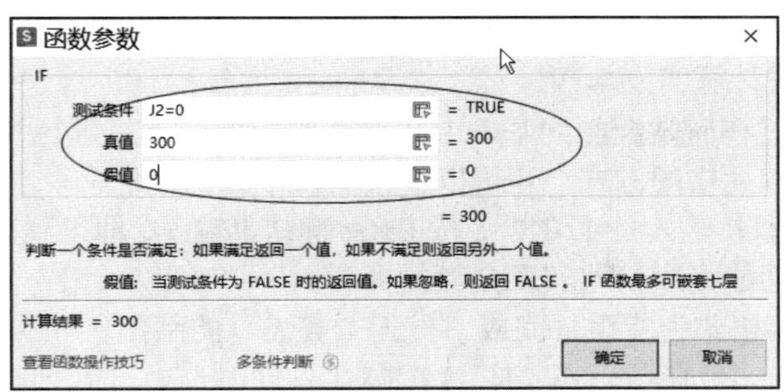

图 7-9　IF 函数的参数设置

设置完成后，H2 单元格的内容为“=IF(J2=0,300,0)”，其含义是当条件“J2=0”为 TRUE 时（请假工时等于 0），在 H2 单元格中返回“300”，否则返回“0”。

说明：

① IF 函数的语法为：IF(Logical_test,[Value_if_true], [Value_if_false])。

a. Logical_test：必需，此参数可以是计算结果为 TRUE 或 FALSE 的任何值或表达式。例如，“A10=100”就是一个逻辑表达式，如果单元格 A10 中的值等于 100，那么表达式的计算结果为 TRUE；否则，表达式的计算结果为 FALSE。此参数中可以使用任何比较计算运算符。

b. Value_if_true：可选。Logical_test 参数的计算结果为 TRUE 时所要返回的值。

c. Value_if_false：可选。Logical_test 参数的计算结果为 FALSE 时所要返回的值。

② 函数的嵌套：使用函数时，函数的参数也可以是一个函数表达式，这称为函数的嵌套。

如本例可以修改为：“满勤奖金”项改为“出勤奖”，当请假工时为 0 时出勤奖为 300 元，请假工时为 1～5 时出勤奖为 150 元，请假工时为 5 以上时出勤奖为 0，这种情况下单元格 H2 中可以使用嵌套函数 “=IF(J2=0,300,IF(J2<=5,150,0))”来进行计算。

在公式“=IF(J2=0,300,IF(J2<=5,150,0))”中，外层 IF 函数的 Value_if_false 参数值仍为 IF 函数，整个函数的判断流程为：如果 J2 单元格的值小于等于 0，出勤奖为 300，否则进一步使用 IF 函数判断 J2 单元格的值，如果小于等于 5，那么出勤奖为 150，否则出勤奖为 0。

步骤 2：使用填充复制完成 H3:H31 满勤奖金的计算。

除了可以使用选择性粘贴方法复制公式，还可以使用填充完成公式的复制。

在 H2 中输入公式后，将鼠标指针放在该单元格右下角，当鼠标指针变为十字形状填充柄，直接向下拖曳填充柄到 H31，即可实现公式在 H3:H31 的复制填充。

这种方法适用于沿着行或列填充公式。

【任务 6】使用公式计算应发金额和实发金额。

步骤 1：使用公式计算应发金额。

根据工资的计算方法，应发金额由岗位工资、加班工资和满勤奖金相加获得，因此可以使用包含单元格地址和运算符的公式来实现，具体方法如下。

单击 I2 单元格，使 I2 单元格成为活动单元格，输入“=”，单击 E2 单元格，此时活动单元格仍为 I2 单元格，其内容为“=E2”。接着输入“+”，单击 G2 单元格，再输入“+”，单击 H2 单元格，按 Enter 键结束输入，最终 I2 单元格中的内容为“=E2+G2+H2”。

此时，I2 单元格的值等于 E2、G2、H2 单元格的值之和，结果为 9200。

步骤 2：使用自动填充功能完成应发金额的计算。

选中 I2 单元格，将鼠标指针放在单元格右下角，当鼠标指针变成实心十字填充柄时按住鼠标左键拖曳至 I31 单元格，完成应发金额的计算。

步骤 3：使用公式计算实发金额。

实发金额可以通过在应发金额的基础上扣除请假扣款的方式进行计算。在公式中引用单元格地址除了用单击单元格的方式，还可以直接输入单元格地址。

选中 L2 单元格，直接输入“=I2-K2”，按 Enter 键结束输入，即得到其实发金额为 8880 元。再使用自动填充功能完成其他实发金额的计算。

步骤 4：设置数字格式为货币，完成“员工工资表”的制作。

按 Ctrl 键，依次单击列标 E、G、H、I、K、L，同时选中这 6 列与工资金额相关的列。单击鼠标右键，在弹出的快捷菜单中单击“设置单元格格式”命令，在打开的“单元格格式”对话框“数字”选项卡“分类”列表中选择“货币”，小数位数设置为 0，货币符号选择“¥”。

步骤 4 完成后，得到完整的“员工工资表”，如图 7-10 所示。

	A	B	C	D	E	F	G	H	I	J	K	L
1	编号	姓名	部门	职位	岗位工资	加班工时	加班工资	满勤奖金	应发金额	请假工时	请假扣款	实发金额
2	1	史向超	5G项目部	部长	¥8,000	30	¥1,200	¥0	¥9,200	8	¥320	¥8,880
3	2	程剑	5G项目部	技术总监	¥6,800	15	¥600	¥300	¥7,700	0	¥0	¥7,700
4	3	林莉	5G项目部	技术员	¥4,500	40	¥1,600	¥300	¥6,400	0	¥0	¥6,400
5	4	王国阳	财务部	财务总监	¥7,600	0	¥0	¥300	¥7,900	0	¥0	¥7,900
6	5	李海	财务部	会计	¥3,750	0	¥0	¥0	¥3,750	10	¥400	¥3,350
7	6	马岚	系统集成部	部长	¥8,000	8	¥320	¥0	¥8,320	5	¥200	¥8,120
8	7	向勇	系统集成部	高级程序员	¥7,600	0	¥0	¥300	¥7,900	0	¥0	¥7,900
9	8	何明平	系统集成部	工程师	¥8,000	0	¥0	¥0	¥8,000	12	¥480	¥7,520
10	9	李左	系统集成部	管理员	¥4,000	20	¥800	¥300	¥5,100	0	¥0	¥5,100
11	10	孙丽	软件开发部	部长	¥8,000	0	¥0	¥300	¥8,300	0	¥0	¥8,300
12	11	由斌	软件开发部	高级程序员	¥7,600	12	¥480	¥300	¥8,380	0	¥0	¥8,380
13	12	陈宏月	软件开发部	程序员	¥4,500	30	¥1,200	¥300	¥6,000	0	¥0	¥6,000

图 7-10　完整的“员工工资表”

步骤 5：使用套用表格样式功能，完成工作表的美化。

单击【开始】|【样式】|【套用表格样式】按钮，在打开的下拉列表中选择“表样式 2”。

7.3 任务二　制作“员工出勤情况统计表”

7.3.1　课前准备

为保证任务能够顺利完成，请在实际操作前预习以下内容：了解 WPS 表格中 SUM、MAX、AVERAGE、COUNT、COUNTIF 函数的使用以及单元格的引用。

一、课前预习

1. SUM 函数

SUM 函数用于返回某一单元格区域中所有数值的和。例如，SUM(A1:A5)表示将对 A1:A5 单元格区域中的所有数值求和。再如，SUM(A1, A3, A5)表示将对单元格 A1、A3 和 A5 中的数值求和。

2. MAX 函数

MAX 函数用于返回一组数值中的最大值，忽略逻辑值及文本。例如，MAX(A2:A6)表示将返回 A2:A6 单元格区域中最大的数值。

3. AVERAGE 函数

AVERAGE 函数用于返回参数的算术平均值。例如，AVERAGE(A2:A6)表示将返回 A2:A6 单元格区域中数值的平均值。

4. COUNT 函数

COUNT 函数用于计算指定区域中包含数字的单元格的个数。例如，COUNT(A2:A8)表示将返回 A2:A8 单元格区域中包含数字的单元格的个数。

5. COUNTIF 函数

COUNTIF 函数用于计算指定区域中满足给定条件的单元格个数。其中，给定条件形式可以为数字、表达式、单元格引用或文本，如可以表示为“32”“>32”“B4”“apples”等。例如，COUNTIF(B2:B5,">55")表示将返回 B2:B5 单元格区域中值大于 55 的单元格的个数。

6. 单元格引用

单元格的引用可以分为相对引用、绝对引用和混合引用 3 种。

① 相对引用（单元格相对地址），表示方法：列标+行号，如 D5。在日常使用公式计算时，如果单元格相对地址作为参数，实际是引用单元格的相对位置，在复制公式时，单元格地址也发生变化。例如，在 B4 单元格中输入的公式“=A1+3”，将公式复制到 C5 中，公式则变成了“=B2+3”。移动公式时，公式中单元格引用将保持不变。

② 绝对引用（单元格绝对地址），表示方法：$列标+$行号，如$D$5。在公式中使用绝对引用时，不论复制到哪里，参数的绝对地址不变。使用时也可将光标定位在引用单元格上，按键盘中的 F4 键。

③ 混合引用（单元格混合地址），是指仅在单元格地址行号或列标之前加上符号“$”，此时加“$”符号的元素被锁定。例如，在 C5 单元格中输入“=$B4”，再将 C5 单元格中的内容复制到 E6 单元格中，由于列标被锁定，行号未锁定，因此 E6 单元格中引用内容的列标不变，行号更新，会变更为“=$B5”。

二、预习测试

单项选择题

（1）当前工作表的 B1:C5 单元格区域已经输入数值型数据，若要计算这 10 个单元格的平均值并把结果保存在 D1 单元格中，则要在 D1 单元格中输入____。

A. =COUNT(B1:C5)　　B. =AVERAGE(B1:C5)

C. =MAX(B1:C5)　　D. =SUM(B1:C5)

（2）在 WPS 表格中，要对一组数值数据求最大值，可以选用的函数是____。

A. MAX　　B. COUNT　　C. AVERAGE　　D. SUM

（3）在 WPS 表格的单元格地址引用中，____属于混合引用。

A. A1　　B. $B2　　C. $D$2　　D. B5

（4）已知 D2 单元格中的内容为“=B2*C2”，当 D2 单元格被复制到 E3 单元格时，E3 单元格中的内容为____。

A. =C2*D2　　B. =C3*D3

C. =B2*C2　　D. =B3*C3

（5）在 WPS 表格中，下面说法错误的是____。

A. 函数就是预定义的内置公式　　B. 按一定语法的特定顺序进行计算

C. 在某些函数中可以包含子函数　　D. SUM 函数是求最大值的函数

（6）在 WPS 表格中，把一个含有单元格地址引用的公式复制到另一个单元格中时，其所引用的单元格地址保持不变，这种引用方式为____。

A. 混合引用　　B. 相对引用　　C. 绝对引用　　D. 无法判定

三、预习情况解析

1．涉及知识点

SUM、AVERAGE、COUNT 等函数的使用以及在公式及函数中单元格的引用。

2．测试题解析

见表 7-2。

表 7-2 “制作‘员工出勤情况统计表’”预习测试题解析

测试题序号	答案	参考知识点	测试题序号	答案	参考知识点
（1）	B	见课前预习“3.”	（4）	B	见课前预习“6.”
（2）	A	见课前预习“2.”	（5）	D	见课前预习“1.”
（3）	B	见课前预习“6.”	（6）	C	见课前预习“6.”

7.3.2 任务实现

一、创建新工作表“员工出勤情况统计表”，并制作其表结构

涉及知识点：新建工作表

【任务 1】创建“员工出勤情况统计表”。

步骤 1：插入新工作表。

单击工作表标签右侧的“新建工作表”按钮+，在“员工工资情况总览.xlsx”工作簿中添加新工作表。

步骤 2：重命名工作表。

双击该新工作表标签，工作表标签处于编辑状态，输入工作表名“员工出勤情况统计表”。

步骤 3：制作“员工出勤情况统计表”的表结构。

按图 7-11 所示，制作表结构。

	A	B	C	D	E	F
1	员工出勤情况统计表					
2		人数	占员工百分比	总工时数	最长工时	平均工时
3	加班情况					
4	请假情况					
5						
6		公司工资总额：				
7		员工总数：				
8						

… 员工工资表 员工出勤情况统计表

图 7-11 “员工出勤情况统计表”的表结构

二、使用函数进行出勤情况的统计

涉及知识点：常见函数的使用，工作表间的数据引用

在制作员工出勤情况统计表时，需要使用各种不同的函数并跨工作表引用数据。

【任务 2】使用函数计算加班人数和请假人数，完成员工出勤情况的统计。

步骤 1：使用 COUNTIF 函数统计加班人数。

加班人数的计算不仅要使用函数的统计功能，还要求判断所统计的对象的加班工时是否大于 0，可以用 COUNTIF 函数来实现，具体步骤如下。

选中“员工出勤情况统计表”工作表的 B3 单元格，单击编辑栏左边的“插入函数”按钮 *fx*，打开“插入函数”对话框，在“或选择类别”下拉列表框中选择“全部”，在“选择函数”列表框中选择 COUNTIF 函数，单击“确定”按钮。在打开的 COUNTIF 的“函数参数”对话框中，单击参数“区域”右边的拾取按钮，“函数参数”对话框缩小，进入参数选择状态。单击“员工工资表”工作表标签，选中“员工工资表”工作表的 F2:F31 数据区域，按 Enter 键结束选择，返回“函数参数”对话框；在“条件”参数处直接输入判断条件“>0”，如图 7-12 所示，单击“确定”按钮完成参数设置。

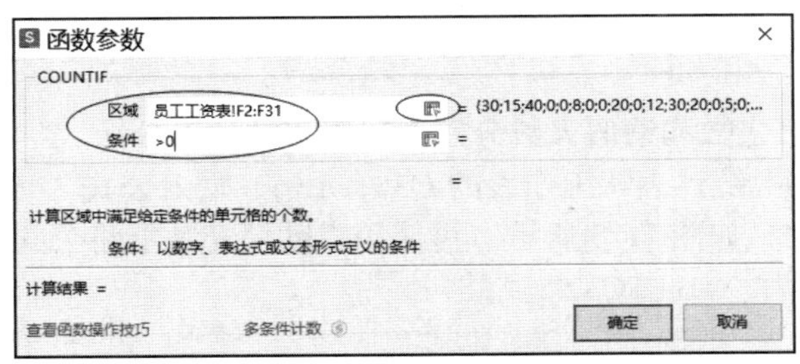

图 7-12　COUNTIF 函数的参数设置

在图 7-12 的“区域”参数选取框中显示“员工工资表!F2:F31”，表示进行统计的区域是同一工作簿另一个工作表“员工工资表”中的 F2:F31。

说明：

① COUNTIF 函数的语法：COUNTIF(Range, Criteria)。

a. Range：用来设置要计算非空单元格数目的区域。

b. Criteria：用来设置以数字、表达式或文本形式定义的条件。

② 工作表之间的数据引用，可以分为两种情况。

a. 同一工作簿不同工作表间的相互引用，在引用单元格前加“Sheet*n*!”（Sheet*n* 为被引用工作表的名称）。

例如，工作表 Sheet1 中的 A1 单元格内容等于工作表 Sheet2 中的 B1 单元格内容乘以 5，则在 Sheet1 中的 A1 单元格中输入公式“=Sheet2!B1*5”。

“Sheet*n*!单元格区域”的输入可以如步骤 1 操作，鼠标单击选择引用区域，系统自动识别输入，也可以直接手动输入。

b. 不同工作簿间的互相引用，在引用单元格前加“[Book.xlsx]Sheet*n*!”（Book.xlsx 为被引用工作簿的名称，Sheet*n* 为被引用工作表的名称）。

例如，工作簿“Book1”中工作表 Sheet1 的 A1 单元格内容，等于工作簿“Book2”中工作表 Sheet1 的 B1 单元格内容乘以 5，则在工作表 Sheet1 中的 A1 单元格中输入公式“=[Book2.xlsx]Sheet1!B1*5”。

步骤 2：使用 COUNTIF 函数计算请假人数。

类似于加班人数的统计过程，使用 COUNTIF 函数计算请假人数的具体步骤如下。

选中“员工出勤情况统计表”工作表的 B4 单元格，插入 COUNTIF 函数，统计请假人数的“区域”参数是“员工工资表!J2:J31”，“条件”参数为“>0”。函数输入完毕后，B4 单元格内的公式的完整形式为“=COUNTIF(员工工资表!J2:J31,">0")”。

【任务 3】使用 COUNT 函数计算员工总数。

COUNT 函数用于统计包含数字的单元格个数。使用计数函数 COUNT 计算公司员工总数的具体步骤如下。

选中“员工出勤情况统计表”工作表的 C7 单元格，插入 COUNT 函数，计算公司员工总数的参数“值 1”是“员工工资表!A2:A31”，函数输入完毕后，C7 单元格内公式的完整形式为“=COUNT (员工工资表!A2:A31)”。

说明：

COUNT 函数用于计算指定区域中包含数字的单元格的个数。因此，本例使用公式“=COUNT(员工工资表!A2:A31)”和使用公式“=COUNT(员工工资表!A1:A31)”的效果是一样的，因为 A1 单元格中的内容为文字，COUNT 函数统计时不将其计算在内。

【任务 4】计算加班人数和请假人数分别占员工总数的百分比。

选中“员工出勤情况统计表”工作表的 C3 单元格，输入公式“=B3/$C$7”，计算加班人数占员工总数的百分比，如图 7-13 所示。再使用自动填充功能将公式复制到 C4 单元格，此时 C4 单元格中的公式为“=B4/$C$7”。

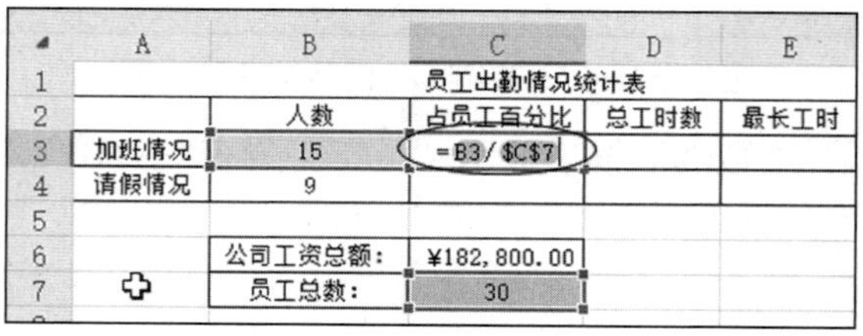

	A	B	C	D	E
1			员工出勤情况统计表		
2		人数	占员工百分比	总工时数	最长工时
3	加班情况	15	=B3/$C$7		
4	请假情况	9			
5					
6		公司工资总额：	¥182,800.00		
7		员工总数：	30		

图 7-13　相对地址与绝对地址引用情景

在“单元格格式”对话框中设置 C3:C4 单元格区域的数值类型为百分比，小数位数设为 1，完成加班人数、请假人数占员工总数的百分比。

说明：

在本例中，C3 的公式复制到 C4 时，分子相对变化，分母不变，故分子使用相对地址引用，分母使用绝对地址引用。

【任务 5】使用 SUM 函数计算加班总工时、请假总工时和工资总额。

可以使用 SUM 函数计算加班总工时，具体步骤如下。

选中“员工出勤情况统计表”工作表的 D3 单元格，单击编辑栏左边的“插入函数”按钮 fx，打开“插入函数”对话框，选择 SUM 函数，单击“确定”按钮，打开“函数参数”对话框；单击“数值 1”参数右侧的拾取按钮，“函数参数”对话框缩小，进入参数选择状态，单击“员工工资表”工作表标签，选中 F2:F31 数据区域，按 Enter 键结束参数选择，返回“函数参数”对话框。此时“数值 1”参数为“员工工资表!F2:F31”，表示计算加班总工时的单元格区域是“员工工资表!F2:F31”，单击“确定”按钮即可完成计算，如图 7-14 所示。

D3　fx =SUM(员工工资表!F2:F31)

	A	B	C	D	E	F
1			员工出勤情况统计表			
2		人数	占员工百分比	总工时数	最长工时	平均工时
3	加班情况	15	50.0%	263		
4	请假情况	9	30.0%			
5						
6		公司工资总额：	¥182,800.00			
7		员工总数：	30			

图 7-14　使用 SUM 函数计算加班总工时

计算请假总工时的步骤为：选中“员工出勤情况统计表”工作表的 D4 单元格，插入 SUM 函数，计算请假总工时的“数值 1”参数是“员工工资表! J2:J31”，参数输入完毕后，D4 单元格内公式的完整形式为“=SUM (员工工资表! J2:J31)”。

计算工资总额的步骤为：选中“员工出勤情况统计表”工作表的 C6 单元格，插入 SUM 函数，计算工资总额的“数值 1”参数是“员工工资表! L2:L31”，参数输入完毕后，C6 单元格内公式的完整形式为“=SUM (员工工资表!L2:L31)”。

【任务 6】使用 MAX 和 AVERAGE 函数统计最长工时和平均工时。

步骤 1：计算最长加班工时。

使用 MAX 函数计算最长加班工时的具体步骤如下。

单击“员工出勤情况统计表”工作表的 E3 单元格，单击编辑栏左边的“插入函数”按钮 fx，打开“插入函数”对话框，选择 MAX 函数，单击“确定”按钮，打开“函数参数”对话框，如图 7-15 所示。

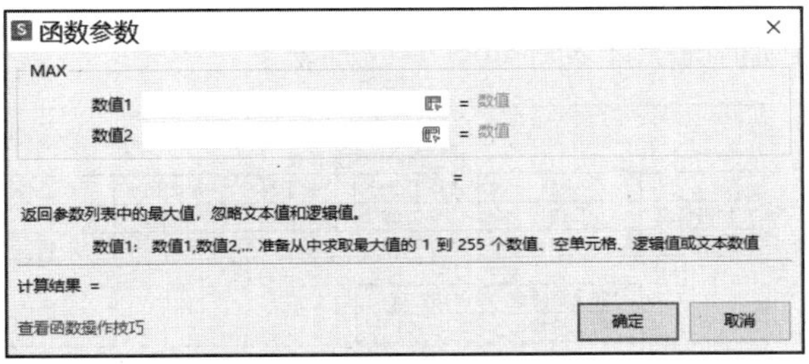

图 7-15　MAX 函数的“函数参数”对话框

单击“数值 1”参数右侧的拾取按钮，“函数参数”对话框缩小，进入参数选择状态，单击“员工工资表”工作表标签，选中 F2:F31 数据区域，按 Enter 键结束参数选择，返回“函数参数”对话框。此时“数值 1”参数为“员工工资表!F2:F31”，表示求最大值的数据区域是“员工工资表”工作表中的 F2:F31 数据区域。

完成函数参数的设置后，单击“确定”按钮结束函数输入，即可计算出最长加班工时。参数输入完毕后，E3 单元格内公式的完整形式为“=MAX(员工工资表!F2:F31)”。

步骤 2：计算最长请假工时。

类似于步骤 1，使用 MAX 函数计算最长请假工时的操作步骤如下。

选中“员工出勤情况统计表”工作表的 E4 单元格，插入 MAX 函数，“函数参数”对话框的“数值 1”参数是“员工工资表!J2:J31”，参数输入完毕后，E4 单元格内公式的完整形式为“=MAX(员工工资表! J2:J31)”。

步骤 3：计算平均加班工时。

使用 AVERAGE 函数计算平均加班工时的具体步骤如下。

单击“员工出勤情况统计表”工作表的 F3 单元格，单击编辑栏左边的“插入函数”按钮，打开“插入函数”对话框，选择 AVERAGE 函数，单击“确定”按钮，打开“函数参数”对话框，如图 7-16 所示。

可见 AVERAGE 函数的“函数参数”对话框和 MAX 函数的“函数参数”对话框基本相同，使用类似于步骤 1 的方法设置“数值 1”参数为“员工工资表!F2:F31”，表示求平均值的数据区域是“员工工资表”工作表中的 F2:F31 数据区域。

完成函数参数的设置后，单击“确定”按钮，得到平均加班工时。

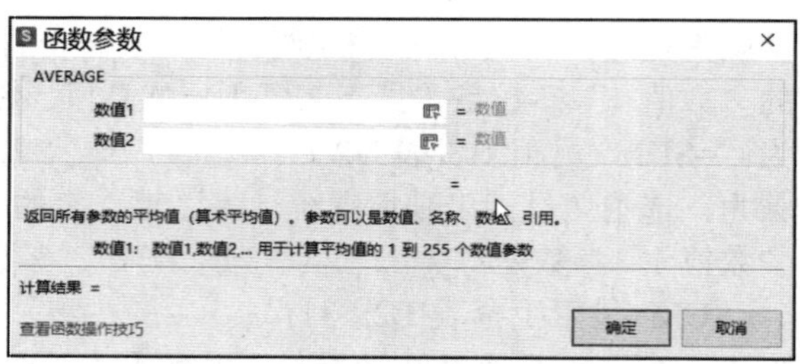

图 7-16　AVERAGE 函数的“函数参数”对话框

步骤 4： 计算平均请假工时。

类似于步骤 3，使用 AVERAGE 函数计算平均请假工时的操作步骤如下。

选中“员工出勤情况统计表”工作表的 F4 单元格，插入 AVERAGE 函数，计算平均请假工时的“数值 1”参数是“员工工资表!J2:J31”，参数输入完毕后，F4 单元格内公式的完整形式为“=AVERAGE (员工工资表! J2:J31)”。

完成后的“员工出勤情况统计表”如图 7-17 所示。

	A	B	C	D	E	F
1	员工出勤情况统计表					
2		人数	占员工百分比	总工时数	最长工时	平均工时
3	加班情况	15	50.0%	263	40	8.8
4	请假情况	9	30.0%	63	12	2.1
5						
6		公司工资总额：	¥182,800.00			
7		员工总数：	30			

图 7-17　完成后的“员工出勤情况统计表”

7.4　任务三　WPS 表格的 AI 应用

7.4.1　课前准备

一、课前预习

1. WPS 表格 AI 使用入口

（1）在 WPS 表格文档中，单击选项卡右侧的 WPS AI 按钮 WPS AI，弹出下拉菜单，选择需要的功能命令。

（2）在单元格中输入“=”，单元格右侧会出现悬浮按钮，单击该按钮，弹出一面板，输入相关要求，可以使用 AI 功能写公式。

2. WPS 表格 AI 功能

WPS 表格 AI 功能包括 AI 写公式、AI 条件格式功能。

（1）AI 写公式，可以根据用户输入的要求生成各种函数公式，并可以对公式进行解释。

（2）AI 条件格式，输入想要效果的描述，进行标识。

二、预习测试

多项选择题

（1）启用 WPS 表格 AI 功能，可以使用以下____操作。

A. 在文档空白处双击 Ctrl 键

B. 单元格输入“=”，单击悬浮 AI 按钮

C. 单击选项卡右侧的 WPS AI 按钮

D. A、B 项均可

（2）WPS 表格 AI 功能包括____。

A. 根据提示语句写公式　　B. 根据提示语句按条件进行效果标识

C. A、B 项均可　　D. 一键排版

三、预习情况解析

1. 涉及知识点

WPS 表格 AI 功能使用入口、功能。

2. 预习测试题解析

见表 7-3。

表 7-3 “WPS 表格的 AI 应用”预习测试题解析

测试题序号	答案	参考知识点	测试题序号	答案	参考知识点
（1）	AC	见课前预习“1.”	（2）	ABCD	见课前预习“2.”

7.4.2 任务实现

一、使用 AI 写公式

涉及知识点：WPS 表格 AI 写公式，AI 推荐公式解释

【任务 1】在“员工工资表”工作表中，使用 AI 写公式，对“实发金额”列求和，对“姓名”列计数。

步骤 1：对“实发金额”列求和。

选中“员工工资表”工作表的 L34 单元格，单击选项卡右侧的 WPS AI 按钮 WPS AI，弹出下拉菜单，选择“AI 写公式”命令，弹出“AI 写公式”面板，如图 7-18（a）所示，在面板的文本框中输入计算要求“对 L 列求和”，单击“发送”按钮，面板变为图 7-18（b）所示形式，AI 自动推荐求和函数 SUM，确认无误后，单击“完成”按钮。此时工作表效果如图 7-19 所示。

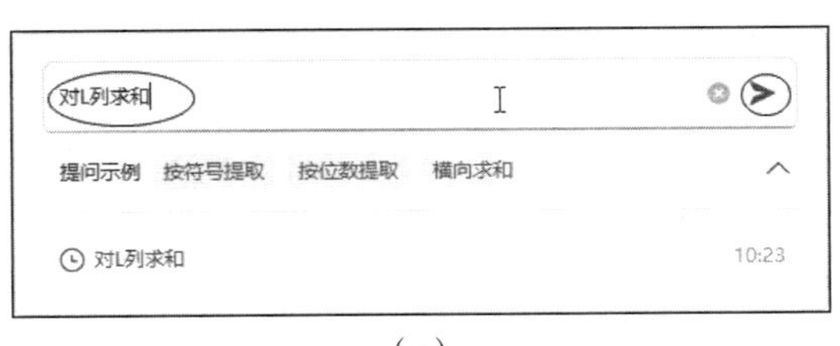

（a）

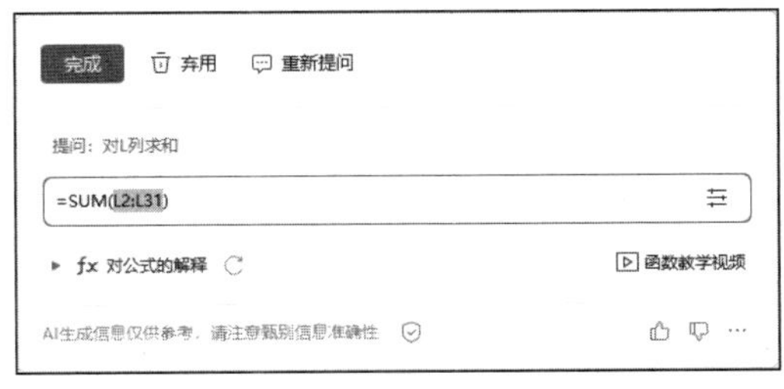

（b）

图 7-18 AI 写公式面板

	A	B	C	D	E	F	G	H	I	J	K	L
1	编号	姓名	部门	职位	岗位工资	加班工时	加班工资	满勤奖金	应发金额	请假工时	请假扣款	实发金额
29	28	杜忠鹏	综合信息部	系统分析员	¥5,000	0	¥0	¥300	¥5,300	0	¥0	¥5,300
30	29	陈文贤	综合信息部	系统分析员	¥5,000	0	¥0	¥0	¥5,000	5	¥200	¥4,800
31	30	安涛	综合信息部	技术员	¥4,500	20	¥800	¥300	¥5,600	0	¥0	¥5,600
32												
33	人员计数											
34	实发金额总计											¥182,800
35												

图 7-19 WPS 表格 AI 写公式对 L 列求和后的效果

说明：

在本例中，由于在 7.2.2 任务 6 步骤 4 中设置了 L 列数字格式为“货币”，货币符号选择“¥”，小数位数设置为 0，所以 L34 单元格显示“¥182,800”。

如果事先没有设置，可以在计算要求中输入，如输入“对 L 列求和，货币格式，小数点位数为 0”。

步骤 2：对“姓名”列计数，并了解推荐函数 COUNTA 的含义。

选中 B33 单元格，单击选项卡右侧的 WPS AI 按钮 WPS AI，弹出下拉菜单，选择“AI 写公式”命令，弹出“AI 写公式”面板，在面板的文本框中输入计算要求“对 B 列计数”，单击“发送”按钮 >，可以看到 AI 推荐的函数是 COUNTA。

步骤 3：通过 AI 对公式的解释了解 COUNTA 及 COUNT 函数。

在 7.3.2 任务 3 中使用的计数函数是 COUNT，而此处的计数函数是 COUNTA，它们有何区别？

单击“AI 写公式”面板上的“*fx* 对公式的解释”按钮，面板如图 7-20 所示，可以看到 COUNTA 函数的作用是计算参数列表中值的个数，可以用于各类数据的计数。

将图 7-20 所示文本框中的函数修改为 COUNT，单击“*fx* 对公式的解释”右侧的“刷新公式解释”按钮，可以看到 COUNT 函数的作用是计算参数列表中数字的个数，只用于统计包含数字的单元格个数。

对 AI 推荐的函数确认无误后，单击“AI 写公式”面板上的“完成”按钮，完成计数统计。

图 7-20　WPS 表格 AI 对公式的解释

二、使用 AI 进行条件格式标识

涉及知识点：WPS 表格 AI 条件格式

【任务 2】在“员工工资表”工作表中，使用 AI 条件格式对“请假工时”列大于或等于 10 的单元格用红色底纹标识。

单击选项卡右侧的 WPS AI 按钮 WPS AI，弹出下拉菜单，选择“AI 条件格式”命令，弹出“AI 条件格式”面板，在文本框中输入“将 J 列大于或等于 10 的单元格标识为红色底纹”，单击“发送”按钮，AI 条件格式生成完毕后，单击“完成”按钮即可。

7.5 项目总结

在本项目中，我们主要完成了“员工工资表”和“员工出勤情况统计表”的制作。

① 在完成项目的过程中，我们进一步熟悉了 WPS 表格的特点和使用方法，学习了含有大量数据的电子表格的各种分析方法和统计公式及函数的应用。

②“员工工资表”主要按照以下思路和方法来完成：根据已有的工作表作为基础创建表结构—通过复制等方法输入相关数据—使用公式和函数完成数据的统计和分析。

③ 在“员工出勤情况统计表”中应用大量函数，在项目中熟悉了函数的语法，了解各参数的作用。

完成本项目后，读者可以利用公式和函数对电子表格进行基本的分析和处理，具备制作各种常见的数据运算统计表格的能力。

7.6 技能拓展

7.6.1 理论考试练习

1. 单项选择题

（1）若在工作簿 1 的工作表 Sheet2 中的 C1 单元格内输入公式，需要引用工作簿 2 的工作表 Sheet1 中 A2 单元格的数据，那么正确的引用格式为____。

A. Sheet1!A2　　B. 工作簿 2! Sheet1 (A2)

C. 工作簿 2Sheet1A2　　D. [工作簿 2]Sheet1!A2

（2）下列说法正确的是____。

A. COUNT 函数用于计算指定区域中包含数字的单元格的个数

B. COUNT 函数用于计算指定区域中全部单元格的个数

C. COUNT 函数是求和函数

D. COUNT 函数用于计算指定区域中包含文本的单元格的个数

（3）单元格 C1 中输入公式“=A$1+$B1”，将公式复制到 D2 单元格中，则 D2 中的公式为____。

A. =A$1+$B1　　B. =B$1+$B2　　C. =B$2+$C2　　D. =A$2+$C1

（4）在 WPS 表格中，工作表的 D5 单元格中存在公式“=B5+C5”，在工作表第 2 行插入新的一行后，原单元格中的内容为____。

A. =B5+C5　　B. =B6+C6　　C. 出错　　D. 空白

（5）在 WPS 表格中，____是混合地址引用。

A. C7　　B. $B$3　　C. $F8　　D. A1

2. 多项选择题

（1）在 WPS 表格中，下列公式格式正确的有____。

A. =SUM(3,4,5)　　B. SUM(A1:A6)

C. =SUM(A1:A6)　　D. =SUM(A1A6)

（2）在 WPS 表格中，下列叙述正确的有____。

A. 移动公式时，公式中单元格引用将保持不变

B. 复制公式时，公式中单元格引用会根据引用类型自动调整

C. 移动公式时，公式中单元格引用将做调整

D. 复制公式时，公式中单元格引用将保持不变

（3）在 WPS 表格中，正确的单元格地址有____。

A. A$5　　B. $A5　　C. $A$5　　D. 5A

（4）在单元格 D1、D2、D3、D4 中分别输入了 10、星期天、−2、2013-10-02，则下列计算公式可以正确执行的有____。

A. =D1^3　　B. =D2−1　　C. =D3+4x−6　　D. =D4+3

7.6.2 实践案例

党的二十大报告指出“增进民生福祉，提高人民生活品质”，党的十八大以来居民收入水平较快增长，消费水平持续提高，生活质量稳步提升。图 7-21 所示的工作表中的数据显示了 10 年来我国人民生活质量显著提高，请在 WPS 表格中对图 7-21 所示的工作表完成数据统计操作。

	A	B	C	D	E
1	党的十八大以来经济社会发展成就——人民生活质量取得显著提高				
2	生活质量	2012年/元	2021年/元	增加金额/元	累计名义增长率/%
3	全国居民人均可支配收入	16510	35128		
4	城镇居民人均可支配收入	24128	47412		
5	农村居民人均可支配收入	8388	18931		
6	全国居民人均消费支出	12054	24100		
7	城镇居民人均消费支出	17103	30307		
8	农村居民人均消费支出	6668	15916		

图 7-21　数据统计操作练习

（1）利用公式计算 D 列，D 列的结果等于 C 列的结果减 B 列的结果。

（2）先用公式计算 E 列，E 列的结果等于 D 列的结果除以 B 列的结果。

（3）设置单元格格式，表中金额列设置为货币类型，小数位数设置为 0；设置增长率为百分比类型，小数位数保留 1 位。

项目八　WPS 表格数据管理的应用——商品销售表的管理与分析

学习目标

WPS 表格提供了强大的数据管理功能，可以让用户方便地组织、管理和分析大量的数据信息。用户可以对工作表中的数据进行排序、筛选、分类汇总，还可以为工作表创建图表、数据透视表，进行一些较为复杂的统计分析工作。

本项目通过对商品销售表进行管理与分析操作，介绍 WPS 表格中数据管理的基本方法等。

通过对本项目的学习，读者能够掌握全国高等学校计算机水平考试及全国计算机等级考试的相关知识点，达到下列学习目标。

知识目标：

- 学会对数据进行排序。
- 掌握筛选功能。
- 掌握数据的分类汇总功能。
- 学会创建基本数据图表。
- 学会创建数据透视表、数据透视图。

技能目标：

- 能通过排序对数据进行分析。
- 能筛选出符合条件的数据。
- 能对工作表按字段分类汇总、分析数据。
- 会制作基本数据图表。
- 能创建数据透视表、数据透视图，进行数据分析。

8.1 项目总要求

苏珊是某电器商场财务部的助理，她需要在例会上进行本月的电器销售情况分析，为此，她准备用 WPS 电子表格对电器销售数据进行统计分析，创建一个名为“商品销售管理与分析.xlsx”的工作簿文件，商品销售原始数据保存在“销售明细表”中，“销售明细表”的信息包括序号、产品类别、品牌名称、型号、价格、销量及销售额等项目。

在该工作簿中再创建“销售情况排序表”“销售情况筛选表”“销售情况分类汇总表”“销售数据透视表”“销售数据透视图”5 个工作表，对销售数据进行管理与分析。

“商品销售管理与分析.xlsx”工作簿的最终效果如图 8-1 所示。

在 WPS 表格中，商品销售情况分析可以分为数据的总体情况和重要特征分析与数据可视化分析两部分。

	A	B	C	D	E	F	G
1	序号	产品类别	品牌名称	型号	价格	销量	销售额
2	1	电视	长虹	55吋彩电	¥2,299	22	¥50,578
3	2	电视	海尔	55吋彩电	¥2,577	26	¥67,002
4	3	电视	康佳	55吋彩电	¥1,899	28	¥53,172
5	4	电视	海信	55吋彩电	¥4,799	16	¥76,784
6	5	电视	创维	55吋彩电	¥1,989	12	¥23,868
7	6	电视	创维	65吋彩电	¥3,999	10	¥39,990
8	7	电视	长虹	65吋彩电	¥3,299	18	¥59,382
9	8	电视	海尔	65吋彩电	¥3,550	20	¥71,000
10	9	电视	康佳	65吋彩电	¥3,199	13	¥41,587
11	10	电视	海信	75吋彩电	¥4,999	8	¥39,992
12	11	电视	创维	75吋彩电	¥5,799	11	¥63,789
13	12	电视	海尔	75吋彩电	¥6,500	5	¥32,500
14	13	洗衣机	海尔	8KG洗衣机	¥2,799	30	¥83,970
15	14	洗衣机	LG	8KG洗衣机	¥4,599	28	¥128,772
16	15	洗衣机	小天鹅	8KG洗衣机	¥2,599	45	¥116,955
17	16	洗衣机	美的	8KG洗衣机	¥2,099	50	¥104,950
18	17	洗衣机	海尔	10KG洗衣机	¥5,499	31	¥170,469
19	18	洗衣机	LG	10KG洗衣机	¥5,999	38	¥227,962
20	19	洗衣机	小天鹅	10KG洗衣机	¥4,299	34	¥146,166
21	20	洗衣机	西门子	10KG洗衣机	¥5,799	40	¥231,960
22	21	冰箱	美的	535L冰箱	¥3,299	50	¥164,950
23	22	冰箱	海信	535L冰箱	¥3,300	36	¥118,800
24	23	冰箱	海尔	535L冰箱	¥5,799	32	¥185,568
25	24	冰箱	西门子	600L冰箱	¥12,999	25	¥324,975
26	25	冰箱	美的	600L冰箱	¥6,299	29	¥182,671
27	26	冰箱	海尔	600L冰箱	¥7,099	19	¥134,881

销售明细表 | 销售情况排序表 | 销售情况筛选表 | 销售情况分类汇总表 | 销售数据透视表 | 销售数据透视图

图 8-1 “商品销售管理与分析.xlsx”工作簿的最终效果

1. 数据的总体情况和重要特征分析（排序、筛选、分类汇总）

对数据的总体情况和重要特征分析可以通过排序、筛选、分类汇总实现，本操作将制作“销售情况排序表”“销售情况筛选表”“销售情况分类汇总表”。

① 创建一个名为“商品销售管理与分析.xlsx”的工作簿，并创建工作表“销售明细表”，完成数据的输入和计算。

复制该工作表，分别重命名为“销售情况排序表”“销售情况筛选表”“销售情况分类汇总表”。

② 在“销售情况排序表”中按“产品类别”升序排列，类别相同的按“价格”降序排列。

③ 在“销售情况筛选表”中按商品品牌名称筛选各品牌的销售情况；筛选出“海尔”价格高于 5000 元，以及“美的”价格高于 2000 元的所有商品的销售情况。

④ 在“销售情况分类汇总表”中，按“品牌名称”对销售信息进行分类汇总，统计不同品牌的总销售额。

2. 数据可视化分析

WPS 表格可以通过数据透视表及各种类型图表进行简单的数据可视化分析，本操作将在“销售情况分类汇总表”中制作基本图表、依据“销售明细表”中的数据创建“销售数据透视表”“销售数据透视图”。

① 在“销售情况分类汇总表”中，依据分类汇总数据，创建能体现每个品牌总销售额的簇状柱形图或饼图，图表名称为“各品牌销售额图表”，并将图例放在图表右侧。

② 依据“销售明细表”中的数据，建立数据透视表。分析各品牌对商场销售额的贡献以及每个型号各品牌的最高价。

③ 依据“销售明细表”中的数据，建立数据透视图，分析各类产品的销量（销售台数），

并动态查看不同品牌的各类产品销售台数。

8.2 任务一 销售数据排序、筛选与分类汇总

8.2.1 课前准备

为保证任务能够顺利完成，请在实际操作前预习以下内容：了解 WPS 表格中简单数据排序及自定义排序的方法，了解如何使用自动筛选和高级筛选进行数据统计操作等。

一、课前预习

1. 数据排序

排序是指将表中数据按某列（或某行）递增（或递减）的顺序进行重新排列，WPS 表格中默认按列排序。排序方式可以分为按字母或笔画升序或降序、按行或按列、是否区分大小写等方式。

排序可以分为简单排序和自定义排序。

① 简单排序。简单排序是指根据某一个字段的内容对数据进行升序或降序的排列。例如，在学生成绩表（包含学号、姓名、性别和总分列）中根据学号升序排列，其操作步骤为：将光标定位在“学号”列任意一个单元格中，单击【数据】|【筛选排序】|【排序】按钮的下拉箭头，在下拉菜单中选择“升序”选项，排序结果如图 8-2 所示。

	A	B	C	D
1	学号	姓名	性别	总分
2	120101	曾*煊	女	704
3	120102	谢*康	男	680
4	120103	齐*扬	男	649
5	120104	杜*江	男	656
6	120105	苏*放	男	635
7	120106	张*花	女	672
8	120201	刘*举	男	675
9	120202	孙*敏	女	639
10	120204	刘*锋	男	646
11	120206	李*大	男	653
12	120301	符*合	女	657
13	120302	李*娜	女	616
14	120303	闫*霞	女	628
15	120306	吉*祥	女	659

图 8-2 按学号升序排列结果

② 自定义排序。自定义排序是指通过对多列应用不同的排列条件，对数据进行排序，即当排序所依据的第一列内容相同时，再按照第二列中的内容进行排序，第二列也相同时，再按第三列的内容进行排序，最多可设置 3 列排序条件。

例如，在学生成绩表中先按性别升序排列，当性别相同时按总分降序排列，其操作步骤为：将光标定位到数据区域任意一个单元格中，单击【数据】|【筛选排序】|【排序】按钮的下拉箭头，在下拉菜单中选择“自定义排序”选项，打开“排序”对话框，主要关键字选择“性别”“升序”；再单击“添加条件”按钮，增加次要关键字，选择“总分”“降序”，如图 8-3 所示。在“排序”对话框中，选中“数据包含标题”复选框，标题行数据不参与排序。单击“确定”按钮实现排序，排序结果如图 8-4 所示。

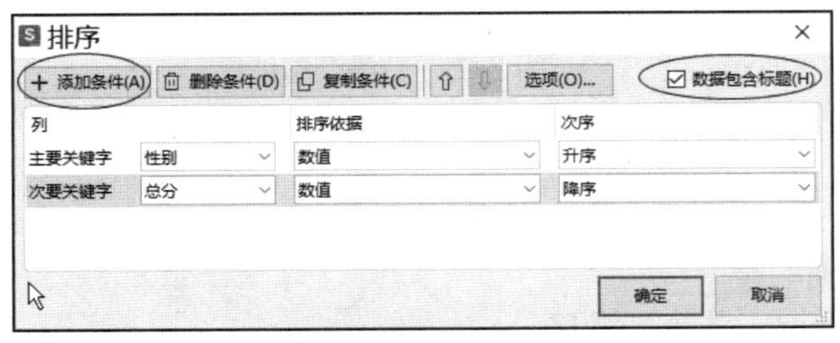

图 8-3 设置自定义排序方式

	A	B	C	D
1	学号	姓名	性别	总分
2	120102	谢*康	男	680
3	120201	刘*举	男	675
4	120104	杜*江	男	656
5	120206	李*大	男	653
6	120103	齐*扬	男	649
7	120204	刘*锋	男	646
8	120105	苏*放	男	635
9	120101	曾*煊	女	704
10	120106	张*花	女	672
11	120306	吉*祥	女	659
12	120301	符*合	女	657
13	120202	孙*敏	女	639
14	120303	闫*霞	女	628
15	120302	李*娜	女	616

图 8-4 自定义排序结果

2. 数据筛选

数据筛选是指按照一定的条件，将数据清单中符合条件的数据显示出来，不符合条件的

数据暂时被隐藏起来，并未真正地被删除，当筛选条件被取消后，这些数据又重新出现。

数据筛选通常有两种方法：自动筛选和高级筛选。

① 自动筛选。将工作表中不满足条件的数据暂时隐藏起来，只显示符合条件的数据。自动筛选的操作步骤为：单击【数据】|【筛选排序】|【筛选】按钮，这时每列标题右侧都会出现一个“筛选”下拉按钮，单击需筛选条件列标题的下拉按钮，将显示筛选可以选择的列表框。

列表框中含内容筛选、文本筛选等，内容筛选可以通过选择值或搜索进行筛选，文本筛选可以依据自定义的条件来筛选。

可以对多列设置筛选条件，实现多条件筛选。

② 高级筛选。如果要筛选的数据需要满足复杂的条件，可使用高级筛选。设置高级筛选的操作步骤为：在工作表以及要筛选的单元格区域或表格的单独条件区域中输入高级筛选的条件，然后单击【数据】|【筛选排序】|【筛选】按钮的下拉箭头，在下拉菜单中选择“高级筛选”，打开“高级筛选”对话框进行筛选设置。

3. 分类汇总

分类汇总是按数据清单的某列对记录进行分类，将列值相同的连续几行数据分为一组，并可以对各组数据进行求和、计数、求平均值、求最大值等汇总计算。进行分类汇总的表格必须带有列标题（字段名），并且对需要分类的字段进行排序。

例如，在学生成绩表中，按男女生分别统计平均成绩。首先按性别进行排序，再单击【数据】|【分级显示】|【分类汇总】命令，在弹出的“分类汇总”对话框中设置分类字段为“性别”、汇总方式为“平均值”、选定汇总项为“总分”，如图 8-5 所示。

单击“确定”按钮完成分类汇总，结果如图 8-6 所示。

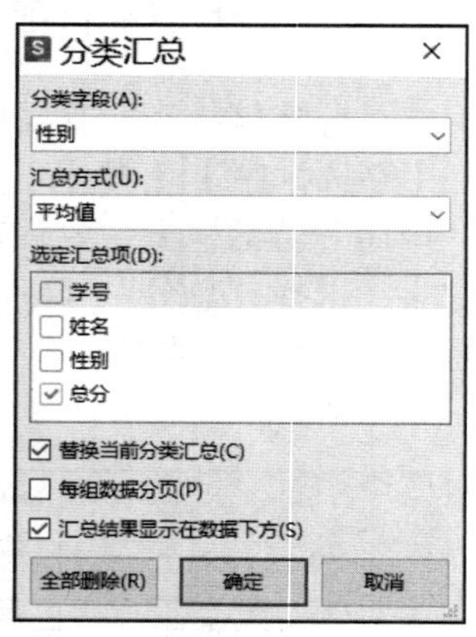

图 8-5 “分类汇总”对话框

	A	B	C	D
1	学号	姓名	性别	总分
2	120102	谢*康	男	680
3	120103	齐*扬	男	649
4	120104	杜*江	男	656
5	120105	苏*放	男	635
6	120201	刘*举	男	675
7	120204	刘*锋	男	646
8	120206	李*大	男	653
9			**男 平均值**	656.1
10	120101	曾*煊	女	704
11	120106	张*花	女	672
12	120202	孙*敏	女	639
13	120301	符*合	女	657
14	120302	李*娜	女	616
15	120303	闫*霞	女	628
16	120306	吉*祥	女	659
17			**女 平均值**	653.5
18			**总计平均值**	654.8

图 8-6 分类汇总结果

二、预习测试

单项选择题

（1）下列关于排序操作的叙述，正确的是____。

A. 数据经排序后就不能恢复为原来的排列顺序

B. 只能对数值型字段排序，不能对字符型字段排序

C. 用于排序的字段称为“关键字”，排序中只能有一个关键字

D. 排序可以选择字段值的升序或降序两个方向分别进行

（2）在 WPS 表格中能按一定顺序对数据进行重新显示的是____。

A. 筛选　　B. 排序　　C. 分类汇总　　D. 图表

（3）下列关于筛选操作的叙述，正确的是____。

A. 对数据进行筛选时，不满足条件的记录将被删除

B. 筛选一旦执行就不可以取消

C. 高级筛选要先建立一个条件区域

D. 高级筛选结果必须显示到数据区以外的区域

（4）筛选操作不可以实现的功能是____。

A. 单条件筛选　　B. 多条件筛选

C. 自定义筛选　　D. 汇总筛选

（5）下列说法错误的是____。

A. 汇总方式只能是求和

B. 分类汇总的关键字段只能是一个字段

C. 分类汇总前数据必须按关键字段排序

D. 分类汇总可以删除，但删除汇总后排序操作不能撤销

（6）在进行分类汇总之前，必须对数据操作的内容是____。

A. 分类字段　　B. 汇总方式

C. 显示方式　　D. 排序

三、预习情况解析

1. 涉及知识点

数据排序、数据筛选、分类汇总。

2. 预习测试题解析

见表 8-1。

表 8-1 “销售数据排序、筛选与分类汇总”预习测试题解析

测试题序号	答案	参考知识点	测试题序号	答案	参考知识点
（1）	D	见课前预习“1.”	（4）	D	见课前预习“2.”
（2）	B	见课前预习“1.”	（5）	A	见课前预习“3.”
（3）	C	见课前预习“2.”	（6）	D	见课前预习“3.”

8.2.2 任务实现

一、排序查看销售数据

根据商品销售情况，按不同的产品类别进行排序，类别相同的情况下，按价格排序查看产品销售数据。

【任务 1】制作工作表“销售明细表”。

步骤 1： 创建名为“商品销售管理与分析.xlsx”的工作簿。

步骤 2： 在该工作簿中，创建工作表“销售明细表”，并输入图 8-1 所示的相关数据。根据销售额=价格*销量，销售额一列的数据使用公式自动生成。

【任务 2】创建工作表“销售情况排序表”，在该工作表中排序查看销售数据。

步骤 1： 复制“销售明细表”，重命名为“销售情况排序表”。

在“销售明细表”工作表标签上单击鼠标右键，在弹出的快捷菜单中单击“创建副本”命令，复制工作表，并将复制后的工作表重命名为“销售情况排序表”。

步骤 2：一级字段排序。

打开“销售情况排序表”工作表，选中“产品类别”列的任意一个单元格，单击【开始】|【数据处理】|【排序】命令，选择“升序”选项，如图 8-7 所示。也可以单击【数据】|【筛选排序】|【排序】命令进行排序设置，此时工作表数据按产品类别升序排列。

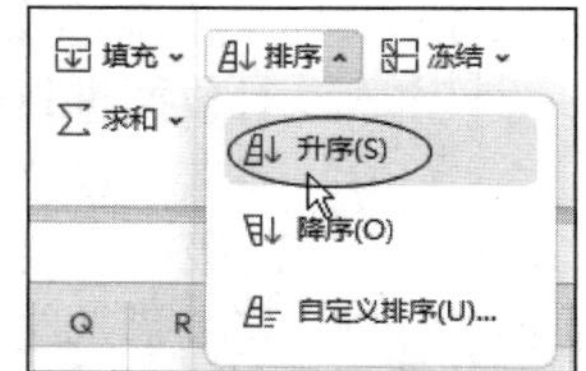

图 8-7 选择“升序”选项

排序结果如图 8-8 所示。

	A	B	C	D	E	F	G
1	序号	产品类别	品牌名称	型号	价格	销量	销售额
2	21	冰箱	美的	535L冰箱	¥3,299	50	¥164,950
3	22	冰箱	海信	535L冰箱	¥3,300	36	¥118,800
4	23	冰箱	海尔	535L冰箱	¥5,799	32	¥185,568
5	24	冰箱	西门子	600L冰箱	¥12,999	25	¥324,975
6	25	冰箱	美的	600L冰箱	¥6,299	29	¥182,671
7	26	冰箱	海尔	600L冰箱	¥7,099	19	¥134,881
8	1	电视	长虹	55英寸彩电	¥2,299	22	¥50,578
9	2	电视	海尔	55英寸彩电	¥2,577	26	¥67,002

图 8-8 排序结果

【任务 3】将“销售情况排序表”中的数据按“产品类别”升序排列，类别相同的按“价格”降序排列。

步骤 1：设置多级排序字段。

在“销售情况排序表”工作表中选中数据区域的任意一个单元格，单击【开始】|【数据处理】|【排序】命令，选择“自定义排序”选项，打开“排序”对话框。在该对话框中“主要关键字”后面的下拉列表框中选择“产品类别”，“排序依据”为“数值”，“次序”为“升序”；单击“添加条件”按钮，增加次要关键字，在“次要关键字”后面的下拉列表框中选择“价格”，“排序依据”为“数值”，“次序”为“降序”；选中“数据包含标题”复选框，标题行数据不参与排序，如图 8-9 所示。

如果需要删除某关键字排序，在“排序”对话框中选中该关键字，单击“删除条件”按钮即可。

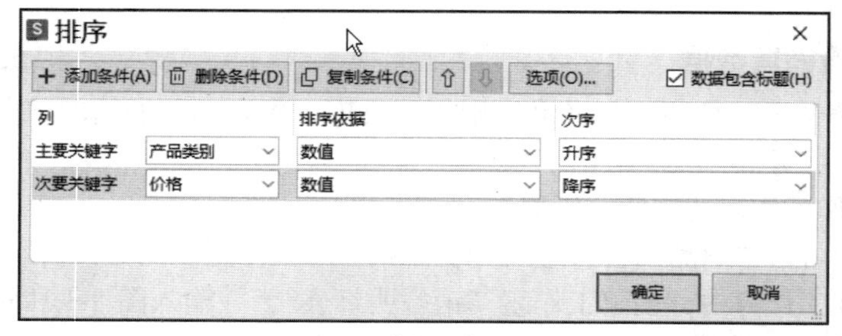

图 8-9 “排序”对话框

步骤 2：单击“确定”按钮，完成自定义多级字段排序操作。

说明：

① 一级字段排序：也称简单排序，是根据某一个字段的内容对数据进行排序。

② 多级字段排序：也称自定义排序，是根据多级字段的内容对数据区域进行排序，也就是说，当排序所依据的第一级字段内容相同时，再按第二级字段内容进行排序；第二级字段内容也相同时，再按第三级字段内容进行排序。最多可设置 3 级字段排序条件。

③ 数据包含标题：选中“数据包含标题”复选框表示数据区域中的第一行字段为标题行，不参与排序。

④ WPS 表格还提供了一些特殊的排序功能，在“排序”对话框中单击“选项”按钮，打开“排序选项”对话框，可以设置：是否区分大小写、排序方向（按列排序或按行排序）、排序方式（按拼音排序或按笔画排序）等，如图 8-10 所示。

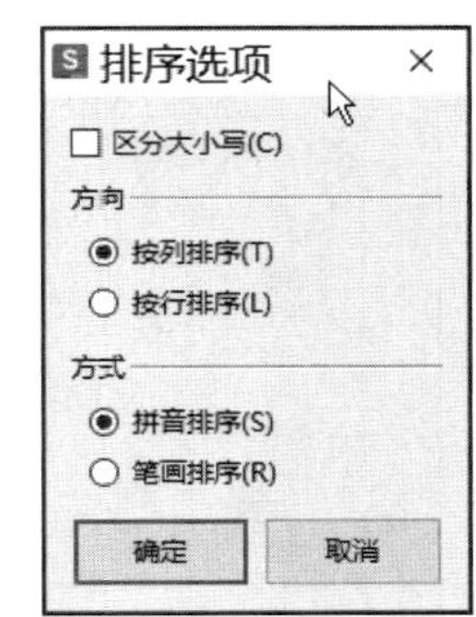

图 8-10　“排序选项”对话框

二、利用筛选功能分析数据

【任务 4】创建工作表“销售情况筛选表”，在该工作表中按商品品牌名称进行筛选，查看各品牌的销售情况，如筛选出“海尔”品牌中价格高于或等于 5000 元的商品销售信息。

筛选可以帮助用户快速搜集有用的信息，用户只要给出条件，WPS 就会按照要求在工作表中只显示符合条件的记录，而将其他不满足条件的记录隐藏起来。

步骤 1：复制“商品销售表”，将其重命名为“销售情况筛选表”。

步骤 2：显示“筛选”按钮。

在“销售情况筛选表”工作表中，选中数据区域的任意一个单元格，单击【开始】|【数据处理】|【筛选】命令，此时在数据区域中每列标题的右侧出现“筛选”下拉按钮，表示进入筛选状态，如图 8-11 所示；也可以单击【数据】|【筛选排序】|【筛选】命令进入筛选状态。

	A	B	C	D	E	F	G
1	序号	产品类别	品牌名称	型号	价格	销量	销售额
2	1	电视	长虹	55英寸彩电	¥2,299	22	¥50,578
3	2	电视	海尔	55英寸彩电	¥2,577	26	¥67,002
4	3	电视	康佳	55英寸彩电	¥1,899	28	¥53,172
5	4	电视	海信	55英寸彩电	¥4,799	16	¥76,784
6	5	电视	创维	55英寸彩电	¥1,989	12	¥23,368

图 8-11　筛选状态

步骤 3：设置筛选条件。

单击“品牌名称”列右侧的筛选下拉按钮，在打开的下拉列表的“内容筛选”中选中“海尔”复选框，如图 8-12 所示，单击“确定”按钮完成品牌名称的筛选设置；单击“价格”列右侧的下拉按钮，在打开的下拉列表中单击“数字筛选”命令，选择“大于或等于”选项，如图 8-13 所示。此时会打开“自定义自动筛选方式”对话框，在对话框中“价格”的“大于或等于”选项后面的下拉列表框中输入“5000”，如图 8-14 所示。单击“确定”按钮，完成自动筛选，自动筛选的结果如图 8-15 所示。

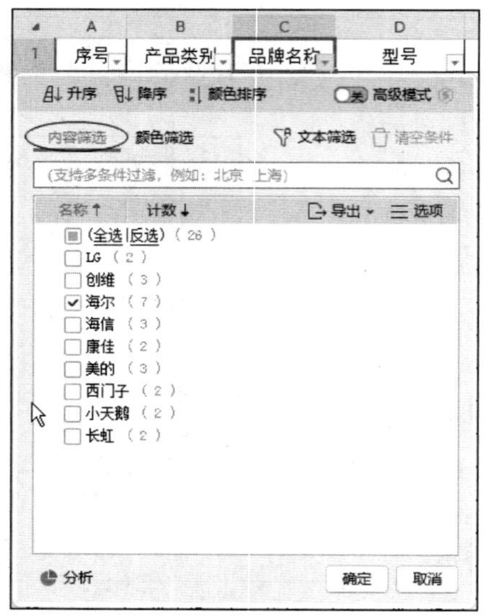

图 8-12　选中“海尔”复选框

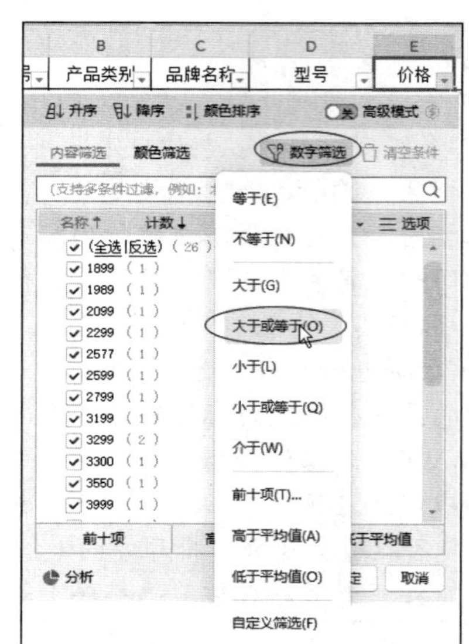

图 8-13　选择“大于或等于”选项

筛选后的结果如图 8-15 所示。

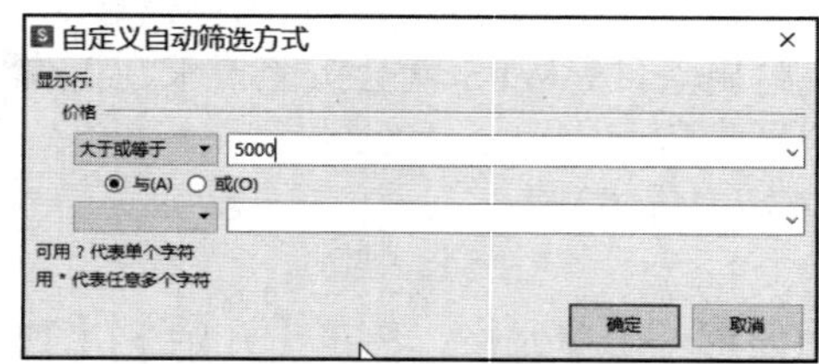

图 8-14　“自定义自动筛选方式”对话框

	A	B	C	D	E	F	G
1	序号	产品类别	品牌名称	型号	价格	销量	销售额
13	12	电视	海尔	75英寸彩电	¥6,500	5	¥32,500
18	17	洗衣机	海尔	10kg洗衣机	¥5,499	31	¥170,469
24	23	冰箱	海尔	535L冰箱	¥5,799	32	¥185,568
27	26	冰箱	海尔	600L冰箱	¥7,099	19	¥134,881

图 8-15　自动筛选的结果

说明：

WPS 表格中常见的筛选有以下 3 种方式。

① 单条件筛选：单击某一字段右侧的筛选下拉按钮，从下拉列表中选择某一字段值，就会得到筛选结果。

② 多条件筛选：如果要使用多条件筛选，可在前一个筛选条件的基础上进行下一步的操作。多条件之间满足逻辑“与”的关系，只有多个条件同时满足的记录才会显示出来，如任务 4 筛选出的记录。

③ 自定义筛选：工作表进入筛选状态后，单击列标题右侧的下拉按钮，在打开的下拉列表中选择“文本筛选”或“数字筛选”，然后选择比较方式，如“大于”。这时会弹出“自定义自动筛选方式”对话框，该对话框左侧的下拉列表框用于显示关系运算符，如等于、大于、小于等，右侧的下拉列表框用来设置具体数值，而且两个比较条件还能以“与”或“或”的关系组合起来形成复杂的关系。

若想取消筛选，再次单击【开始】|【数据处理】|【筛选】命令，退出筛选状态；或单击筛选字段右侧的下拉按钮，在下拉列表框中选中“(全选)”复选框，显示全部数据。

【任务 5】使用高级筛选功能，筛选出“海尔”品牌中价格高于 5000 元，以及“美的”品牌中价格高于 2000 元的所有商品的销售情况。

使用高级筛选功能时，可以应用更为复杂的条件来筛选数据。与自动筛选功能不同，使用高级筛选功能时，需要在数据区域之外建立一个筛选条件区域。条件区域可以建立在数据清单的上方、下方、左侧、右侧，但与数据区域间至少要保留一个空行或空列。应用高级筛选功能的具体步骤如下。

步骤 1：建立条件区域。

先取消任务 4 对“销售情况筛选表”工作表的筛选，显示全部数据。

在单元格区域 I2:J4 中输入图 8-16 所示的高级筛选的条件，筛选条件区域首行为设置条件的标题名称（要与筛选的数据区域标题名称相同），下面对应的单元格中为设置的条件内容。

步骤 2：高级筛选的设置。

选中“销售情况筛选表”工作表中数据区域的任意一个单元格，单击【开始】|【数据处理】|【筛选】|【高级筛选】命令，打开“高级筛选”对话框，如图 8-17 所示。

I	J
品牌名称	价格
海尔	>5000
美的	>2000

图 8-16　高级筛选的条件

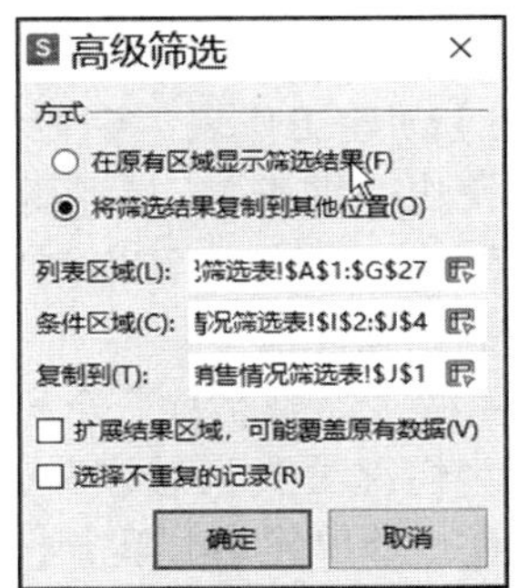

图 8-17　“高级筛选”对话框

在“方式”选项组中选中“将筛选结果复制到其他位置”单选按钮；单击“列表区域”右侧的拾取按钮，选中数据清单所在的单元格区域 A1:G27（如果选中数据清单所在数据区域的任意一个单元格，此项会自动出现）；单击“条件区域”右侧的拾取按钮，选中条件所在的单元格区域 I2:J4；单击“复制到”右侧的拾取按钮，选中单元格 J1，完成高级筛选的设置。

步骤 3：单击“确定”按钮，完成筛选操作。

高级筛选结果如图 8-18 所示。

序号	产品类别	品牌名称	型号	价格	销量	销售额
12	电视	海尔	75英寸彩电	¥6,500	5	¥32,500
16	洗衣机	美的	8kg洗衣机	¥2,099	50	¥104,950
17	洗衣机	海尔	10kg洗衣机	¥5,499	31	¥170,469
21	冰箱	美的	535L冰箱	¥3,299	50	¥164,950
23	冰箱	海尔	535L冰箱	¥5,799	32	¥185,568
25	冰箱	美的	600L冰箱	¥6,299	29	¥182,671
26	冰箱	海尔	600L冰箱	¥7,099	19	¥134,881

图 8-18　高级筛选结果

说明：

在使用高级筛选功能时，条件区域的定义最为复杂，设置条件时要注意以下几点。

① 条件区域的选择：条件区域可以与数据清单不在一个工作表上，也可以在一个工作表上，但与数据清单之间必须有空行或空列隔开。

② 条件区域的设置：条件区域至少要有两行，第一行用来设置字段名，且其应与数据清

单中的字段名完全一致，最好是通过复制得到；第二行用于放置筛选条件。

③ 条件放置的原则：条件区域可以定义多个条件，这些条件可以输入条件区域的同一行，也可以输入不同行。两个字段名下面的同一行中，各个条件之间为“与”的关系，也就是条件必须同时成立才符合筛选要求；两个字段名下面的不同行中，各个条件之间为“或”的关系，也就是条件只要有一个成立就符合筛选要求。

三、利用分类汇总功能分析数据

分类汇总是 WPS 表格提供的管理和分析数据的一项基本功能，它按数据清单的某列对记录进行分类，将列值相同的连续几行数据分为一组，并可以对各组数据进行求和、计数、求平均值、求最大值等汇总计算，使数据记录更加清晰、易懂。

在执行分类汇总操作前，应先按分类所依据的列进行排序，以确保列值相同的记录是连续的。

【任务 6】创建工作表“销售情况分类汇总表”。

复制“销售明细表”，并将其重命名为“销售情况分类汇总表”。

【任务 7】按“品牌名称”对销售信息进行分类汇总，统计各品牌的销售总额。

步骤 1：按“品牌名称”字段排序。

在“销售情况分类汇总表”工作表中，选中“品牌名称”列的任意一个单元格，单击【开始】|【筛选排序】|【排序】命令，此时会按品牌名称进行排列。

步骤 2：实现分类汇总。

单击【数据】|【分级显示】|【分类汇总】命令，打开“分类汇总”对话框，在“分类字段”下拉列表框中选择“品牌名称”，在“汇总方式”下拉列表框中选择“求和”，在“选定汇总项”列表框中选中“销售额”复选框，如图 8-19 所示。

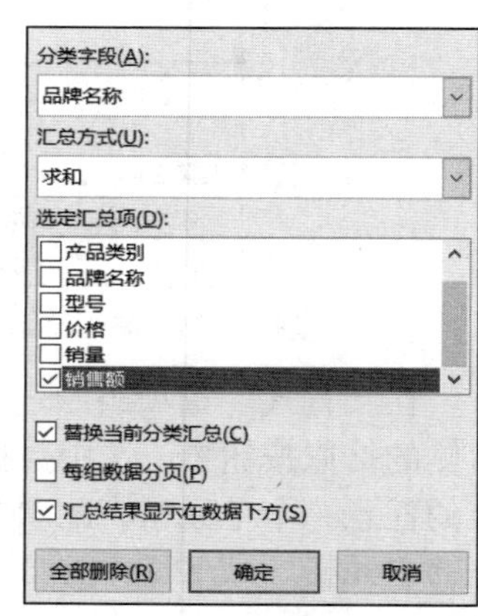

图 8-19 “分类汇总”对话框

单击“确定”按钮，分类汇总结果如图 8-20 所示。

	A	B	C	D	E	F	G
1	序号	产品类别	品牌名称	型号	价格	销量	销售额
2	14	洗衣机	LG	8kg洗衣机	¥4,599	28	¥128,772
3	18	洗衣机	LG	10kg洗衣机	¥5,999	38	¥227,962
4			**LG 汇总**				¥356,734
5	5	电视	创维	55英寸彩电	¥1,989	12	¥23,868
6	6	电视	创维	65英寸彩电	¥3,999	10	¥39,990
7	11	电视	创维	75英寸彩电	¥5,799	11	¥63,789
8			**创维 汇总**				¥127,647
9	2	电视	海尔	55英寸彩电	¥2,577	26	¥67,002
10	8	电视	海尔	65英寸彩电	¥3,550	20	¥71,000
11	12	电视	海尔	75英寸彩电	¥6,500	5	¥32,500
12	13	洗衣机	海尔	8kg洗衣机	¥2,799	30	¥83,970
13	17	洗衣机	海尔	10kg洗衣机	¥5,499	31	¥170,469
14	23	冰箱	海尔	535L冰箱	¥5,799	32	¥185,568
15	26	冰箱	海尔	600L冰箱	¥7,099	19	¥134,881
16			**海尔 汇总**				¥745,390

图 8-20 分类汇总结果

说明：

从图 8-20 可以看出，在数据清单的左侧，有“隐藏明细数据符号”(−)的标记，单击“−”，可以隐藏原始数据清单数据而只显示汇总后的数据结果，同时“−”变成“+”，单击“+”即可显示明细数据。直接单击表格左上方的 1、2、3 符号，也可以实现分类汇总的分级显示。

如果要取消分类汇总，需要再次打开“分类汇总”对话框，单击“全部删除”按钮。

8.3 任务二　数据可视化分析（基本图表、数据透视表及数据透视图制作）

8.3.1　课前准备

为保证任务能够顺利完成，请在实际操作前预习以下内容：了解 WPS 表格中常用图表的制作、数据透视表及数据透视图制作的操作。

一、课前预习

1. 基本图表制作

利用工作表中的数据制作图表，可以更加清晰、直观和生动地表现数据，方便用户查看数据之间的差异和趋势。在 WPS 表格中，基本图表类型有饼图、柱形图、折线图等，还可以实现二维和三维图表的绘制。

可以通过单击【插入】|【图表】组中的命令按钮插入各种类型的图表。例如，需要显示一段时间内数据的变化或显示不同项目之间的对比，可以选择柱形图；需要显示数据随时间或类别的变化趋势，可以选择折线图；需要显示各个值总体分布情况，可以选择饼图等。图表创建好之后，可以更改图表类型，也可以删除图表。删除图表并不影响原始数据，但是修改或删除数据会直接影响图表的显示。

数据源数据更新时，基本图表自动更新。

2. 数据透视表

数据透视表是按照不同的组织方式，对大量数据快速汇总和建立交叉列表的一种表格，用于汇总复杂数据。通过这种表格，用户可以从不同角度分析和管理数据。

若要创建数据透视表，必须连接到一个数据源，可以使用当前工作表单元格区域的数据创建数据透视表，也可以连接外部数据源创建；创建的数据透视表可以放置在新工作表，也可以放置在现有工作表中。创建数据透视表之后，可以使用数据透视表字段列表对字段进行操作（如添加字段、删除字段、重新排列等）。

3. 数据透视图

当数据源需要分析的维度较多时，数据透视图可以更清晰直观地展示数据。使用数据透视图可以创建动态图表。

当数据源数据更新时，需单击【数据】|【获取外部数据】|【全部刷新】命令，数据透视表、数据透视图方可更新。

二、预习测试

单项选择题

（1）以下说法错误的是____。

A. 数据源数据更新时，图表不能更新

B. 数据源数据更新时，基本图表自动更新

C. 数据源数据更新时，数据透视图不能自动更新

D. 数据源数据更新时，数据透视表通过刷新操作，即可更新

（2）下列选项中，不可以作为 WPS 数据透视表的数据源的是____。

A. 文本文件　　B. WPS 工作表

C. 外部数据　　D. 多重合并计算的数据区域

（3）大量复杂数据汇总使用____。

A. 排序　　B. 筛选　　C. 分类汇总　　D. 数据透视表

三、预习情况解析

1. 涉及知识点

图表的制作及数据透视表。

2. 预习测试题解析

见表 8-2。

表 8-2 “数据可视化分析”预习测试题解析

测试题序号	答案	参考知识点	测试题序号	答案	参考知识点
（1）	A	见课前预习“1.”“3.”	（3）	D	见课前预习“2.”
（2）	A	见课前预习“2.”			

8.3.2 任务实现

一、制作、编辑数据图表

图表可以更加清晰、直观地表现数据，用户可以根据工作表数据创建各种美观、实用的图表。

【任务 1】在“销售情况分类汇总表”中，依据分类汇总数据，创建能体现每个品牌总销售额的簇状柱形图或饼图，图表名称为“各品牌销售额图表”，并将图例放在图表右侧。

步骤 1：编辑数据区域。

打开“销售情况分类汇总表”工作表，单击分类汇总结果窗口左上方的“2”选项，隐藏数据明细信息，如图 8-21 所示。

	A	B	C	D	E	F	G
1	序号	产品类别	品牌名称	型号	价格	销量	销售额
4			LG 汇总				¥356, 734
8			创维 汇总				¥127, 647
16			海尔 汇总				¥745, 390
20			海信 汇总				¥235, 576
23			康佳 汇总				¥94, 759
27			美的 汇总				¥452, 571
30			西门子 汇总				¥556, 935
33			小天鹅 汇总				¥263, 121
36			长虹 汇总				¥109, 960
37			总计				¥2, 942, 693

图 8-21 隐藏数据明细信息

步骤 2： 创建图表。

按住 Ctrl 键同时选中品牌名称和销售额数据区域，单击【插入】|【图表】|【插入柱形图】按钮，在打开的下拉列表中选择“簇状柱形图”图表类型，如图 8-22 所示，插入簇状柱形图。

选中该图，单击【图表工具】|【图表布局】|【添加元素】按钮，在打开的下拉菜单中选择“图例”，在下一级菜单中选择“右侧”；单击图表名称将其重命名为“各品牌销售额图表”。创建完成的图表如图 8-23 所示。

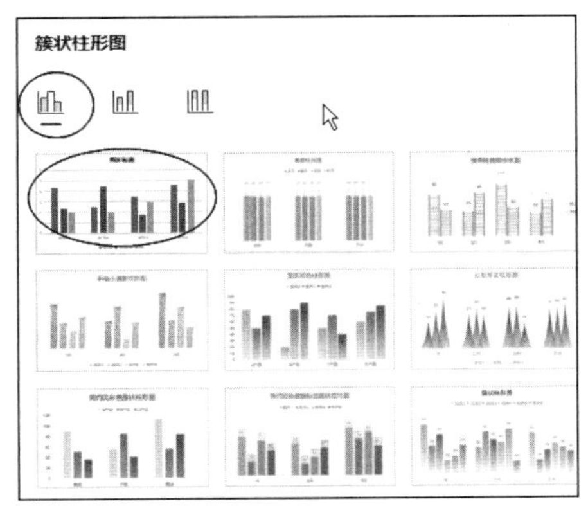

图 8-22　插入簇状柱形图

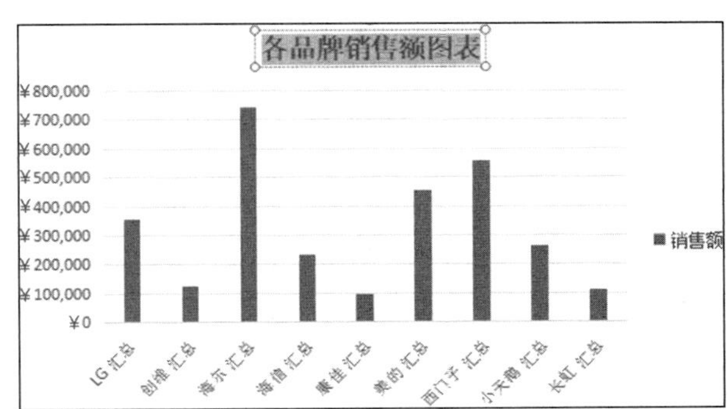

图 8-23　创建完成的图表

【任务 2】修改图表，将图表类型改为“饼图”，更改图表样式为“样式 3”，并填充图表区。

步骤 1： 更改图表类型。

选中图表，单击【图表工具】|【图表类型】|【更改类型】按钮，在打开的下拉列表中选择“饼图”图表类型，如图 8-24 所示。更改图表类型后的效果如图 8-25 所示。

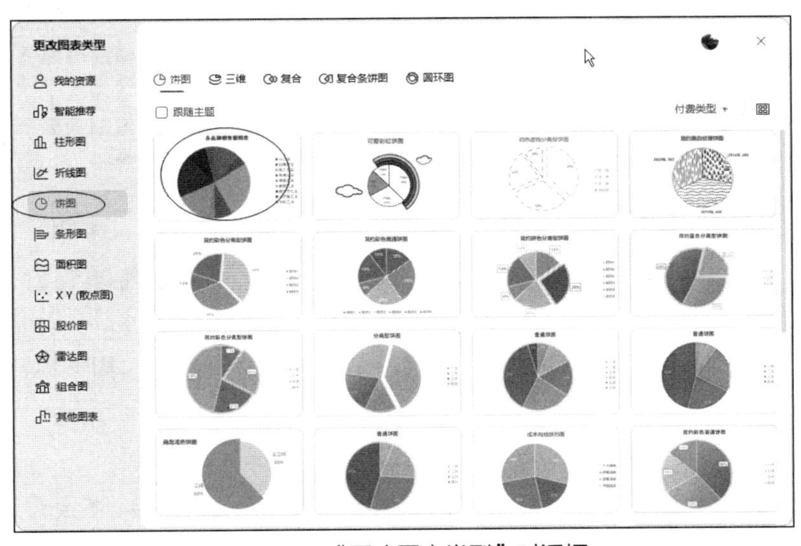

图 8-24　“更改图表类型”对话框

步骤 2： 更改图表布局。

选中图表，单击【图表工具】|【图表布局】|【快速布局】按钮，在打开的下拉列表中选择“布局 6”，图表将显示各品牌销售额占比。更改图表布局后的效果如图 8-26 所示。

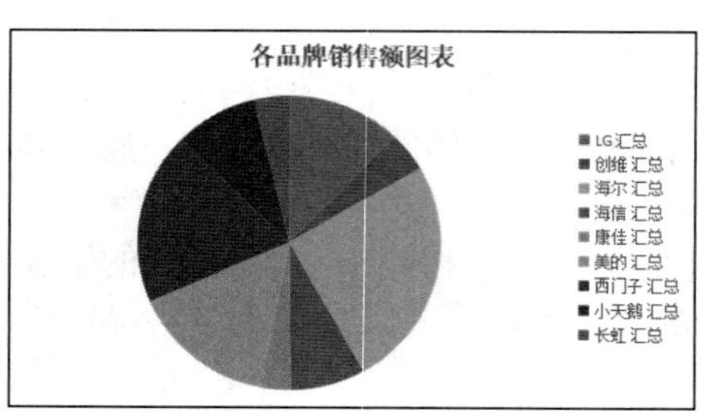

图 8-25　更改图表类型后的效果

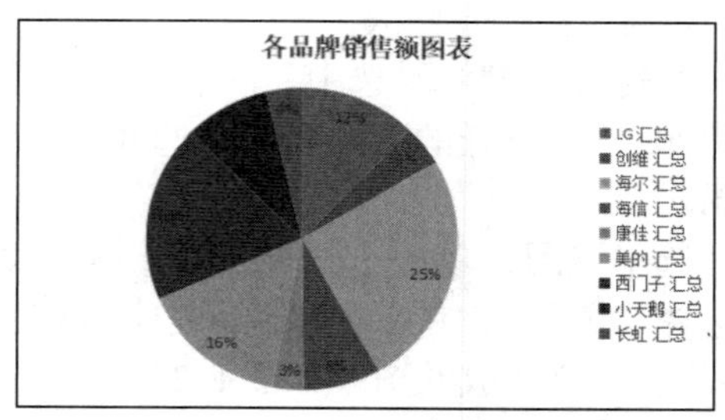

图 8-26　更改图表布局后的效果

步骤 3：更改图表样式。

单击【图表工具】|【图表样式】组的“样式 3”选项，更改图表的样式，各品牌名称及占比显示在饼图四周。更改图表样式后的效果如图 8-27 所示。

步骤 4：填充图表区。

选中图表，单击【图表工具】|【属性设置】|【设置格式】命令，打开“属性”窗格，在“填充与线条”选项卡中单击“填充”右侧的下拉按钮，选择“小麦色，背景 2，深色 10%”，如图 8-28 所示，完成图表区的填充。

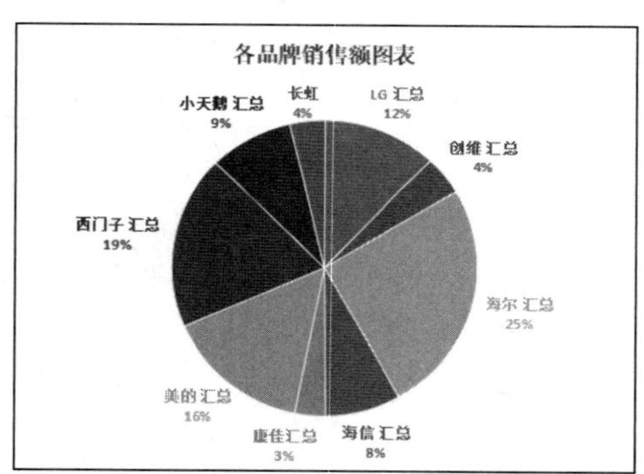

图 8-27　更改图表样式后的效果

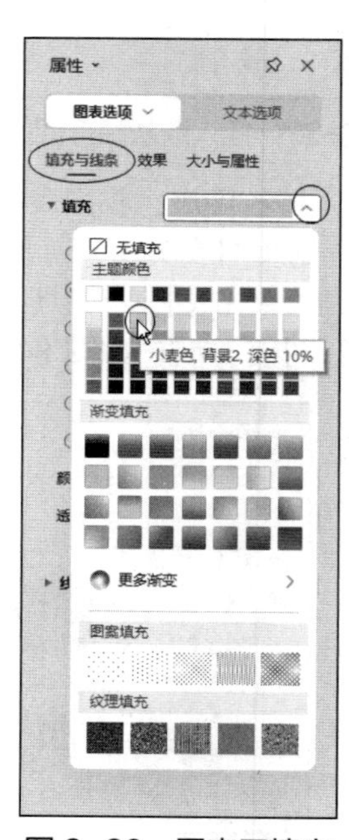

图 8-28　图表区填充

说明：

① 图表的缩放：拖曳图表区的控制点可缩放图表。

② 图表的删除：选中图表，按 Delete 键可删除图表。图表删除后，不会影响表中的数据。

③ 图表标题、数据标签、图例等图表元素均可分别选中，进行编辑。

二、创建销售数据透视表

数据透视表是 WPS 表格提供的强大的数据分析处理工具，可以方便地排列和汇总复杂数据。

【任务 3】依据“销售明细表”中的数据，建立数据透视表。分析各品牌对商场销售额的贡献以及每个型号各品牌的最高价。

步骤 1：创建数据透视表。

选中“销售明细表”数据区域中的任意一个单元格，单击【插入】|【表格】|【数据透视表】命令，打开“创建数据透视表”对话框，“请选择要分析的数据”选项组中有 4 个选项，默认选项是“请选择单元格区域”，单击拾取按钮进行选择（此时会自动选定活动单元格所在的数据区域），也可以选择使用外部数据源；在“请选择放置数据透视表的位置”选项组中，可以选择“新工作表”，也可以选择“现有工作表”，这里默认系统选项，设置如图 8-29 所示。单击“确定”按钮后，插入了一个新工作表，并作为当前工作表，显示数据透视表的页面布局。在“数据透视表”任务窗格中，包含“字段列表”“数据透视表区域”设置区，如图 8-30 所示。

步骤 2：分析各品牌对销售额的贡献。

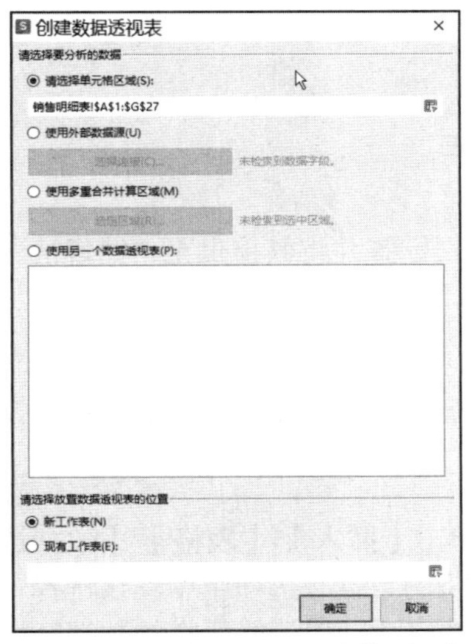

图 8-29　“创建数据透视表”对话框

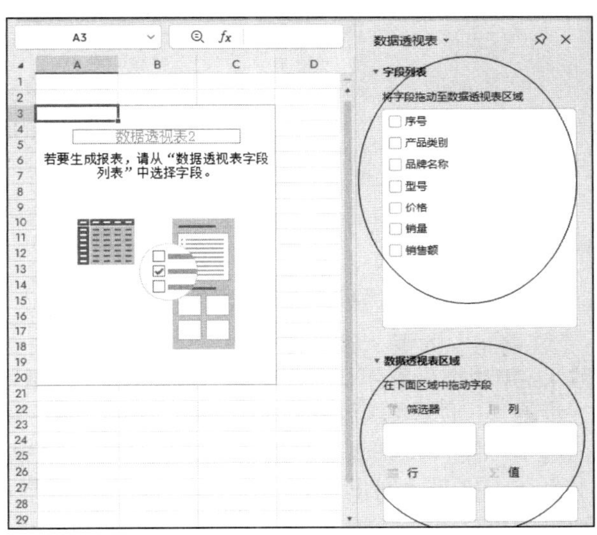

图 8-30　“数据透视表”任务窗格

按住鼠标左键拖曳“品牌名称”至“行”区域，按住鼠标左键拖曳“销售额”至“值”区域；此时“值”区域中显示“计数项：销售额”，单击其右侧的下拉按钮，在打开的下拉列表中选择“值字段设置”选项，打开“值字段设置”对话框，如图 8-31 所示，在对话框的“值汇总方式”选项卡中选择“求和”计算类型；单击对话框下方的“数字格式”按钮，打开“单元格格式”对话框，设置数字格式为货币、小数点位数为 0。

单击“确定”按钮，得到的数据透视表如图 8-32 所示。

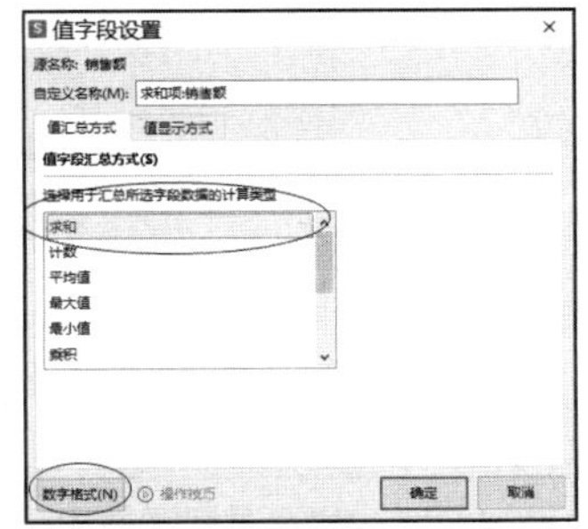

图 8-31　“值字段设置”对话框

	A	B
1		
2		
3	品牌名称	求和项：销售额
4	LG	¥356,734
5	创维	¥127,647
6	海尔	¥745,390
7	海信	¥235,576
8	康佳	¥94,759
9	美的	¥452,571
10	西门子	¥556,935
11	小天鹅	¥263,121
12	长虹	¥109,960
13	总计	¥2,942,693

图 8-32　数据透视表

步骤 3：分析每个型号各品牌的最高价。

数据透视表创建好之后，可以根据需要更改其页面布局，以满足新的统计分析需要。具体的更改步骤如下。

在“数据透视表”任务窗格中，将“数据透视表区域”中“行”区域中的“品牌名称”拖至“列”区域，将“型号”拖至“行”区域，取消选中“字段列表”选项区中的“销售额”复选框，并将“价格”字段拖至“值”区域；单击“值”区域“价格”字段右侧的下拉按钮，在打开的下拉列表中选择“值字段设置”，在弹出的“值字段设置”对话框中设置计算类型为“最大值”，完成对各型号各品牌最高价格的分析。更改后的数据透视表如图 8-33 所示。

最大值项：价格	品牌名称									
型号	LG	创维	海尔	海信	康佳	美的	西门子	小天鹅	长虹	总计
10KG洗衣机	5999		5499				5799	4299		5999
535L冰箱			5799	3300		3299				5799
55吋彩电		1989	2577	4799	1899				2299	4799
600L冰箱			7099			6299	12999			12999
65吋彩电		3999	3550		3199				3299	3999
75吋彩电		5799	6500	4999						6500
8KG洗衣机	4599		2799			2099		2599		4599
总计	**5999**	**5799**	**7099**	**4999**	**3199**	**6299**	**12999**	**4299**	**3299**	**12999**

图 8-33　更改后的数据透视表

步骤 4：保存数据透视表。

将新工作表重命名为“销售数据透视表”，选中该工作表标签并将其拖曳至“销售情况分类汇总表”后面。

三、使用数据透视图创建动态图表

【任务 4】依据“销售明细表”中的数据，建立数据透视图，分析各类产品的销量（销售台数），并动态查看不同品牌的各类产品销售台数。

步骤 1：创建数据透视图。

选中“销售明细表”数据区域中的任意一个单元格，单击【插入】|【表格】|【数据透视图】命令，打开“创建数据透视图”对话框，“请选择要分析的数据”选项组中默认选择“请选择单元格区域”，单击拾取按钮进行选择（此时会自动选定活动单元格所在的数据区域）；在“请选择放置数据透视图的位置”选项组中，可以选择“新建工作表”，也可以选择“现有工作表”，系统默认选择“新建工作表”，单击“确定”按钮后，插入了一个新工作表，并作为当前工作表、窗口右侧显示“数据透视图”任务窗格。

在该窗格中，将“产品类别”拖至“轴”区域，将“销量”拖至“值”区域。单击“值”区域右侧的下拉按钮，在打开的下拉列表中选择“值字段设置”选项，打开“值字段设置”对话框，在该对话框中，“值字段汇总方式”选择“求和”计算类型，“自定义名称”文本框中输入“销售台数”，将生成的数据透视图的图表标题修改为“各类产品销量”，最终效果如图 8-34 所示。

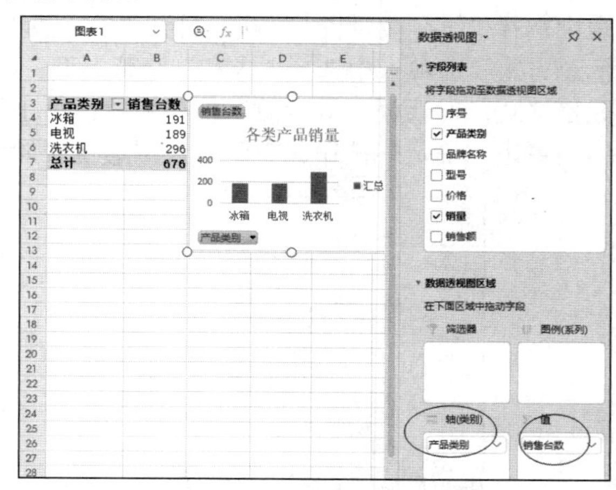

图 8-34　数据透视图效果

步骤 2：创建动态图表。

选中数据透视图，单击【分析】|【筛选】|【插入切片器】命令，打开“插入切片器”对话框，选中“品牌名称”复选框，

单击“确定”按钮。此时在数据透视图旁边出现了一个“品牌名称”切片器，选择切片器中的某个选项，如“美的”，数据透视图与数据透视表就变为“美的”品牌的各类产品销售台数分析，如图 8-35 所示。选择切片器中的不同选项，可以动态查看不同品牌的各类产品销售台数。

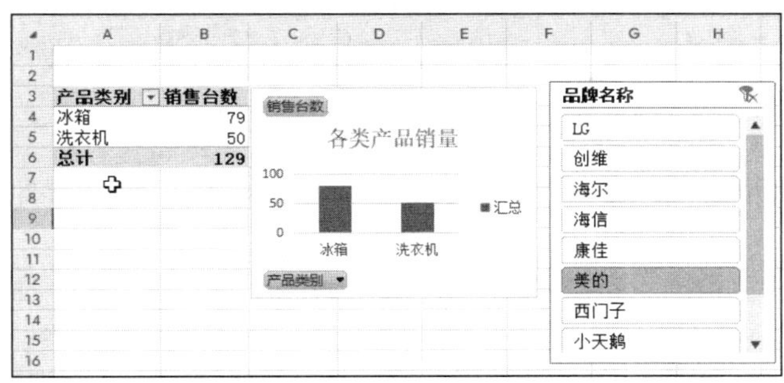

图 8-35　利用切片器动态查看不同品牌的各类产品销售台数

步骤 3：数据源发生变化，更新数据透视图与数据透视表。

如果数据源发生了变化，选中数据透视图，单击【分析】|【数据】|【刷新】命令，即可更新数据透视图与数据透视表。

步骤 4：保存数据透视图。

将此次生成的新工作表重命名为“销售数据透视图”后，选中该工作表标签并将其拖曳至“销售数据透视图”工作表之后，按 Ctrl+S 组合键保存。

8.4 项目总结

在本项目中，我们主要完成了商品销售表的数据统计和管理分析操作。

① 在完成项目的过程中，我们进一步熟悉了使用 WPS 表格管理和分析数据的方法，学习了数据的排序、数据的筛选、数据的分类汇总、基本图表的制作、数据透视表及数据透视图的制作等。

② 在数据的总体情况和重要特征分析任务中，主要介绍了数据的排序、筛选和分类汇总的方法。数据排序操作可以实现一级字段排序和多级字段排序；在筛选操作中可以进行自动筛选和高级筛选，而高级筛选要先建立筛选的条件区域；在执行分类汇总操作前，要先将按分类所依据的列进行排序。

③ 在数据可视化分析任务中，主要介绍了基本图表的制作、数据透视表及数据透视图制作。制作图表时选择合适的图表类型会使数据分析更加直观；数据透视表在创建时要合理进行布局以实现不同的数据组织方式；数据源需要分析的维度较多时，使用数据透视图可以更清晰直观地展示数据，且可以使用切片器创建动态数据透视图。

完成本项目后，读者可以利用排序、筛选、分类汇总、基本图表、数据透视表及数据透视图对数据进行管理和分析，从而管理大量数据并进行复杂统计分析。

8.5 技能拓展

8.5.1　理论考试练习

单项选择题

（1）数据清单中的列标记被认为是数据库的____。

A. 字数　　B. 字段名　　C. 数据类型　　D. 记录

（2）已知在某工作表中，“职务”列的 4 个单元格中的数据分别为“厅长”“处长”“科长”“主任”，按字母升序排列的结果为____。

A. 厅长、处长、主任、科长　　B. 科长、主任、处长、厅长
C. 处长、科长、厅长、主任　　D. 主任、处长、科长、厅长

（3）某工作表记录了学生的 5 门课成绩，现要找出 5 门课都不及格的同学的数据，应使用____命令。

A. 查找　　B. 排序　　C. 筛选　　D. 定位

（4）在 WPS 表格中可以创建各类基本图表，其中能够显示数据随时间或类别而变化的趋势的图表为____。

A. 条形图　　B. 折线图　　C. 饼图　　D. 面积图

8.5.2 实践案例

党的二十大报告指出：“办好人民满意的教育”和“加快义务教育优质均衡发展和城乡一体化，优化区域教育资源配置，强化学前教育、特殊教育普惠发展，坚持高中阶段学校多样化发展，完善覆盖全学段学生资助体系”。从全国教育事业发展统计公报中摘取 2017—2021 年相关数据内容进行分析，了解我国教育事业发展情况，如图 8-36 所示（不包括民办教育，数据来源于教育部官网）。

	A	B	C	D	E	F	G
1	注：表中数据为指定年份专任教师数量，单位为万人。						
2	教育性质	教育类型	2017年	2018年	2019年	2020年	2021年
3	幼儿园	学前教育	243.21	258.14	276.31	291.34	319.10
4	小学阶段教育	义务教育	594.49	609.19	626.91	643.42	660.08
5	初中阶段教育	义务教育	354.87	363.90	374.74	386.07	397.11
6	特殊教育	特殊教育	5.60	5.87	6.24	6.62	6.94
7	普通高中教育	高中阶段教育	177.40	181.26	185.92	193.32	202.83
8	中等职业教育	高中阶段教育	83.92	83.35	84.29	85.74	69.54
9	高等学校	高等教育	163.32	167.28	174.01	183.30	188.52

图 8-36　2017—2021 年全国专任教师数量

操作要求如下。

（1）按“教育类型”进行分类汇总，计算不同教育类型的每个年份专任教师的总和。

（2）分类汇总按“2”分级，选择教育类型和每个年份的汇总值制作簇状柱形图，对这 5 年的数据进行比较，查看这 5 年的发展情况。

（3）选中教育类型和 2021 年的汇总数据，制作饼图，图表名称为“2021 年不同教育类型专任教师统计”，图表样式为“样式 4”，查看 2021 年不同教育类型专任教师占当年专任教师总数的比率。

项目九　WPS演示文稿制作及其AI应用——大学生职业生涯规划演示文稿制作

学习目标

WPS 演示文稿能够让用户很方便地创建和编辑演示文稿，也可以设置演示文稿的各种放映特效和动画效果，从而在多媒体教学、远程会议等场合向观众播放，还可以将演示文稿打印、打包，应用到更广泛的领域中。

本项目通过制作大学生职业生涯规划演示文稿来介绍使用 WPS 演示文稿制作和放映演示文稿的方法和技巧。

通过对本项目的学习，读者能够掌握全国高等学校计算机水平考试及全国计算机等级考试的相关知识点，达到下列学习目标。

知识目标：

- 了解演示文稿的概念、WPS 演示文稿的功能与运行环境。
- 掌握 WPS 演示文稿文件创建、打开、保存、退出的方法。
- 熟悉 WPS 演示文稿不同视图的应用。
- 掌握幻灯片的创建、复制、移动、删除等基本操作方法。
- 掌握设置幻灯片版式的方法。
- 掌握选用演示文稿主题与设置幻灯片背景的方法。
- 掌握在幻灯片中插入和设置文本框、图片、艺术字、形状、表格、超链接、多媒体等各类对象的方法。
- 理解幻灯片母版的概念，掌握幻灯片母版的编辑和应用方法。
- 掌握制作幻灯片动画的方法。
- 了解设置放映方式和切换效果的方法。
- 了解打包和打印演示文稿的方法。
- 了解 WPS 演示文稿的 AI 应用。

技能目标：

- 会演示文稿的各项基本操作。
- 能够设置演示文稿主题、幻灯片版式等，根据需求制作各式幻灯片。
- 会使用幻灯片母版对演示文稿进行设计和修改。
- 会设计和制作幻灯片的动画效果。
- 会设置幻灯片的切换效果和放映方式。
- 会打包和打印演示文稿。
- 会使用 WPS 演示文稿的 AI 功能。

9.1 项目总要求

在老师的指导和帮助下，李明撰写了自己的大学生职业生涯规划设计书。为了向同学们分享大学生职业生涯规划设计的经验，小明决定使用 WPS 演示文稿来制作大学生职业生涯规划文件，向同学们放映展示。

大学生职业生涯规划演示文稿中包含标题、目录、自我介绍、行业与专业分析、职业定位等内容；在放映幻灯片时还伴有背景音乐、动画特效、幻灯片切换等动态效果。制作完成的大学生职业生涯规划演示文稿效果如图 9-1 所示。

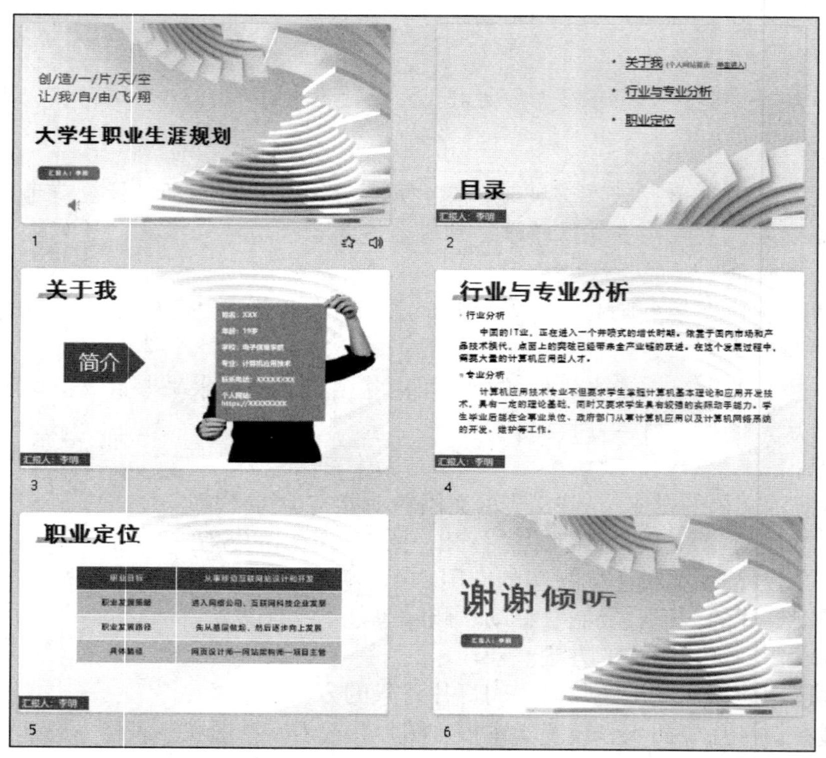

图 9-1　大学生职业生涯规划演示文稿效果

制作大学生职业生涯规划演示文稿的思路如下。

1. 设置演示文稿主题样式与幻灯片版式

设置演示文稿的主题样式为“抽象立体几何简约风”（免费类型）。第一张幻灯片的版式设置为“标题幻灯片”，第二张幻灯片的版式设置为“目录”，第三、第四、第五张幻灯片的版式设置为“标题和内容”，第六张幻灯片的版式设置为“末尾幻灯片”。

2. 制作 6 张幻灯片

① 在第一张幻灯片中输入标题“大学生职业生涯规划”和副标题“创/造/一/片/天/空 让/我/自/由/飞/翔”，在形状中输入文字“汇报人：李明”，调整文本格式；插入背景音乐“高山流水.mp3”。

② 在第二张幻灯片标题和内容中输入“目录”“关于我（个人网站首页：单击进入）”“行业与专业分析”“职业定位”，分别设置文本格式；并分别为“关于我”“单击进入”“行业与专业分析”“职业定位”设置超链接。

③ 在第三张幻灯片标题中输入文字“关于我”；绘制“五边形”形状，在形状上编辑文字“简介”；插入图片“简介.png”，在图片上插入文本框，输入个人简介详细文字；把图片与文本框组合为一体。

④ 在第四张幻灯片中输入标题“行业与专业分析”，在内容文本占位符中输入相关文字。

⑤ 在第五张幻灯片中输入标题“职业定位”，插入 4 行 2 列的表格，在表格中输入相关文字内容，并调整表格样式。

⑥ 在第六张幻灯片中插入艺术字“谢谢倾听”，调整艺术字样式。

3. 全局修改

利用母版幻灯片统一添加汇报人信息。

4. 设计幻灯片动画

在第一张幻灯片中分别设置标题和副标题的动画效果；在第三张幻灯片中设置触发交互动画。

5. 设置幻灯片切换效果

设置放映演示文稿时的幻灯片切换效果。

6. 设置幻灯片的放映方式

设置演示文稿的放映顺序，使用排练计时，控制每张幻灯片放映 15 秒后自动切换到下一张幻灯片并播放。

9.2 任务一　新建并设计大学生职业生涯规划演示文稿

9.2.1 课前准备

为保证任务能够顺利完成，请在实际操作前预习以下内容：WPS 演示文稿工作界面及相应组成部分的功能，演示文稿与幻灯片、演示文稿视图、演示文稿主题、幻灯片版式、占位符、幻灯片母版的概念，幻灯片的基本操作。

一、课前预习

1. 演示文稿和幻灯片的概念

（1）演示文稿

在 WPS 演示文稿中，将制作和编辑的内容保存后会生成一个文件，文件扩展名为“.pptx”，也可以为“.dps”“.ppt”，这个文件就称为演示文稿。

（2）幻灯片

演示文稿中的每一页就是一张幻灯片，每张幻灯片在演示文稿中相互独立。一个演示文稿是由一张或多张幻灯片组成的。

保存 WPS 演示文稿时，在“保存类型”下拉列表框中，可以选择将其保存为多种文件格式，除了.pptx、.dps、.ppt，还可以为.dpt、.pot、.pdf、.html 等文件格式，以满足用户的一些特殊需要。

2. WPS 演示文稿工作界面及相应组成部分的功能

WPS 演示文稿工作界面如图 9-2 所示，WPS 演示文稿工作界面的首页标签、快捷访问工具栏、标题栏、选项卡及功能区等结构部分与 WPS 文字、WPS 表格的工作界面类似，下面介绍 WPS 演示文稿特有部分的功能。

（1）幻灯片编辑区

幻灯片编辑区位于 WPS 演示文稿工作界面的中心，用来显示和编辑幻灯片的内容，是编辑幻灯片的工作区。

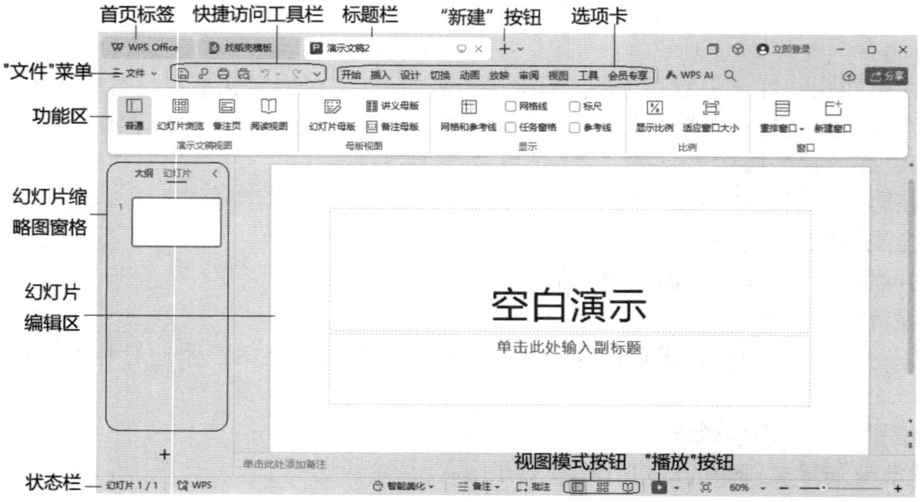

图 9-2　WPS 演示文稿工作界面

（2）幻灯片缩略图窗格

幻灯片缩略图窗格位于幻灯片编辑区左侧，主要用来显示当前演示文稿中所有幻灯片的缩略图。单击某张幻灯片缩略图，右侧幻灯片编辑区将显示该幻灯片内容，该幻灯片成为当前编辑幻灯片。用户还可以在此窗格切换到大纲区观察整个演示文稿的大纲文字和大纲对应的幻灯片效果。

（3）视图模式按钮与“播放”按钮

视图模式按钮与“播放”按钮位于工作界面底部的状态栏右侧。用户可以根据自己的要求通过视图模式按钮在几种演示文稿视图显示模式之间切换。单击“播放”按钮可以播放演示文稿。

3. 演示文稿视图

为了满足不同情况的需要，WPS 演示文稿提供了普通视图、幻灯片浏览视图、备注页视图和阅读视图 4 种视图。在不同的视图下，可以按不同的形式展示演示文稿的内容。

在“视图”选项卡“演示文稿视图”组中可选择不同的视图，如图 9-3 所示。

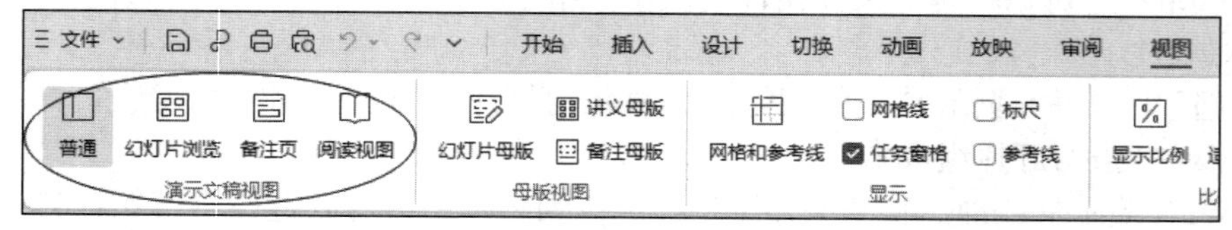

图 9-3　演示文稿的各种视图

（1）普通视图。普通视图是 WPS 演示文稿默认的视图模式，也是最常用的一种视图，打开 WPS 演示文稿即可进入普通视图，图 9-2 所示即普通视图界面。在此视图下，幻灯片编辑区中只显示一张当前的幻灯片，适合对演示文稿中的每一张幻灯片进行详细的设计和编辑的情况。

（2）幻灯片浏览视图。幻灯片浏览视图可以按幻灯片序号顺序显示全部幻灯片的缩略图，适合浏览演示文稿整体效果，方便调整幻灯片的次序或复制、删除幻灯片，如图 9-4 所示。在该视图下不能对幻灯片的内容进行编辑。

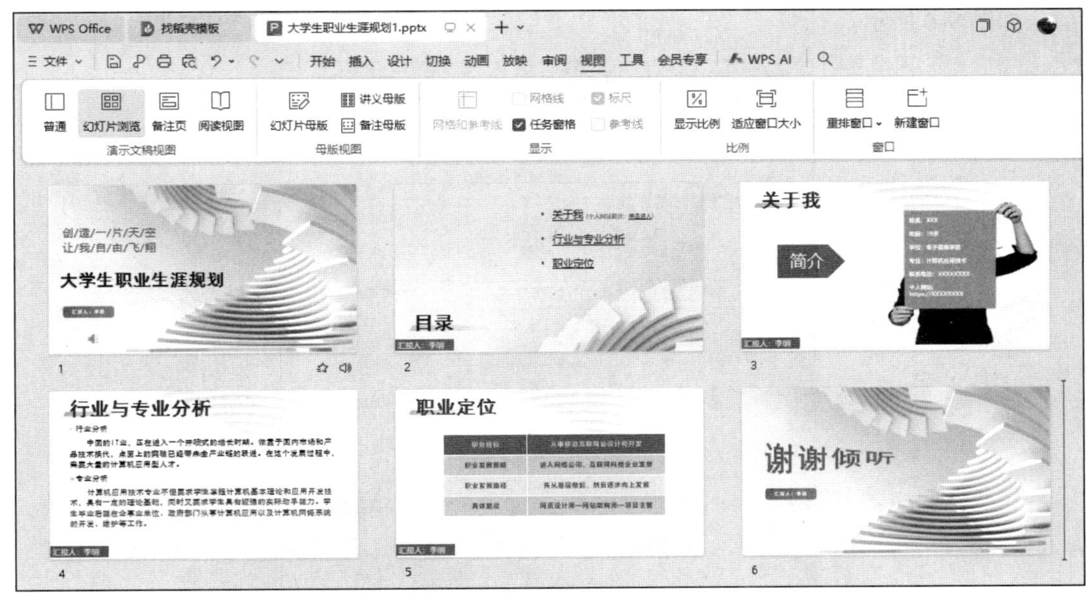

图 9-4　幻灯片浏览视图

（3）备注页视图。制作演示文稿时，演讲者可以利用备注页，添加演讲纪要或提示等。如果计算机连接两个显示器，进行相关设置后，可以使演讲者看见事先添加的备注信息，而观众看不见。

（4）阅读视图。此视图在 WPS 演示文稿窗口中播放幻灯片，以查看动画和切换效果。它允许用户在编辑演示文稿的同时，预览演示文稿的播放效果，便于用户在不进行全屏播放的情况下，对演示文稿的内容进行审查和修改。

4. 演示文稿主题、幻灯片版式和占位符

（1）演示文稿主题

演示文稿主题是预先定义好的演示文稿的样式、风格，其内容包括幻灯片的背景、装饰图案、颜色方案、文字的字体与字号等。WPS 演示文稿为用户提供了许多美观的主题模板，用户在设计演示文稿时可以先设置演示文稿的主题来确定文稿的整体风格，再进行进一步的个性化编辑与修改。

在“设计”选项卡中，可以选择不同的主题，也可以单独对字体、颜色、效果等进行设置，如图 9-5 所示。

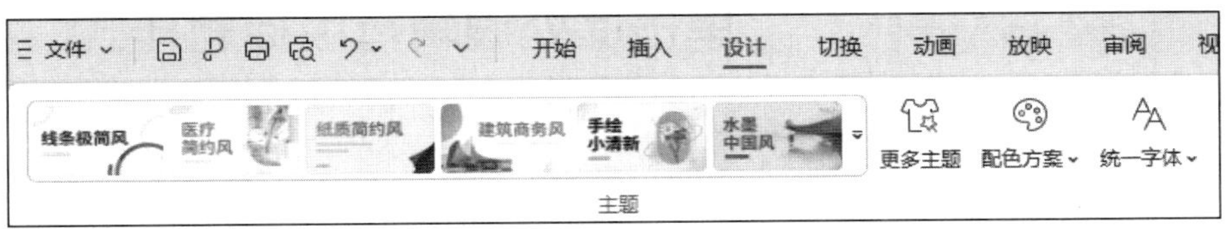

图 9-5　WPS 演示文稿的“设计”选项卡

（2）幻灯片版式

幻灯片版式是 WPS 演示文稿中的一种常规排版布局的格式，通过幻灯片版式的应用可以对标题、副标题、文字、图片、表格等的排列方式等进行更加合理、快速的布局。通常软件已经内置一些版式类型供用户使用，如“标题幻灯片”“标题和内容”等。单击【开始】|【幻灯片】|【版式】命令，就可以打开“版式”面板，选择相应版式可以轻松更改幻灯片的排版

布局，如图 9-6 所示。

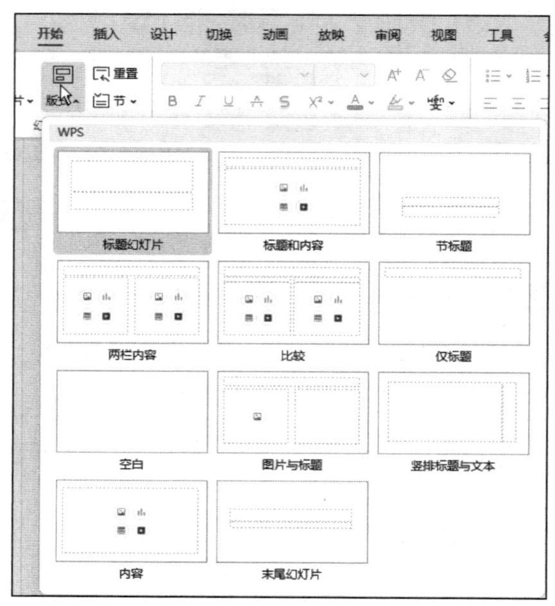

图 9-6 “版式”面板

（3）占位符

占位符就是先占住一个固定的位置，可以向其中添加内容的符号标志。在幻灯片中，占位符表现为一个虚线框，虚线框内部往往有“单击此处添加标题”之类的提示语，鼠标单击之后，提示语会自动消失，可以在其中输入标题及正文文字，也可以放置图片、表格等对象。放映时，幻灯片播放界面不会显示占位符虚线框及提示语。占位符起到规划幻灯片结构的作用。

5. 幻灯片母版

母版是一张控制全局的幻灯片，它用于设置演示文稿中每张幻灯片的预设格式。单击【视图】|【母版视图】|【幻灯片母版】命令，进入幻灯片母版编辑状态，如图 9-7 所示。

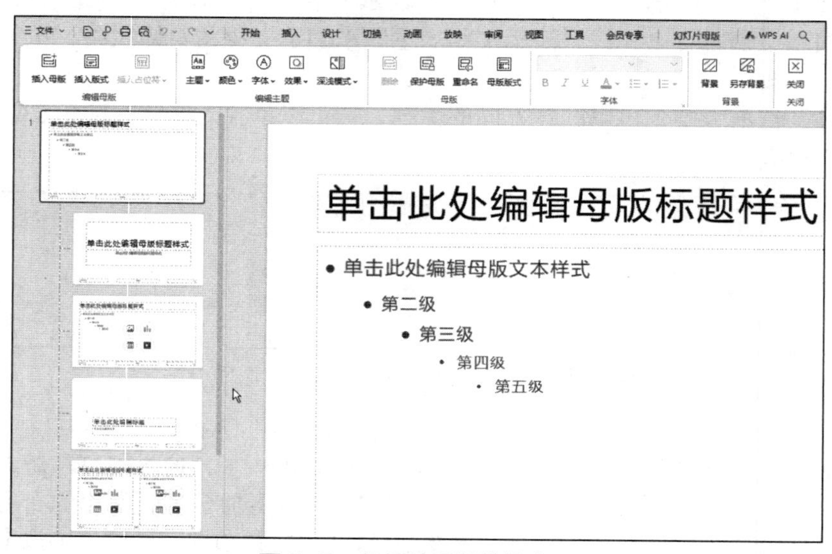

图 9-7 幻灯片母版编辑窗口

幻灯片母版是幻灯片层次结构中的顶层幻灯片，用于存储有关演示文稿的主题和幻灯片版式的信息，包括背景、颜色、字体、效果、占位符的大小和位置等。修改和使用幻灯片母版的主要优势是可以对基于该母版的每张幻灯片（包括以后添加到演示文稿中的幻灯片）进行样式的统一更改，如统一改变幻灯片的字体、颜色、背景等格式、统一修改项目符号、统一添加相同的对象等。使用幻灯片母版时，无须在多张幻灯片中输入相同的信息，可以节省大量时间，提高办公效率。如果演示文稿包含大量幻灯片，那么使用幻灯片母版将会带来便利。

6. 幻灯片的基本操作

（1）添加幻灯片

新建 WPS 演示文稿时，会默认建立一张新的空白幻灯片，要添加更多的新幻灯片，可以采用以下操作。

① 单击【开始】|【幻灯片】|【新建幻灯片】命令。

② 在 WPS 演示文稿普通视图的幻灯片缩略图窗格单击鼠标右键，在弹出的快捷菜单中单击“新建幻灯片”命令。

（2）选中幻灯片

在普通视图的幻灯片缩略图窗格或幻灯片浏览视图中，单击某张幻灯片可以选中该张幻灯片。按住 Shift 键可以选中多张连续的幻灯片；按住 Ctrl 键依次单击，可以选中需要的多张幻灯片。

（3）复制、移动和删除幻灯片

幻灯片是演示文稿的基本组成单位，在实际制作演示文稿的过程中，除了要新建幻灯片，还包括幻灯片的复制、移动和删除。

① 复制幻灯片。

当需要相似的幻灯片时，可以复制幻灯片。复制幻灯片的操作步骤如下。

a. 选中需要复制的幻灯片，单击鼠标右键，在弹出的快捷菜单中单击“复制”命令，或者按 Ctrl+C 组合键。

b. 在目标位置单击鼠标右键，在弹出的快捷菜单中单击“粘贴”命令，或者按 Ctrl+V 组合键。

② 移动幻灯片。

有时幻灯片的播放顺序不符合要求，就需要移动幻灯片，调整幻灯片的顺序。

移动幻灯片的操作方法有以下两种。

a. 拖曳的方法。

在普通视图的幻灯片缩略图窗格或幻灯片浏览视图中，选中需要移动的幻灯片，按住鼠标左键将它拖曳到新的位置。

b. 剪切的方法。

选中需要移动的幻灯片，单击鼠标右键，在弹出的快捷菜单中单击“剪切”命令或者按 Ctrl+X 组合键，将鼠标指针移动到目标位置，单击鼠标左键，会有一条线闪动指示该位置，单击鼠标右键，在弹出的快捷菜单中单击“粘贴”命令或者按 Ctrl+V 组合键，可以将幻灯片移动到目标位置。

事实上，有关幻灯片的操作在幻灯片浏览视图下进行，将更加方便和直观，读者可以自己尝试。

③ 删除幻灯片。

删除幻灯片有以下两种方法。

a. 选中需要删除的幻灯片，然后按 Delete 键，被选幻灯片即被删除，其余幻灯片将按顺序排列。

b. 选中需要删除的幻灯片，单击鼠标右键，在弹出的快捷菜单中单击“删除幻灯片”命令，被选幻灯片即被删除，其余幻灯片将按顺序排列。

二、预习测试

1. 单项选择题

（1）WPS 演示文稿中共有____种视图。

A. 5　　B. 4　　C. 3　　D. 6

（2）幻灯片母版可以实现的是____。

A. 统一改变字体　　B. 统一添加相同的对象

C. 统一修改项目符号　　D. 以上都是

（3）幻灯片浏览视图下不能____。

A. 复制幻灯片　　B. 改变幻灯片位置

C. 修改幻灯片内容　　D. 隐藏幻灯片

（4）幻灯片母版视图下可以____。

A. 在大纲状态下查看所有幻灯片

B. 安排各个幻灯片的位置

C. 可以添加对象，并在各个幻灯片中显示出来

D. 以上都不是

（5）WPS 演示文稿文件扩展名可以为____。

A. .dps　　B. .ppt　　C. .pptx　　D. 以上都可以

（6）用户编辑演示文稿时的主要视图是____。

A. 普通视图　　B. 幻灯片浏览视图

C. 备注页视图　　D. 幻灯片放映视图

（7）演示文稿中的每一张演示的单页称为____，它是演示文稿的核心。

A. 版式　　B. 模板　　C. 母版　　D. 幻灯片

（8）WPS 演示文稿的视图包括____。

A. 普通视图、阅读视图、幻灯片浏览视图、备注页视图

B. 普通视图、阅读视图、幻灯片浏览视图、动画视图

C. 普通视图、阅读视图、幻灯片视图、图形视图

D. 普通视图、阅读视图、幻灯片视图、文本视图

2. 操作题

党的二十大报告指出：“推进文化自信自强，铸就社会主义文化新辉煌”，凤阳花鼓于 2006 年入选国家首批非物质文化遗产名录。下面我们为安徽省凤阳花鼓制作一个如图 9-8 所示的演示文稿。

操作题解析视频

（1）新建名为“凤阳花鼓.pptx”的演示文稿，并在该演示文稿中创建 3 张幻灯片。

（2）第一张幻灯片的版式为“标题”，后两张幻灯片的版式为“标题和内容”。

（3）设置演示文稿的主题为免费类型的“渐变彩色空间”，在第二张幻灯片中插入图片“素材.jpg”。

（4）设置第三张幻灯片中的文本框为白色背景，边框格式设为红色、3 磅、实线，文本内容“中部居中”。

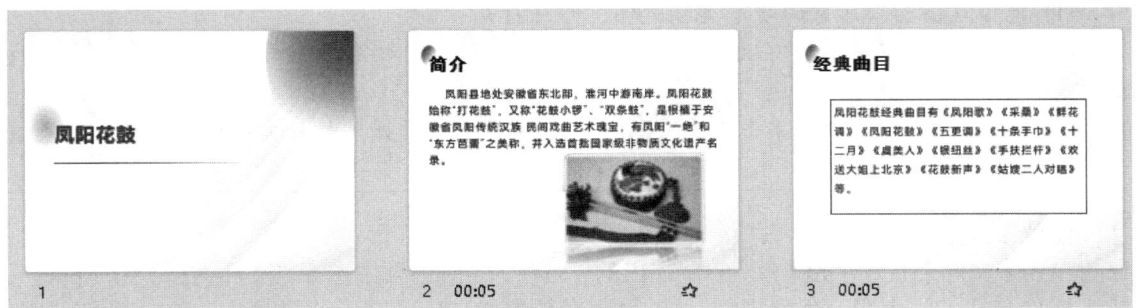

图 9-8 “凤阳花鼓”演示文稿

三、预习情况解析

1. 涉及知识点

演示文稿的概念；WPS 演示文稿的工作界面；演示文稿视图和母版视图；幻灯片的版式、主题、占位符。

2. 预习测试题解析

见表 9-1。

表 9-1 “新建并设计大学生职业生涯规划演示文稿”预习测试题解析

测试题序号	答案	参考知识点	测试题序号	答案	参考知识点
1.（1）	B	见课前预习“3.”	1.（5）	D	见课前预习“1.（1）”
1.（2）	D	见课前预习“5.”	1.（6）	A	见课前预习“3.（1）”
1.（3）	C	见课前预习“3.（2）”	1.（7）	D	见课前预习“1.（2）”
1.（4）	C	见课前预习“5.”	1.（8）	A	见课前预习“3.”
2.	见微课视频				

9.2.2 任务实现

一、新建并保存大学生职业生涯规划演示文稿文件

涉及知识点：新建、打开、保存演示文稿文件

为完成本项目，首先新建一个 WPS 演示文稿，并将其命名为“大学生职业生涯规划”。

【任务 1】新建演示文稿，命名演示文稿文件并将其保存在“D:\职业生涯规划”文件夹中。

步骤 1：新建演示文稿。

打开 WPS Office 程序，进入 WPS Office 首页，或者已经打开了一个 WPS 文档，单击最上方的“首页标签”按钮 WPS Office ，进入 WPS Office 首页。单击窗口上方的“新建”按钮 +，或者单击左侧的“新建”按钮 + 新建 ，或者按 Ctrl+N 组合键，弹出“新建”面板。单击面板中的“演示”按钮，打开“新建演示文稿”窗口，单击“空白演示文稿”按钮，即可新建一个名为“演示文稿 1”的演示文稿。

说明：

打开已经创建好的演示文稿文件的方法如下。

① 直接双击已创建好的演示文稿文件，即可打开。

② 在 WPS Office 首页界面，单击窗口左侧的“打开”按钮，或者在“最近”列表区找到该文件，双击，即可打开。

③ 在 WPS 文档窗口，单击【文件】|【打开】命令，打开“打开文件”对话框，找到该文件打开。

步骤 2：保存演示文稿。

单击【文件】|【另存为】命令，在弹出的“另存为”对话框中选择“文件类型”为“.pptx”，输入文件名“大学生职业生涯规划”，选择保存位置为“D:\职业生涯规划”，单击“保存”按钮，“大学生职业生涯规划”演示文稿文件保存完毕。

二、新建幻灯片

涉及知识点：新建幻灯片

“大学生职业生涯规划”演示文稿由 6 张幻灯片组成。

新建的演示文稿文件中默认有一张幻灯片，因此需要在演示文稿中新建 5 张幻灯片。

【任务 2】在演示文稿中新建 5 张幻灯片并设置幻灯片大小为“宽屏（16∶9）”。

步骤 1：新建第二张幻灯片。

单击【开始】|【幻灯片】|【新建幻灯片】命令，或者在幻灯片缩略图窗格单击鼠标右键，在弹出的快捷菜单中单击“新建幻灯片”命令，或者按 Ctrl+M 组合键，在演示文稿中新建第二张幻灯片。

按上述方法操作，在演示文稿中再新建 4 张幻灯片，此时在幻灯片缩略图窗格可以看到 6 张幻灯片的缩略图。

步骤 2：设置幻灯片大小为“宽屏（16∶9）”。

单击【设计】|【自定义】|【幻灯片大小】命令，在打开的下拉列表中选择“宽屏（16∶9）”。

三、设计幻灯片

涉及知识点：设置幻灯片版式、主题样式

插入新幻灯片后，首先要对幻灯片进行设计。可以利用版式、主题、颜色、字体、效果、背景样式等功能，统一幻灯片的配色方案、排版样式、背景颜色等效果，达到快速设计演示文稿的目的。

【任务 3】第一张幻灯片的版式设置为“标题幻灯片”，第二、第三、第四、第五张幻灯片的版式设置为“标题和内容”，第六张幻灯片的版式设置为“末尾幻灯片”。

可以根据在幻灯片插入的内容的需要，设置幻灯片的版式。

选中第一张幻灯片，单击【开始】|【幻灯片】|【版式】命令，在弹出的面板中选择“标题幻灯片”版式，即可设置第一张幻灯片的版式为“标题幻灯片”。按上述方法，分别设置其他 5 张幻灯片的版式。

【任务 4】设置演示文稿的主题为“抽象立体几何简约风”（免费类型）；修改幻灯片版式。

步骤 1：设置演示文稿的主题。

单击【设计】|【主题】|【更多主题】命令，打开“主题方案”面板，在“推荐方案”选

项卡中选择“付费类型”为“免费”，选择“抽象立体几何简约风”主题，如图 9-9 所示，则所有幻灯片都被应用了该主题。

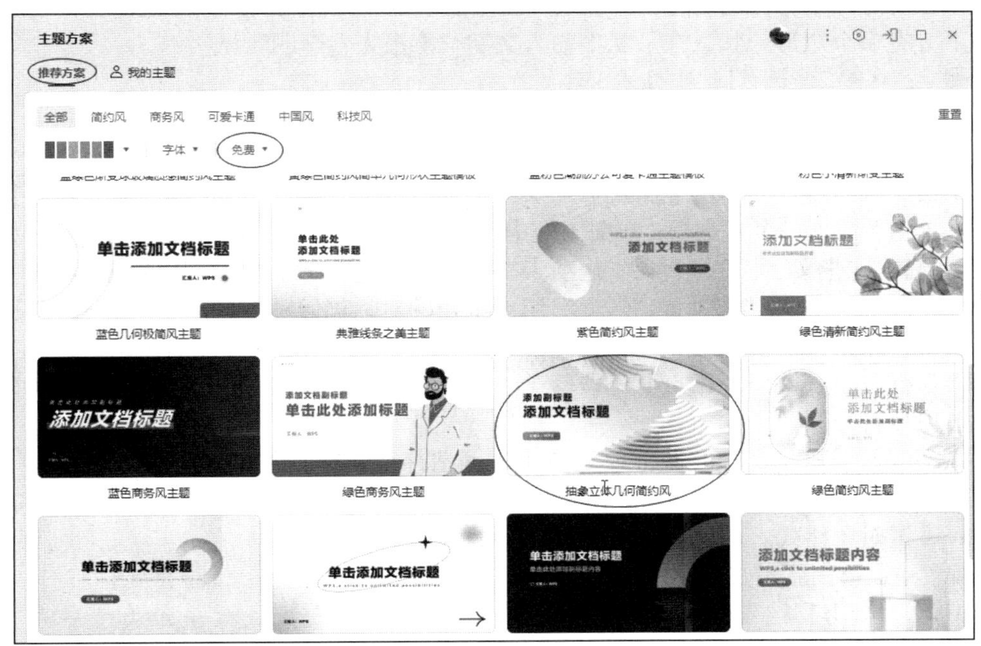

图 9-9　“主题方案”面板

步骤 2：第二张幻灯片的版式修改为“目录”版式。

不同的主题，版式略有不同。使用【任务 3】的方法将第二张幻灯片的版式修改为“目录”版式。

【任务 5】统一修改标题字体为黑体、加粗，字号为 60。

单击【设计】|【主题】|【统一字体】命令，在弹出的下拉菜单中选择“批量设置字体”命令，打开“批量设置字体”对话框，如图 9-10 所示进行设置。单击“确定”按钮后，“大学生职业生涯规划”演示文稿文件中每一张幻灯片的标题字体均改为黑体、加粗，字号为 60。

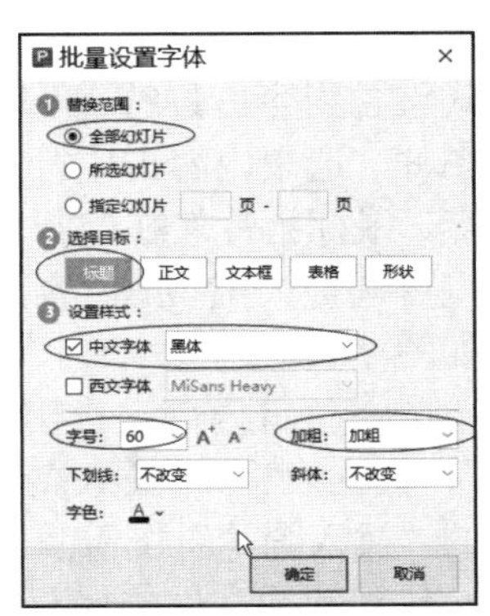

图 9-10　“批量设置字体”对话框

四、插入和格式化对象

涉及知识点：插入图片、文本框、超链接、形状、表格、艺术字、背景音乐等对象，设置对象格式

【任务 6】分别在第一、第二张幻灯片中输入文字，并设置字体格式及项目符号。

幻灯片中经常需要输入文本，可以在文本占位符中直接输入文本，也可以根据需要在幻灯片中插入文本框，在文本框中输入文本。文本框有横向（默认）和竖向两种形式。

步骤 1：在第一张幻灯片中插入文本。

选中第一张幻灯片，单击标题占位符，输入标题“大学生职业生涯规划”，标题文本的字体已在【任务 5】中统一设置为黑体、加粗、60，调整标题占位符的位置。

单击副标题占位符，输入文字“创/造/一/片/天/空 让/我/自/由/飞/翔”，选中文字，在“文本工具”选项卡“字体”组中设置文本的字体为微软雅黑、蓝色，字号为32。

第一张幻灯片是“标题幻灯片”版式，在“抽象立体几何简约风”主题的“标题幻灯片”版式左下方有一个矩形形状，在形状中输入文字“汇报人：李明”。

步骤2：在第二张幻灯片中插入文本。

选中第二张幻灯片，在标题占位符中输入文字“目录”

步骤3：在第二张幻灯片中插入文本框并设置项目符号。

选中第二张幻灯片，单击【插入】|【文本】|【文本框】命令，鼠标指针变为十字形，在幻灯片上单击，插入一个文本框；在文本框中输入3行文字“关于我”“行业与专业分析”“职业定位”。选中这些文字，在“开始”选项卡“字体”组中设置文本的字体为微软雅黑、蓝色，字号为32；单击“开始”选项卡“段落”组右下角的对话框启动器按钮，打开“段落”对话框，设置行距为“双倍行距”。

选中3行文字，单击【开始】|【段落】|【项目符号】下拉按钮，在弹出的面板中选择相应的圆形项目符号。

在文字“关于我”之后再添加文字“(个人网站首页：单击进入)”，其字号修改为18磅。

【任务7】在第三张幻灯片中插入图片、文本框、形状，输入文字。将图片、文本框组合为一体，设置对象格式。

步骤1：在第三张幻灯片中输入标题文本。

选中第三张幻灯片，在标题占位符中输入文字“关于我”。

步骤2：插入图片，并调整位置及大小。

插入图片可以有两种方式，使用占位符或者使用选项卡命令。

① 使用占位符。任务3中设置的第三张幻灯片版式包含内容占位符，可以使用内容占位符直接插入图片。选中内容占位符，占位符四周出现8个控制点，鼠标指针放在控制点变为双向箭头，按住拖曳可调整大小。把内容占位符调整到幻灯片右侧，如图9-11所示。

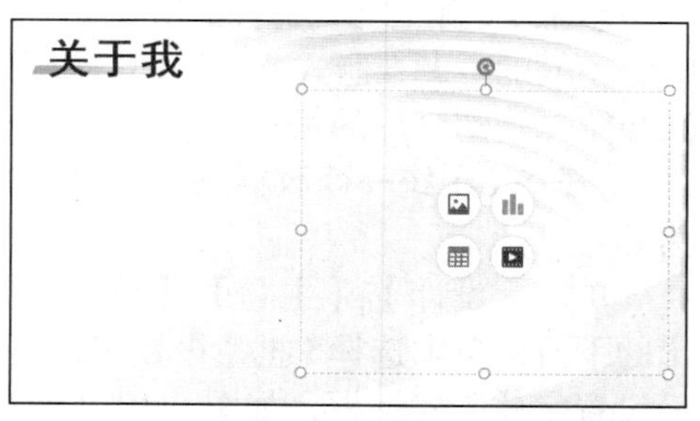

图9-11 调整“内容占位符”大小

单击占位符内部，会出现“插入图片”“插入图表”“插入表格”“插入媒体”4个小按钮，单击其中的“插入图片”按钮，打开“插入图片”对话框，找到图片文件的保存位置“D:\职业生涯规划”，打开图片文件“简介.png”，将图片插入占位符中。

② 使用选项卡命令。单击【插入】|【图形和图像】|【图片】命令，在弹出的下拉菜单中选择“本地图片”命令，打开“插入图片”对话框，找到图片文件的保存位置“D:\职业生涯规划”，打开图片文件“简介.png”，将图片插入幻灯片中，此时原有的占位符仍然存在，可以删去。如果不删去，放映时也不会显示。

选中图片，图片四周出现8个控制点。鼠标指针放在图片上，变为四向箭头，此时拖曳可以调整图片位置；鼠标指针放在图片控制点上，变为双向箭头，此时拖曳可以调节图片大小。

步骤3：插入文本框，输入文字，并将文本框置于顶层。

在图片上方插入文本框，输入相应文字。单击【插入】|【文本】|【文本框】命令，鼠标指针变为十字形，在图片上单击，插入一个文本框；在文本框中输入“姓名：×××”“年龄：

19 岁”“学校：电子信息学院”“专业：计算机应用技术”“联系电话：×××××××××”“个人网站: https://××××××××”多行文字。将这些文字字体设置为微软雅黑、白色，字号为 18，行距设置为“双倍行距”。

选中文本框，单击【绘图工具】|【排列】|【上移】按钮右侧的下拉箭头，在弹出的菜单中选择“置于顶层”；或者使用另外一种方法：选中文本框后，在文本框右侧会出现一列功能按钮，单击“叠放次序”按钮，在弹出的面板中选择“置于顶层”。

步骤 4： 将文本框与图片组合为一体。

调整好文本框、图片的相对位置及大小后，可以将它们组合为一体。先选中图片，再按住 Ctrl 键，单击文本框，此时文本框与图片被同时选中；单击【绘图工具】|【排列】|【组合】命令，在弹出的下拉菜单中选择“组合”命令。

如果需要取消组合，单击【绘图工具】|【排列】|【组合】命令，在弹出的下拉菜单中选择“取消组合”命令即可。

步骤 5： 插入五边形箭头形状，输入文字，并修改字体格式。

单击【插入】|【图形和图像】|【形状】命令，在弹出面板的“箭头总汇”中选择“五边形”，如图 9-12 所示，鼠标指针变为十字形，按住鼠标左键在幻灯片左侧拖曳，插入一个五边形箭头形状；双击该五边形箭头形状，输入文字“简介”；选中文字，将文字字体设置为微软雅黑、白色，字号为 54。

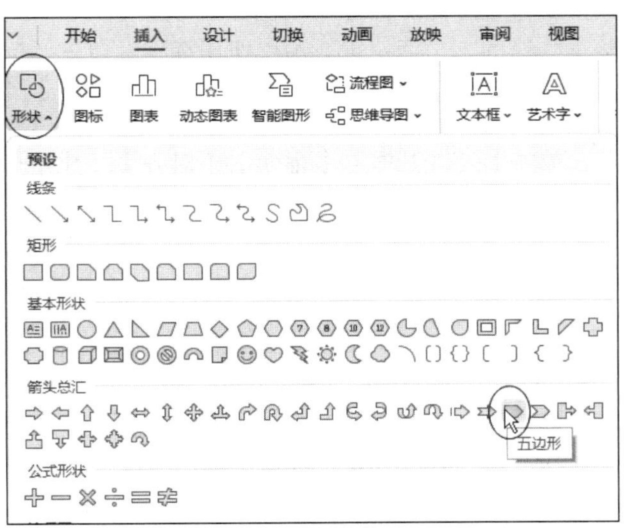

图 9-12　选择五边形

【任务 8】在第四张幻灯片中输入文字，并设置项目符号。

步骤 1： 在第四张幻灯片中输入标题文本。

选中第四张幻灯片，在标题占位符中输入文字“行业与专业分析”。

步骤 2： 在第四张幻灯片中输入内容文本，并调整字体格式。

在第四张幻灯片内容占位符中输入文字，文本内容见图 9-4。

选中内容文本，设置字体为黑体，字号为 24 磅，段前间距 10 磅，1.2 倍行距。

步骤 3： 为内容文本设置项目符号。

在内容占位符中输入的文字，会自动添加项目符号，还可以根据需要调整符号样式。

选中“行业分析”行，单击【开始】|【段落】|【项目符号】下拉按钮，在弹出的面板中

选择相应的圆形项目符号。此时再单击【开始】|【剪贴板】|【格式刷】命令，按住鼠标左键用刷子形状鼠标指针拖刷“专业分析”行，把“行业分析”行的格式复制到“专业分析”行。“行业分析”“专业分析”两行项目符号样式设置完毕。

【任务 9】在第五张幻灯片中输入标题文字，插入表格，并设置表格格式。

步骤 1：在第五张幻灯片中输入标题文本。

选中第五张幻灯片，在标题占位符中输入文字“职业定位”。

步骤 2：在第五张幻灯片中插入表格。

插入表格可以有两种方式，使用占位符或者使用“插入”选项卡命令。

① 使用占位符。单击内容占位符内部的“插入表格”按钮，打开“插入表格”对话框，设置为 4 行 2 列，插入 4 行 2 列表格。

② 使用“插入”选项卡命令。单击【插入】|【表格】|【表格】命令，插入 4 行 2 列表格。

步骤 3：输入表格文字内容。

按图 9-1 输入表格文字内容。

步骤 4：设置表格单元格大小、文字字体格式、文字对齐方式。

单击表格任意位置选中表格，表格出现 4 个控制点，鼠标指针置于控制点上变为双向箭头形状，按住鼠标左键拖曳，可以调整表格的大小；鼠标指针置于表格内框线上变为另一种双向箭头形状，按住鼠标左键拖曳，可以调整行高或列宽；鼠标指针置于表格外框线上变为四向箭头形状，按住鼠标左键拖曳，可以移动表格的位置。

如果需要精确调整单元格的大小与位置，需要使用选项卡命令。按住鼠标左键拖曳，选中整个表格；或者单击表格任意位置，再单击【表格工具】|【排列】|【选择】|【选择表格】命令，选中整个表格。在【表格工具】|【单元格大小】|【表格行高】文本框中输入 2.3 厘米（列宽用户自定义即可）；单击【表格工具】|【排列】|【对齐】|【水平居中】命令，使表格在幻灯片中水平位置居中。

选中整个表格后，在“表格工具”选项卡“字体”组中设置表格文字字体为微软雅黑，字号为 24 磅；单击【表格工具】|【对齐方式】|【居中对齐】命令、【表格工具】|【对齐方式】|【水平对齐】命令，使文字在单元格内垂直和水平方向均居中对齐。

【任务 10】在第六张幻灯片中插入艺术字及其他文本，并设置艺术字格式。

步骤 1：插入艺术字，并设置艺术字格式。

插入艺术字可以有两种方式，使用占位符或者使用“插入”选项卡命令。

① 使用占位符。单击第六张幻灯片中的占位符，输入文字“谢谢倾听”。

选中占位符或文字，单击【文本工具】|【艺术字样式】|【填充】下拉按钮，在弹出的面板中，“主题颜色”选择“钢蓝，着色 1”；再单击【文本工具】|【艺术字样式】|【效果】|【阴影】命令，在弹出的面板中，“透视”选择“右上对角透视”；再单击【文本工具】|【艺术字样式】|【效果】|【转换】命令，在弹出的面板中，“弯曲”选择“左近右远”。

② 使用“插入”选项卡命令。选中第六张幻灯片，单击【插入】|【文本】|【艺术字】命令，在弹出的面板中，“艺术字预设”选择“钢蓝，着色 1，阴影”，此时第六张幻灯片上出现“请在此处输入文字”虚线框，将虚线框内文字替换为“谢谢倾听”。

接下来的艺术字格式设置方法同上。

步骤 2：插入汇报人文本。

第 6 张幻灯片是“末尾幻灯片”版式，“抽象立体几何简约风”主题的“末尾幻灯片”版式左下方有一个矩形形状，单击形状，在形状中输入文字“汇报人：李明”。

【任务 11】为第二张幻灯片的文本分别设置超链接。

WPS 演示文稿提供了功能强大的超链接，使用它可以在幻灯片与幻灯片之间、幻灯片与其他外界文件或程序之间以及幻灯片与网络之间自由地切换。

步骤 1：设置“单击进入”文本的超链接。

在第二张幻灯片中选中文本“单击进入”，单击鼠标右键，在弹出的快捷菜单中单击“超链接”命令，打开“插入超链接”对话框，如图 9-13 所示。在“插入超链接”对话框中，可以设置链接到“原有文件或网页”“本文档中的位置”“电子邮件地址”“链接附件”，本任务要链接到个人网站首页，所以采用链接到“原有文件或网页”。在地址栏中输入个人网站首页网址“https://××××××××”，单击“确定”按钮，此时文本“单击进入”变为其他颜色，并被添加了下画线。

图 9-13　“插入超链接”对话框

步骤 2：分别设置“关于我”“行业和专业分析”“职业定位”文本的超链接。

在第二张幻灯片中选中文本“关于我”，单击鼠标右键，在弹出的快捷菜单中单击“超链接”命令，打开“插入超链接”对话框，在“链接到”中选择“本文档中的位置”，在“请选择文档中的位置”列表框中选择幻灯片 3，单击“确定”按钮。此时第二张幻灯片中的文本“关于我”就链接到第三张幻灯片了。依次类推，完成“行业和专业分析”“职业定位”的超链接设置，将其分别链接到第四张幻灯片、第五张幻灯片。

【任务 12】在第一张幻灯片中插入背景音乐“高山流水.mp3”，设置背景音乐在幻灯片放映时循环播放，直到停止，并且放映时隐藏播放器图标。

步骤 1：插入背景音乐。

切换到第一张幻灯片，单击【插入】|【媒体】|【音频】命令，打开“音频”下拉列表，如图 9-14 所示。下拉列表中有两种插入方式：嵌入方式是把音频文件嵌入到演示文稿中，文档占用存储空间变大，链接方式是以关联本地路径或云端链接方式插入。另外，下拉列表中有两种插入对象：背景音乐、音频。插入对象为背景音乐时，在放映幻灯片时自动播放，切换到下一张幻灯片时不会中断，一直循环播放到幻灯片放映结束；插入对象为音频时，默认只在当前幻灯片播放，也可以在“音频工具”选项卡设置“循环播放”“跨幻灯片播放”等。

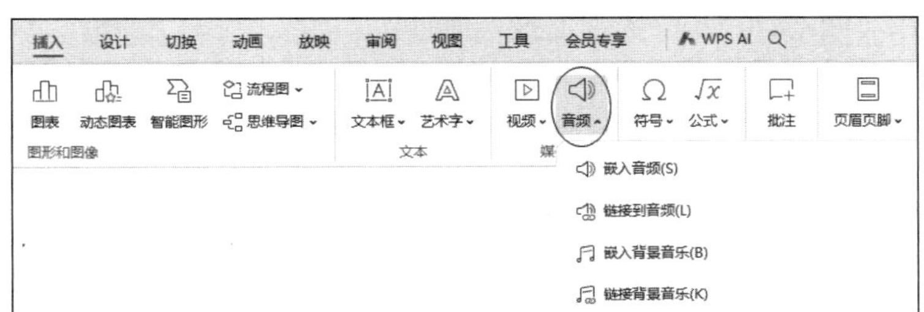

图 9-14　“音频”下拉列表

步骤 2：设置播放效果。

选中插入的播放器图标对象，在“音频工具”选项卡中可以设置音量，设置自动开始播放还是单击开始播放，设置放映时隐藏播放器图标等，如图 9-15 所示。

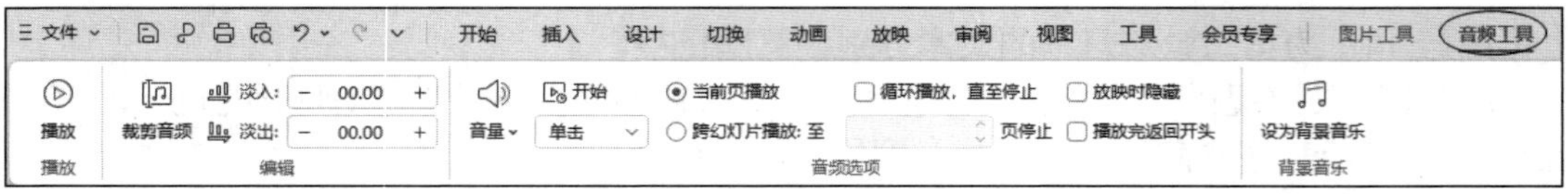

图 9-15 “音频工具”选项卡

【任务 13】修改幻灯片母版，在所有幻灯片中添加汇报人信息。

步骤 1：切换到幻灯片母版视图。

在课前预习部分，我们了解了幻灯片母版的作用，可以对基于该母版的每张幻灯片进行统一的样式更改，如使用幻灯片母版在多张幻灯片中添加相同的信息，节省大量时间，提高办公效率。

单击【视图】|【母版视图】|【幻灯片母版】命令，工作界面切换到母版视图状态。在左侧的幻灯片缩略图窗格，最上方的第一张幻灯片母版是最大的，称为母版幻灯片，在此母版幻灯片下方是与版式相关的幻灯片母版。第一张母版幻灯片中的设计内容将应用于该演示文稿的所有幻灯片，下方与版式相关的幻灯片母版的设计内容将应用于该演示文稿中使用该版式的幻灯片，光标置于它们上方会有应用范围提示，如图 9-16 所示。

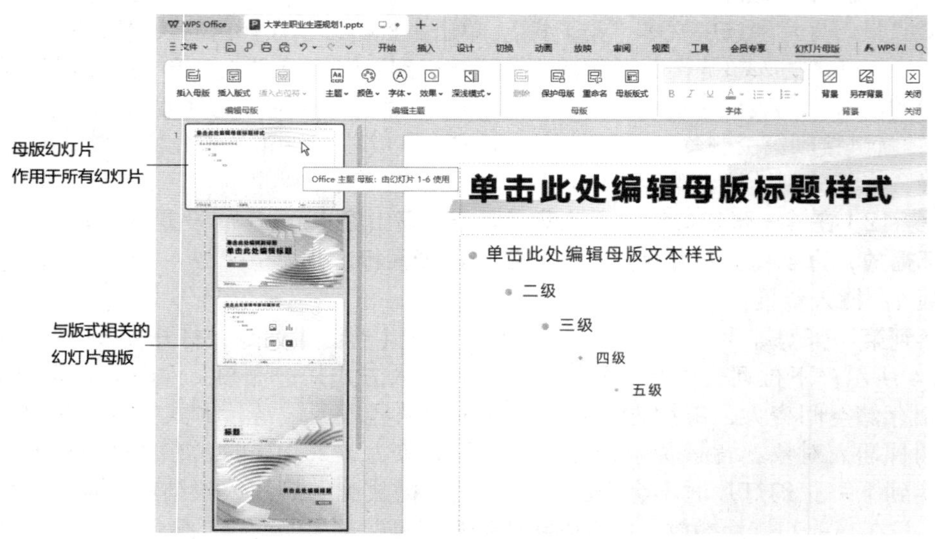

图 9-16 母版幻灯片及与版式相关幻灯片母版

步骤 2：使用母版幻灯片统一添加汇报人信息。

在幻灯片母版视图，选中最上方的母版幻灯片，单击【插入】|【文本】|【文本框】命令，在左下角添加文本框，输入文字“汇报人：李明”。选中该文本框，在“文本工具”选项卡“字体”组中设置字体为微软雅黑，颜色为白色，字号为 24 磅；单击【文本工具】|【形状样式】|【填充】下拉按钮，文本框填充颜色设置为“钢蓝，着色 1”；单击【文本工具】|【形状样式】|【轮廓】下拉按钮，文本框轮廓颜色设置为“无边框颜色”。

步骤 3：检查母版幻灯片使用效果并完善。

在幻灯片母版视图状态，母版幻灯片添加的内容统一呈现在下方的每一张幻灯片母版中，如图 9-17 所示，如果发现某些版式不能应用幻灯片母版，可能是因为这些版式与母版的设计不兼容或者有其他图形或元素遮挡住了需要显示的部分。此时可以在下方的版式相关幻灯片母版中再次添加内容。

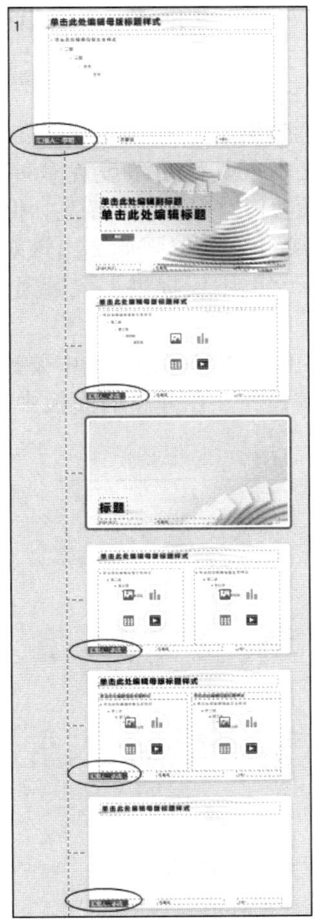

图 9-17 编辑母版幻灯片的效果

在本案例中“标题幻灯片”“目录”版式相关的幻灯片母版中，没有呈现母版幻灯片添加的内容，这是由于添加的内容被这些版式的元素遮挡了。演示文稿中第一张幻灯片采用“标题幻灯片”版式，第二张幻灯片采用“目录”版式。在任务 6 步骤 1 中第一张幻灯片已经输入汇报人信息，只需要在“目录”版式相关的幻灯片母版中添加汇报人信息内容。先选中“目录”版式相关的幻灯片母版，在其中添加汇报人信息，方法同“任务 13 步骤 2”。

步骤 4：回到普通视图。

单击【幻灯片母版】|【关闭】|【关闭】命令，工作界面切换回普通视图状态。

9.3 任务二 设置演示文稿的动态效果与放映方式

9.3.1 课前准备

为保证任务能够顺利完成，请在实际操作前预习以下内容：为幻灯片中的对象设置动画效果、设置幻灯片的播放效果。

一、课前预习

1. 幻灯片中对象的动画效果

制作演示文稿的目的是在观众面前展示。为幻灯片中的对象设置动画效果，除了可以让演示文稿内容丰富、设计精彩等，还可以帮助演讲者突出重点，控制展现流程并增加演示的趣味性。

（1）设置动画效果

WPS 演示文稿中，对象的动画效果有进入、退出、强调、动作路径几类。

“进入”“退出”动画可以为文本或其他对象设置多种进入、退出放映屏幕的动画效果；“强调”动画可以使某对象一直在幻灯片中原有位置上，但显示某种动画效果，如对象放大/缩小、对象填充色变化、对象字体变化等，以强调突出该对象；“动作路径”动画可以指定对象沿着预定的路径运动，WPS 演示文稿不仅提供了大量预设路径效果，还可以由用户自定义动画效果。

设置幻灯片中对象的动画效果的具体步骤为：选中要添加动画效果的对象，单击“动画”选项卡“动画”组的“其他”下拉按钮，在弹出的面板中选择要添加的动画特效，如图 9-18 所示。

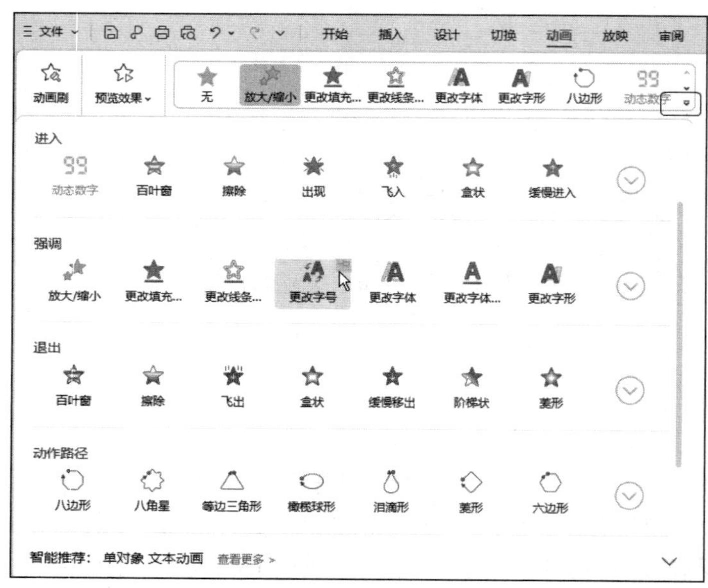

图 9-18　选择要添加的动画特效

（2）动画开始与持续时间

选中对象并设置对象动画效果后，在“动画”选项卡“计时”组可以设置动画开始的触发事件：“单击时”或者“与上一动画同时”，或者“在上一动画之后”；还可以设置动画的延迟时长和持续时长，如图 9-19 所示。

（3）查看或编辑当前幻灯片中对象的动画效果

单击【动画】|【动画工具】|【动画窗格】命令，在窗口右侧弹出“动画窗格”任务窗格，可以查看或编辑当前幻灯片中的动画，如图 9-20 所示。

在“动画窗格”任务窗格中还可以按住鼠标左键拖曳动画选项，改变其在列表中的位置，进而改变动画在幻灯片中的播放顺序。

2. 幻灯片切换动画

幻灯片切换动画是指放映演示文稿时，从一张幻灯片切换到下一张幻灯片时的动态特效。在幻灯片切换中加入合适的动画效果与音效，控制切换速度，可以提高幻灯片的制作质量和设计美感。

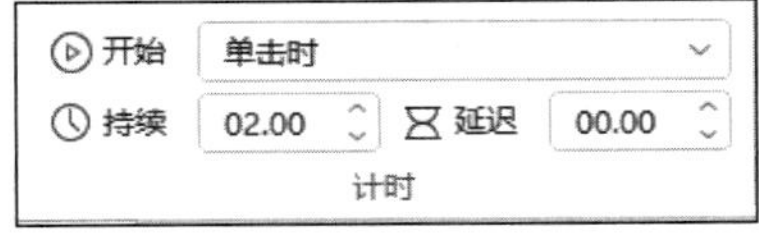

图 9-19 “动画”选项卡“计时”组

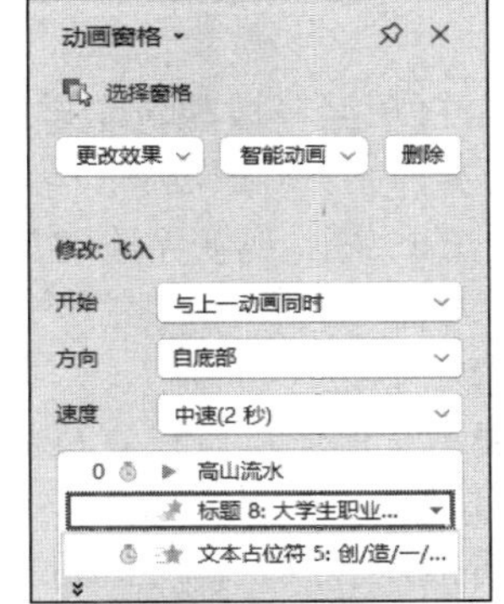

图 9-20 “动画窗格”任务窗格

幻灯片切换动画使用“切换”选项卡设置，如图 9-21 所示。

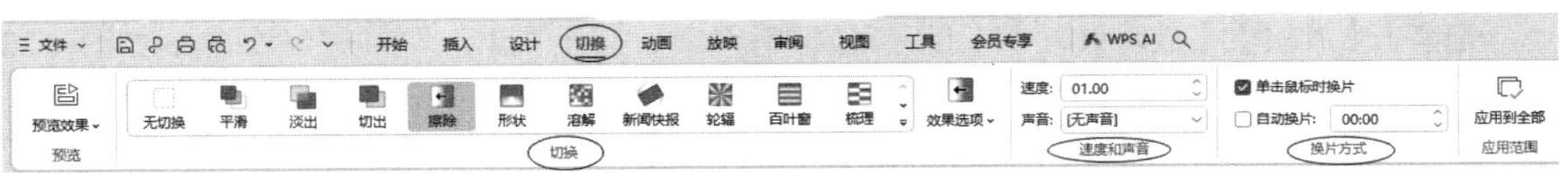

图 9-21 “切换”选项卡

选中需要设置切换动画的幻灯片，在“切换”选项卡“切换”组中可以设置各种预设的切换动画效果；在“切换”选项卡“速度和声音”组中可以设置切换播放的速度和声音；在“切换”选项卡“换片方式”组中可以设置幻灯片切换的触发事件“单击鼠标时换片”或者“自动换片”，也可以二者都选。

3. 幻灯片放映

单击【放映】|【放映设置】|【放映设置】命令，打开“设置放映方式”对话框，可以在该对话框中设置放映类型、放映选项、放映幻灯片、换片方式等，如图 9-22 所示。

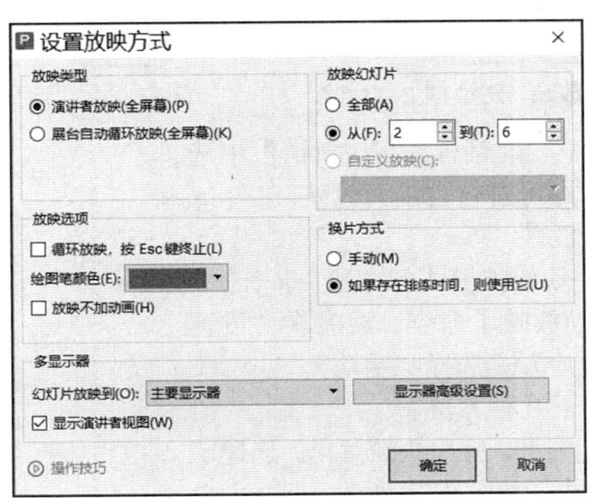

图 9-22 “设置放映方式”对话框

（1）放映类型

WPS 演示文稿提供两种幻灯片放映类型，分别是演讲者放映（全屏幕）和展台自动循环放映（全屏幕）。

① 演讲者放映（全屏幕）。此选项是默认的放映方式，在这种放映方式下，幻灯片全屏

放映，放映者有完全的控制权，如可以控制放映停留的时间、暂停演示文稿放映、选择换片方式等。

② 展台自动循环放映（全屏幕）。在这种放映方式下，幻灯片全屏放映。每次放映完毕后，自动从头开始，循环放映。除鼠标指针可以使用外，菜单和工具栏的功能全部失效，终止放映要按 Esc 键。观众无法对放映进行干预，也无法修改演示文稿。展台自动循环放映方式适合于无人管理的展台放映。

（2）放映幻灯片

WPS 演示文稿还可以设置待放映的幻灯片数量，有全部、部分和自定义放映 3 种选择。

① 全部放映。默认形式为全部，即所有的幻灯片都被放映。

② 部分放映。放映部分幻灯片时，可以选择开始和结束的幻灯片编号，即可定义放映哪一部分。

③ 自定义放映。根据已经做好的演示文稿的实际播放需要，自定义放映演示文稿中的部分幻灯片以及定义放映的顺序等，自定义放映的设置方法如下。

先单击【放映】|【放映设置】|【自定义放映】命令，打开“自定义放映”对话框，如图 9-23 所示，在该对话框中单击“新建”按钮，打开“定义自定义放映”对话框，如图 9-24 所示，在对话框左侧的列表框中双击需要放映的幻灯片，被双击的幻灯片就添加到右侧“在自定义放映中的幻灯片”列表框，或者在对话框左侧列表框中选中需要放映的幻灯片，单击“添加”按钮。选择完毕，单击“确定”按钮。在“定义自定义放映”对话框中还可以删去已选中放映的幻灯片、调整选中幻灯片的放映顺序。

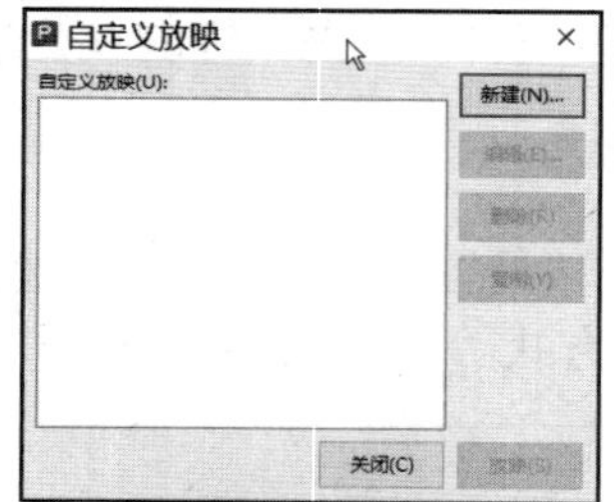

图 9-23 “自定义放映”对话框

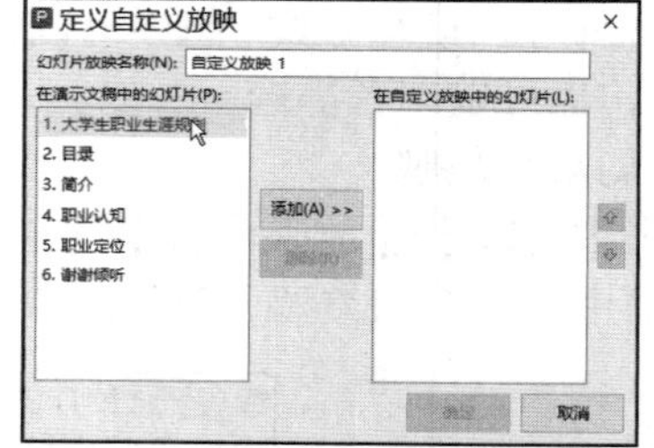

图 9-24 “定义自定义放映”对话框

再打开“设置放映方式”对话框，在该对话框中选中“自定义放映”选项，即可进行自定义放映。

（3）手动放映与自动放映

① 手动放映。进入手动放映模式的方法：单击【放映】|【放映设置】|【手动放映】命令，或者在“设置放映方式”对话框中，换片方式选择“手动”。

手动放映时换片有以下几种方法。

a. 在放映时单击鼠标右键，弹出快捷菜单，选择定位到指定的幻灯片进行放映，如图 9-25 所示。

b. 使用鼠标滚轮，可以切换到上一张或下一张幻灯片。

c. 单击鼠标切换到下一张幻灯片。在“切换”选项卡“换片方式”组中选中“单击鼠标时换片”复选框作为幻灯片切换的触发事件。

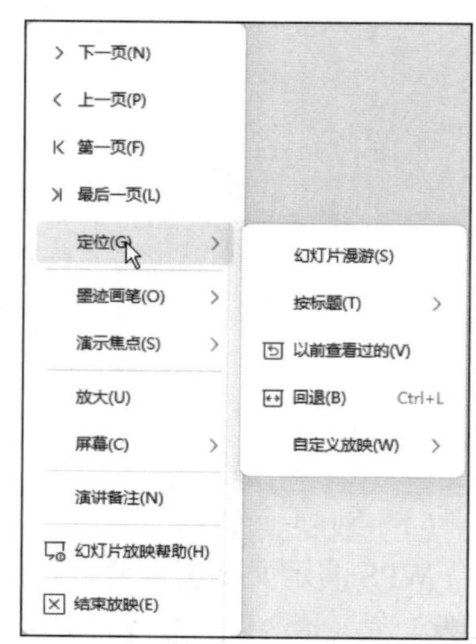

图 9-25 定位到指定幻灯片进行放映

d. 按指定时间定时切换到下一张幻灯片播放。在“切换”选项卡“换片方式”组中选中“自动换片”复选框并设置自动换片的定时时间。

② 自动放映。WPS 演示文稿中的自动放映是指按记录的排练时间自动换片放映。

先单击【放映】|【放映设置】|【排练计时】命令，进入排练模式，系统记录演讲排练时每页幻灯片的播放时长，结束演讲时将弹出对话框，询问是否保存幻灯片排练时间，单击“是”按钮，将保存本次演讲每张幻灯片单张演讲时长。

单击【放映】|【放映设置】|【自动放映】命令，或者在“设置放映方式”对话框中，换片方式选择“如果存在排练时间，则使用它”，即可进入自动放映模式。

（4）开始与结束放映

开始放映的方式有以下几种。

a. 单击【放映】|【开始放映】|【从头开始】命令，或者按 F5 键，从第一张幻灯片开始放映。

b. 单击【放映】|【开始放映】|【当页开始】命令，或者按 Shift+F5 组合键，或者按状态栏上的播放按钮，从当前幻灯片开始播放。

结束放映的方式有以下几种。

a. 播放到末尾幻灯片时，单击即可结束放映。

b. 在放映过程中，按 Esc 键即可结束放映。

c. 在放映过程中，右击打开快捷菜单，选择“结束放映”命令，即可结束放映。

二、预习测试

1. 单项选择题

（1）从当前幻灯片开始放映幻灯片的组合键是____。

A. Shift + F5　　B. Shift + F4　　C. Shift + F3　　D. Shift + F2

（2）从第一张幻灯片开始放映幻灯片的快捷操作是按____键。

A. F2　　B. F3　　C. F4　　D. F5

（3）要设置幻灯片中对象的动画效果以及动画的出现方式时，应在____选项卡中操作。

A. 切换　　B. 动画　　C. 设计　　D. 审阅

（4）要设置幻灯片的切换效果以及切换方式时，应在____选项卡中操作。

A. 开始　　B. 设计　　C. 切换　　D. 动画

（5）若只希望放映第一、第三、第五张幻灯片，应使用“放映”选项卡中的____命令。

A. 自定义放映　　B. 自定义动画

C. 动画方案　　D. 幻灯片切换

（6）在某张含有多个对象的幻灯片中，选中某个对象，设置“飞入”效果后，则____。

A. 未设置效果的对象的放映效果也为飞入

B. 该幻灯片的放映效果为飞入

C. 该对象的放映效果为飞入

D. 下一张幻灯片的放映效果为飞入

（7）如果要使一张幻灯片以“淡出”方式切换到下一张幻灯片，应使用____选项卡。

A. 超链接　　B. 自定义动画　　C. 切换　　D. 动作设置

（8）要更改幻灯片上对象动画出现的顺序，应在____任务窗格中设置。

A. 幻灯片切换　　B. 幻灯片设计

C. 自定义动画　　D. 动画窗格

（9）有关设置放映时间的说法，错误的是____。

A. 可以设置在单击时换页

B. 只能在单击时换页

C. 可以设置每隔一段时间自动换页

D. A、C 两种方法都可以换页

2. 多项选择题

（1）在进行幻灯片对象的动画设置时，可以设置的动画效果类型有____。

A. 进入　　B. 强调　　C. 退出　　D. 动作路径

（2）在“切换”选项卡中，可以进行的操作有____。

A. 设置幻灯片的切换效果

B. 设置幻灯片的换片方式

C. 设置幻灯片切换效果的持续时间

D. 设置幻灯片的版式

（3）关于“动画窗格”任务窗格，说法正确的有____。

A. 可以带声音　　B. 可以调整顺序

C. 不可以进行预览　　D. 可以添加效果

3. 操作题

在 9.2.1 节预习测试操作题“凤阳花鼓.pptx”的基础上进行以下操作。

（1）设置第二张幻灯片的图片进入动画为“随机线条”，开始方式为“上一动画之后”，方向为“垂直”。设置文字的进入动画效果为：展开、与上一动画同时。动画顺序为：先文字，后图片。

（2）设置第三张幻灯片的文本框的进入动画效果为：飞入、上一动画之后、自顶部。

（3）设置所有幻灯片的切换效果为：向右擦除、每隔 5 秒自动换片。同时在幻灯片中加入背景音乐“秋日私语.mp3”，并隐藏声音图标。

三、预习情况解析

操作题解析视频

1. 涉及知识点

幻灯片对象动画、幻灯片切换动画、幻灯片放映方式。

2. 预习测试题解析

见表 9-2。

表 9-2 “设置演示文稿的动态效果与放映方式”预习测试题解析

测试题序号	答案	参考知识点	测试题序号	答案	参考知识点
1.（1）	A	见课前预习“3.（4）”	1.（8）	D	见课前预习“1.（3）”
1.（2）	D	见课前预习“3.（4）”	1.（9）	B	见课前预习“3.（3）”
1.（3）	B	见课前预习“1.”	2.（1）	ABCD	见课前预习“1.（1）”
1.（4）	C	见课前预习“2.”	2.（2）	ABC	见课前预习“2.”
1.（5）	A	见课前预习“3.（2）”	2.（3）	ABD	见课前预习“1.（3）”
1.（6）	C	见课前预习“1.”	3.	见微课视频	
1.（7）	C	见课前预习“2.”			

9.3.2 任务实现

一、设置动画效果

涉及知识点：动画效果的设置、计时、触发器、预览

可以通过为幻灯片中的对象制作各种动画效果，增强演示文稿的表现力。

【任务 1】在第一张幻灯片中，设置标题、副标题、形状的动画效果，进行效果预览。

设置标题的动画效果为进入动画“飞入”，方向为“自底部”，开始时间为“与上一动画同时”，持续 2 秒；设置副标题的动画效果为进入动画“擦除”“逐字播放”，方向为“自底部”，开始时间为“在上一动画之后”，延迟 1 秒，持续 0.5 秒；设置形状动画效果为进入动画“飞入”，方向为“自左下部”，开始时间为“在上一动画之后”，持续 1 秒。

步骤 1：设置标题的动画效果为“飞入”，方向为“自底部”。

选中第一张幻灯片中的标题占位符，单击“动画”选项卡“动画”组中的“其他”下拉按钮，在弹出的面板中选择进入动画“飞入”。

再单击【动画】|【动画】|【动画属性】命令，打开下拉菜单，选择“自底部”。

步骤 2：设置标题的开始与持续时间。

在“动画”选项卡“计时”组中，“开始”下拉列表框中选择“与上一动画同时”。在“持续”文本框中输入 2.00，此处单位是秒。

步骤 3：设置副标题的动画效果为进入动画“擦除”“逐字播放”，方向为“自底部”。

选中第一张幻灯片中的副标题占位符，单击“动画”选项卡“动画”组中的“其他”下拉按钮，在弹出的面板中选择进入动画“擦除”。

单击【动画】|【动画】|【文本属性】命令，打开下拉菜单，选择“逐字播放”；再单击【动画】|【动画】|【动画属性】命令，打开下拉菜单，选择“自底部”。

步骤 4：设置副标题的持续时间和延迟效果。

在第一张幻灯片中选中副标题占位符，在“动画”选项卡“计时”组中，“开始”下拉列表框中选择“在上一动画之后”，在“持续”文本框中输入 0.5，在“延迟”文本框中输入 1.00。

步骤 5：设置形状的动画效果及开始与持续时间。

除了可以使用本任务步骤 1、步骤 2 的方法设置动画效果，还可以在“动画窗格”任务窗格中进行设置。

在第一张幻灯片中选中形状，单击【动画】|【动画工具】|【动画窗格】命令，打开“动画窗格”任务窗格。在任务窗格中单击“添加效果”按钮，弹出“动画特效”面板，选择“飞入”；在“开始”下拉列表框中选择“在上一动画之后”；在“方向”下拉列表框中选择“自左下部”；在“速度”下拉列表框中选择“快速（1 秒）”，如图 9-26 所示。

步骤 6：效果的预览。

选中第一张幻灯片，单击【动画】|【预览】|【预览效果】命令，可以预览第一张幻灯片中所有对象的动画效果。

【任务 2】在第三张幻灯片中，设置触发器：单击“简介”五边形形状，触发文本框与图片组合放大 150%的动画效果。

步骤 1：设置文本框与图片组合的动画效果。

选中第三张幻灯片，单击【动画】|【动画工具】|【动画窗格】命令，打开“动画窗格”任务窗格。选中文本框与图片的组合，在任务窗格中单击“添加效果”按钮，弹出“动

画特效”面板，选择“放大/缩小”；在“开始”下拉列表框中选择“单击时”；在“尺寸”下拉列表框中选择“较大（150%）”；在“速度”下拉列表框中选择“中速（2 秒）”。

步骤 2： 设置单击“简介”五边形形状，触发文本框与图片组合的动画。

在“动画窗格”任务窗格中右击组合对象的动画选项，在弹出的快捷菜单中选择“计时”命令，打开以该动画特效为名的对话框，在“计时”选项卡中单击“触发器”按钮 触发器(T) ，再选中“单击下列对象时启动效果”单选按钮，在其右侧的下拉列表框中选择“五边形 7”对象，如图 9-27 所示，单击“确定”按钮。

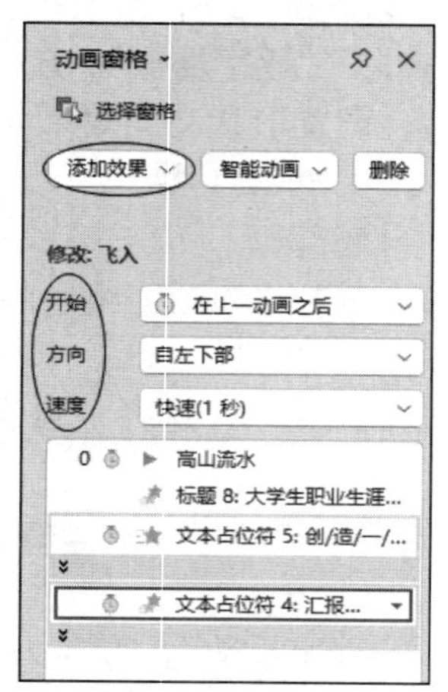

图 9-26　在“动画窗格”任务窗格中设置动画效果

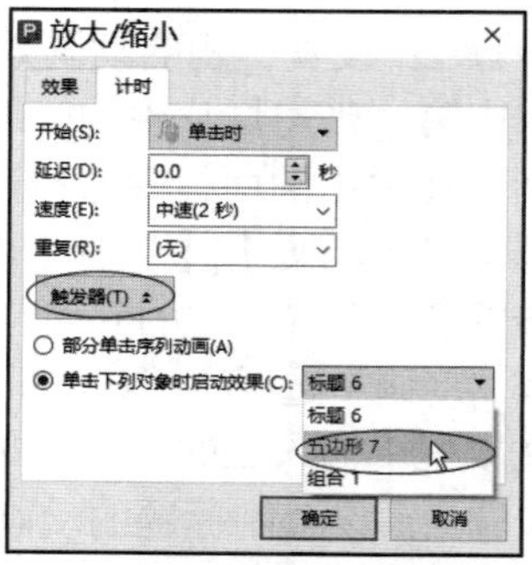

图 9-27　设置触发效果

在放映幻灯片时，单击“简介”五边形形状，文本框与图片组合将在 2 秒内放大至 150%。

二、设置幻灯片的切换效果

涉及知识点：设置幻灯片的切换效果、插入切换声音

【任务 3】设置演示文稿放映时幻灯片的切换效果，将所有幻灯片的切换效果设为“百叶窗”，并伴随有“风铃”声。

步骤 1： 设置切换效果。

选中第一张幻灯片，单击“切换”选项卡“切换”组中的“其他”下拉按钮 ，如图 9-28 所示，在打开的面板中选择“百叶窗”。

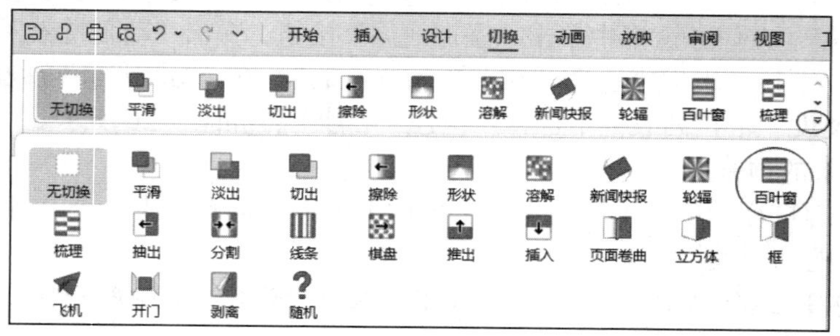

图 9-28　“切换”选项卡

步骤 2： 设置切换声音。

在【切换】|【速度和声音】|【声音】下拉列表框中选择“风铃”。

步骤 3： 将以上切换效果应用到整个演示文稿。

单击【切换】|【应用范围】|【应用到全部】按钮，当前的切换效果就应用到整个演示文稿了。

三、设置幻灯片的放映方式

涉及知识点：设置幻灯片的放映方式、排练计时

【任务 4】手动放映演示文稿中的全部幻灯片。

步骤 1：开始放映。

单击【放映】|【开始放映】|【从头开始】命令，或者按 F5 键，从第一张幻灯片开始放映；单击【放映】|【开始放映】|【当页开始】命令，或者按 Shift+F5 组合键，或者按状态栏上的播放按钮，从当前幻灯片开始播放。

说明：

① 演示文稿放映默认为手动放映，如果之前有其他设置，单击【放映】|【放映设置】|【设置放映】命令右侧下拉按钮，在弹出的下拉菜单中选择“手动放映”选项，即可恢复到手动放映状态。

② 演示文稿放映默认放映全部幻灯片，如果之前有其他设置，单击【放映】|【放映设置】|【设置放映】命令，打开“设置放映方式”对话框，在该对话框中选中“全部”单选按钮，即可恢复放映全部幻灯片。

步骤 2：切换幻灯片。

使用鼠标滚轮，切换到上一张或下一张幻灯片播放；或者单击鼠标切换到下一张幻灯片播放；或者单击鼠标右键，弹出快捷菜单，定位到指定的幻灯片进行放映。

说明：

演示文稿放映默认单击鼠标时换片，如果之前有其他设置，在“切换”选项卡“换片方式”组中重新选中“单击鼠标时换片”复选框即可。

步骤 3：结束放映。

播放到幻灯片末尾时，单击即可结束放映。在放映过程中，按 Esc 键结束放映，右击打开快捷菜单，选择“结束放映”命令，结束放映。

【任务 5】设置演示文稿放映时从第一张播放到第五张，使用排练计时，让每张幻灯片放映 15 秒后自动切换到下一张幻灯片播放。

步骤 1：设置放映方式。

单击【放映】|【放映设置】|【设置放映】命令，打开“设置放映方式”对话框，在该对话框中设置幻灯片从第一张播放到第五张。

步骤 2：排练计时。

单击【放映】|【放映设置】|【排练计时】命令，进入“预演”状态。屏幕左上角的“预演”面板可以显示每张幻灯片的放映用时，如图 9-29 所示。预演结束时，自动弹出对话框，询问是否保存幻灯片排练时间，单击“是”按钮，将保存本次演讲每张幻灯片单张演讲时长。

预演

0:00:13　0:00:13

图 9-29 “预演”面板

步骤 3：使用预演的用时来自动播放演示文稿。

在“设置放映方式”对话框中，换片方式选择“如果存在排练时间，则使用它”，即可按预演的用时来自动播放演示文稿。

四、演示文稿的打印和打包

涉及知识点：打印、打包演示文稿

【任务 6】打印、打包“大学生职业生涯规划”演示文稿。

步骤 1：打印幻灯片。

单击【文件】|【打印】命令，打开“打印”对话框，可以设置打印选项，如打印范围、份数、打印内容等。如果打印内容选择“讲义”，可以设置每页打印多少张幻灯片，如图 9-30 所示。

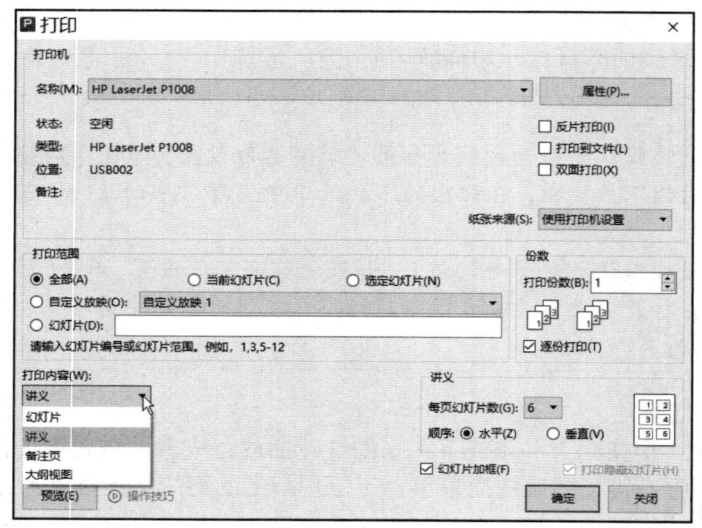

图 9-30 “打印”对话框

步骤 2：打包“大学生职业生涯规划”演示文稿。

单击【文件】|【文件打包】|【将演示文档打包成文件夹】命令，打开“演示文件打包”对话框，如图 9-31 所示，可以将演示文稿和相关音视频文件放在一个文件夹中，方便在其他计算机中播放。

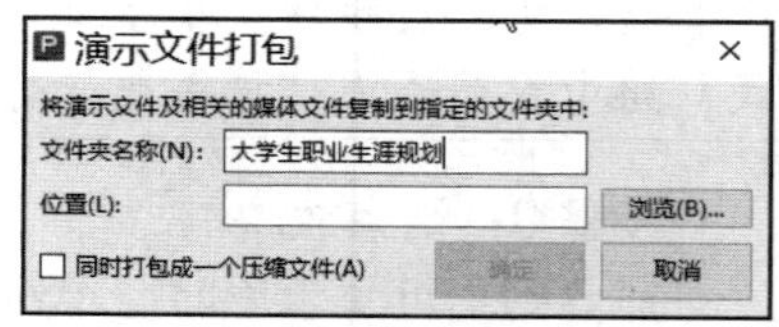

图 9-31 “演示文件打包”对话框

9.4 任务三 WPS 演示文稿的 AI 应用

9.4.1 课前准备

一、课前预习

1. WPS 演示文稿的 AI 使用入口

（1）在 WPS 演示文稿中，单击选项卡右侧的 WPS AI 按钮 WPS AI，弹出下拉菜单，选择需要的功能命令。

（2）WPS 新建页——智能创作。进入 WPS Office 首页，单击最上方的“新建”按钮 +，或者单击左侧的“新建”按钮 + 新建，弹出“新建”面板，单击“演示”按钮，在“新建演示文稿”窗口单击“AI 生成 PPT”按钮，即可新建一个空白 WPS 演示文稿，同时在空白文稿中弹出“AI 生成 PPT”面板，如图 9-32 所示。

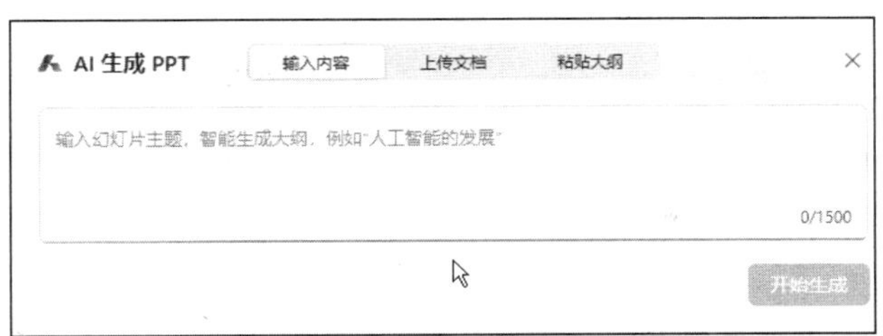

图 9-32 “AI 生成 PPT”面板

2. WPS 演示文稿的 AI 功能

WPS 演示文稿的 AI 功能包括 AI 生成 PPT、AI 生成单页、AI 帮我写、AI 帮我改等。

（1）AI 生成 PPT：可以根据输入主题、文档、大纲等各类内容，生成一个完整的演示文稿。

（2）AI 生成单页：根据输入内容单独生成一张幻灯片插入演示文稿。

（3）AI 帮我写：可以根据提示语生成文本内容，以文本框形式插入幻灯片中。

（4）AI 帮我改：可以对幻灯片中选中的文本框内容润色、扩写、改写。

二、预习测试

单项选择题

（1）启用 WPS 演示文稿的 AI 功能，可以使用以下操作____。

A. 在文档空白处双击 Ctrl 键

B. 在“新建演示文稿”窗口，单击“AI 生成 PPT”按钮

C. 单击选项卡右侧的 WPS AI 按钮

D. B、C 项均可

（2）WPS 演示文稿的 AI 功能包括____。

A. AI 生成 PPT　　B. AI 生成单张幻灯片

C. AI 帮我写、AI 帮我改　　D. A、B、C 项均可

三、预习情况解析

1. 涉及知识点

WPS 演示文稿的 AI 使用入口、功能。

2. 预习测试题解析

见表 9-3。

表 9-3 “WPS 演示文稿的 AI 应用”预习测试题解析

测试题序号	答案	参考知识点	测试题序号	答案	参考知识点
（1）	D	见课前预习“1.”	（2）	D	见课前预习“2.”

9.4.2 任务实现

本项目是在已有的“大学生职业生涯规划”的详细内容与布局构思的基础上，完成演示文稿的制作。如果只有主题或者大纲或者文档，可以使用 WPS 演示文稿的 AI 生成 PPT 功能创建完整的演示文稿，我们可以进一步完善；在完善的过程中还可以使用 WPS 演示文稿的 AI 生成单页、AI 帮我写、AI 帮我改功能。

一、AI 生成“大学生职业生涯规划”演示文稿初稿

涉及知识点：WPS AI 生成 PPT

【任务 1】使用 WPS 演示文稿的“AI 生成 PPT”功能创建“大学生职业生涯规划”演示文稿。

步骤 1： 新建空白文档，命名为“大学生职业生涯规划.pptx”。

步骤 2： 使用 WPS 演示文稿的“AI 生成 PPT”功能创建演示文稿初稿。

单击选项卡右侧的 WPS AI 按钮 WPS AI ，在弹出的下拉菜单中选择“AI 生成 PPT”命令，在下一级菜单中选择“大纲生成”，打开“AI 生成 PPT”面板，见图 9-32 所示，输入大纲“大学生职业生涯规划，计算机专业作者简介，职业认知，职业规划”，单击“开始生成”按钮，智能生成更为详细的幻灯片大纲，如图 9-33 所示。

可以对大纲进行增删改操作。大纲修改完善后，单击“挑选模板”按钮，打开“选择幻灯片模板”面板，如图 9-34 所示，选择幻灯片模板，单击“创建幻灯片”按钮，创建一个完整的演示文稿。

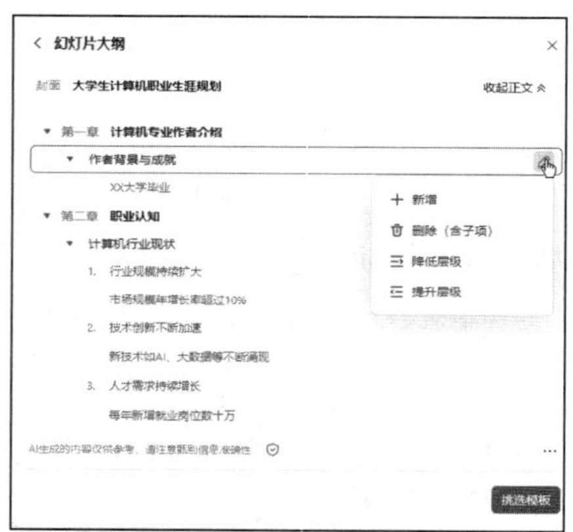

图 9-33　智能生成更为详细的幻灯片大纲

图 9-34　“选择幻灯片模板”面板

二、修改完善“大学生职业生涯规划”演示文稿

涉及知识点：WPS AI 生成单页、AI 帮我写、AI 帮我改

【任务 2】使用 WPS 演示文稿的“AI 生成单页”功能在演示文稿中添加幻灯片。

在“大学生职业生涯规划”演示文稿初稿中有一张“典型职业岗位”幻灯片，如图 9-35 所示，我们希望在此张幻灯片之后插入 3 张幻灯片对软件开发工程师、数据分析师、网络安全工程师这 3 个岗位分别展开介绍。

图 9-35　“典型职业岗位”幻灯片

选中“典型职业岗位”幻灯片，单击选项卡右侧的 WPS AI 按钮 WPS AI，在弹出的下拉菜单中选择“AI 生成单页”命令，打开“AI 生成单页”面板，如图 9-36 所示，输入“软件开发工程师”，单击“智能生成”按钮，打开“本页幻灯片内容”面板，如图 9-37 所示。本页幻灯片内容确认无误后，单击“生成幻灯片”按钮，弹出“选择版式”面板，如图 9-38 所示。选择该幻灯片的版式，单击“应用此页”按钮，在“典型职业岗位”幻灯片之后插入了新生成的“软件开发工程师职业规划”幻灯片。使用同样的方法插入“数据分析师职业规划”“网络安全工程师职业规划”幻灯片。

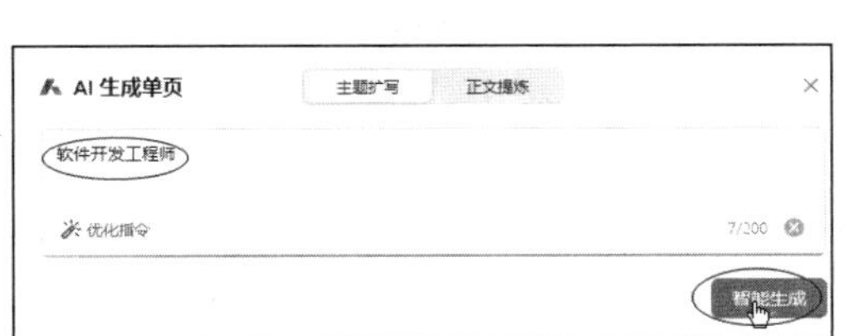

图 9-36 “AI 生成单页”面板

图 9-37 “本页幻灯片内容”面板

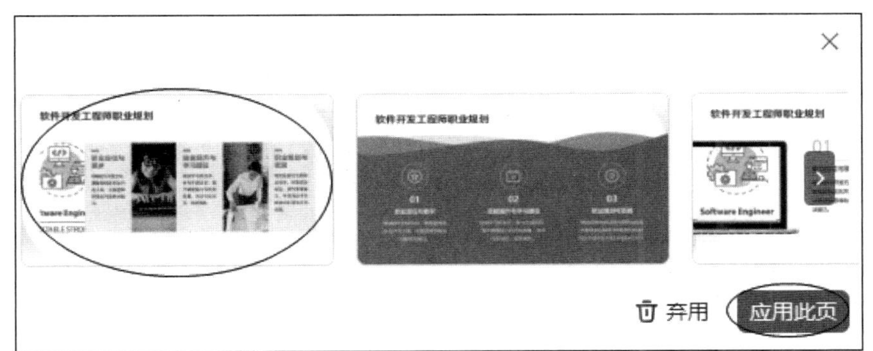

图 9-38 “选择版式”面板

【任务 3】使用 WPS 演示文稿的“AI 帮我写”“AI 帮我改”功能丰富幻灯片中的文本内容。

在“大学生职业生涯规划”演示文稿初稿中有一张“未来发展趋势”幻灯片，如图 9-39（a）所示，我们希望这张幻灯片中的内容更详细一些。

步骤 1：使用“AI 帮我改”功能扩写文本内容。

在“未来发展趋势”幻灯片中选中“AI、自动化等技术将深入各行各业”文本框，单击 WPS AI 按钮，在弹出的下拉菜单中选择“AI 帮我改”命令，在下一级菜单中选择“扩写”，弹出“扩写”面板，如图 9-40 所示，单击“替换”按钮，文本框内容被替换，如图 9-39（b）所示。其他的文本框可以用同样的方法扩写。

未来发展趋势
智能化、自动化趋势
AI、自动化等技术将深入各行各业
云计算、大数据普及
企业数字化转型加速
跨界融合成常态
计算机与其他行业深度融合

（a）

未来发展趋势
智能化、自动化趋势
AI、自动化等技术将深入各行各业，引领未来职业发展新潮流。
云计算、大数据普及
企业数字化转型加速
跨界融合成常态
计算机与其他行业深度融合

（b）

图 9-39 “未来发展趋势”幻灯片

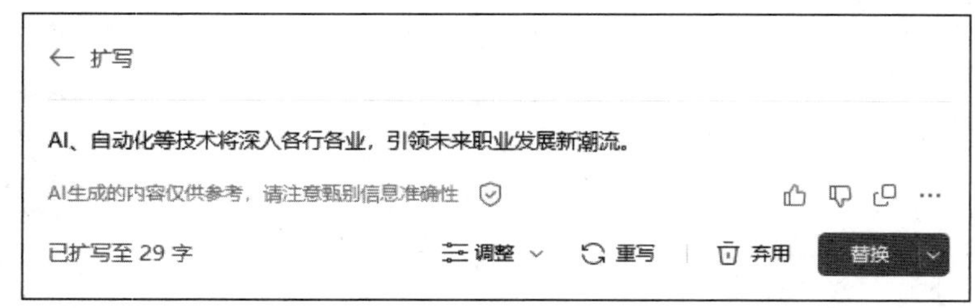

图 9-40 “扩写”面板

步骤 2：使用“AI 帮我写”功能新增文本框。

以上的扩写内容可能还不够丰富，可以使用“AI 帮我写”功能，生成更多的内容。

在该幻灯片上不用选中对象，单击 WPS AI 按钮，在弹出的下拉菜单中选择“AI 帮我写”命令，在弹出的面板中输入提示语，如“云计算、大数据普及”，单击“发送”按钮生成内容，如图 9-41 所示。如果对生成的内容不满意，单击“重写”按钮，满意则单击“插入”按钮，在该幻灯片中插入新文本框，内容是“AI 帮我写”生成的内容。

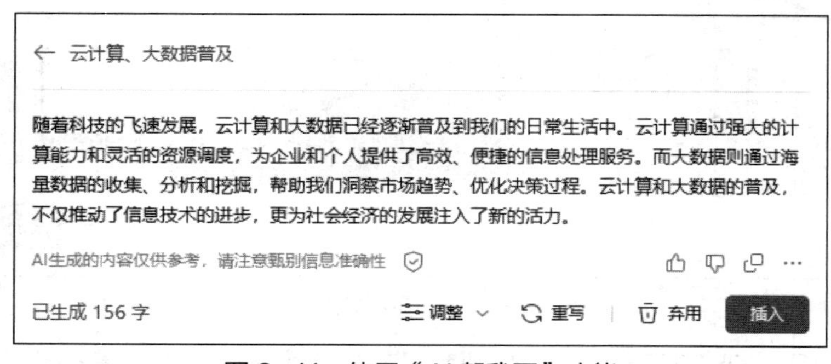

图 9-41 使用“AI 帮我写”功能

9.5 项目总结

在本项目中，我们主要完成了“大学生职业生涯规划”演示文稿的创建。

① 在完成项目的过程中，我们对 WPS 演示文稿的特点和使用方法有了初步的了解，学习了制作演示文稿的基础知识，会对幻灯片进行设计，能对插入的对象进行简单的格式设置。

② 按照设计幻灯片—插入和格式化对象—设计幻灯片动画的过程，进行“大学生职业生涯规划”演示文稿的制作，这是本项目的主要内容。

③ 掌握了如何利用幻灯片母版对幻灯片进行统一修改的方法。

④ 制作好演示文稿的内容后，还要对幻灯片的放映方式进行设置，包括幻灯片的切换、幻灯片放映方式的设置、排练计时等。

⑤ 了解了将演示文稿打印及打包的方法。

完成本项目后，读者可以掌握演示文稿的创建方法，具备制作课堂教学课件、公司简介、产品发布宣传、项目报告、会议报告等演示文稿的基本能力。

9.6 技能拓展

9.6.1 理论考试练习

单项选择题

（1）在 WPS 演示文稿中，可将演示文稿存为多种格式文件，但不包括____格式。

A. .pot　　B. .pptx

C. .psd　　D. .html

（2）在 WPS 演示文稿的“切换”选项卡中，正确的描述是____。

A. 可以设置幻灯片切换时的视觉效果和听觉效果

B. 只能设置幻灯片切换时的听觉效果

C. 只能设置幻灯片切换时的视觉效果

D. 只能设置幻灯片切换时的定时效果

（3）在 WPS 演示文稿中，幻灯片中插入的音频的播放方式____。

A. 只能设定为自动播放

B. 只能设定为手动播放

C. 可以设为自动播放，也可以设为手动播放

D. 取决于放映者的放映操作流程

（4）在 WPS 演示文稿中，关于表格，下列说法错误的是____。

A. 可以向表格中插入新行和新列　　B. 不能合并和拆分单元格

C. 可以改变列宽和行高　　D. 可以给表格添加边框

（5）在 WPS 演示文稿中，移动幻灯片最方便的视图是____。

A. 幻灯片　　B. 幻灯片浏览

C. 幻灯片放映　　D. 备注页

（6）在 WPS 演示文稿中，使所有幻灯片具有统一外观的方法不包括____。

A. 使用设计模板　　B. 应用母版

C. 幻灯片设计　　D. 使用复制粘贴

（7）在 WPS 演示文稿中，在演示文稿的放映过程中，代表超链接的文本会____，并且显示成系统配色方案指定的颜色。

A. 变为楷体字　　B. 被添加双引号

C. 被添加下画线　　D. 变为黑体字

（8）在 WPS 演示文稿幻灯片的“超链接”对话框中，设置的超链接对象不允许是____。

A. 下一张幻灯片　　B. 一个应用程序

C. 其他的演示文稿　　D. 幻灯片中的某个对象

（9）可以对幻灯片进行移动、删除、添加、设置切换动画效果等操作，能直接编辑幻灯

片中的具体内容的视图是____。

A. 普通视图　　B. 阅读视图
C. 幻灯片浏览视图　　D. 以上都不是

（10）如果要求幻灯片能在无人操作的条件下自动播放，应该事先对 WPS 演示文稿进行____操作。

A. 存盘　　B. 打包
C. 排练计时　　D. 播放

（11）如果在 WPS 演示文稿中进行了错误操作，可以通过下列的____命令恢复。

A. 打开　　B. 撤销
C. 保存　　D. 关闭

（12）在播放幻灯片时，如果要结束放映，可以按____键。

A. Esc　　B. Enter
C. Backspace　　D. Ctrl

（13）WPS 演示文稿提供了不同视图以方便用户进行操作，分别是普通视图、大纲视图、幻灯片浏览视图、备注页视图和____。

A. 幻灯片放映视图　　B. 阅读视图
C. 文字视图　　D. 一般视图

（14）下面对幻灯片打印的描述，正确的是____。

A. 必须从第一张幻灯片开始打印
B. 不仅可以打印幻灯片，还可以打印讲义和大纲
C. 必须打印所有幻灯片
D. 幻灯片的页面大小不能调整

（15）若要在演示文稿中添加一张新的幻灯片，应该在____选项卡中单击“幻灯片”组中的“新建幻灯片”按钮。

A. 文件　　B. 开始
C. 插入　　D. 视图

9.6.2　实践案例

党的二十大报告强调：“推动绿色发展，促进人与自然和谐共生”。近年来，我国一直在加快发展方式绿色转型。下面我们制作一个演示文稿，展示我国以风电、光伏发电为代表的新能源发展成效。请使用 WPS 演示文稿按照以下要求完成操作，完成后的效果如图 9-42 所示。

（1）创建新的演示文稿，应用主题“绿色简约风”。

（2）在第一张幻灯片中添加文本“绿色能源，‘风光’无限”，并分别设置其字体、字号为华文行楷、36 磅；文本颜色设置为红色。

（3）设置第二张幻灯片中图片的进入动画效果为“缩放”。

（4）删除第二张幻灯片中文本框格式中的“形状中的文字自动换行”。

（5）设置所有幻灯片的切换效果为“溶解”。

（6）设置最后一张幻灯片中图片的超链接为“https://www.mee.gov.cn/”（中华人民共和国生态环境部）。

（7）利用幻灯片母版，为幻灯片添加水印“版权所有，盗版必究”，设置为无填充、发光样式。

（8）另存为“绿色能源.pptx”文件。

图 9-42　完成后的幻灯片效果

项目十　计算机网络应用——AI 工具使用、信息检索

学习目标

本项目通过讲解计算机网络、Internet 和信息检索等方面的知识，帮助读者掌握 Internet 基础知识和基本应用，学习浏览器、电子邮件、文件传输和搜索引擎的使用方法，掌握常见信息检索技术。

通过对本项目的学习，读者能够掌握全国高等学校计算机水平考试及全国计算机等级考试的相关知识点，达到下列学习目标。

知识目标：

- 了解计算机网络基本知识。
- 了解 IP 地址及域名。
- 掌握因特网（Internet）和 Web 浏览器的应用。
- 掌握电子邮件和搜索引擎的使用。
- 了解信息检索的概念和常见的信息检索技术。

技能目标：

- 会应用 Web 浏览器浏览网页和获取信息与资源。
- 会接收和发送电子邮件。
- 会使用 AI 工具协助处理传统工作任务。
- 能使用搜索引擎开展常用信息的搜索。
- 能使用中国知网开展学术数据库检索。
- 能在国家知识产权局官网开展专利检索。
- 能在国家知识产权局商标局中国商标网官网开展商标检索。
- 能在社交媒体平台开展社交媒体信息检索。

10.1 项目总要求

小张应聘到一家公司的信息技术部，他需要学习 Internet 基本知识，基于 Internet 进行信息和资源的检索获取与传递，具体过程划分为以下两个阶段。

第一阶段，学习 Internet 基础知识，利用 Web 浏览器浏览 Internet 信息和资源，收发电子邮件，会使用 AI 工具提升工作效率，协助处理传统工作任务。

第二阶段，使用搜索引擎检索和下载 Internet 信息与资源，在中国知网、国家知识产权局商标局中国商标网以及社交媒体平台开展学术数据库检索、专利检索、商标检索以及社交媒体信息检索等信息检索操作。

10.2 任务一 认识计算机网络及 AI 工具使用

10.2.1 课前准备

为保证任务能够顺利完成，请在实际操作前预习以下内容：计算机网络的简介，计算机网络设备和传输介质，Internet 和 WWW 服务、电子邮件等基础知识。

一、课前预习

1. 计算机网络的简介

（1）计算机网络的概念

计算机网络是现代计算机技术与通信技术相互渗透、密切结合的产物。计算机网络是指将地理上分散的、具有独立功能的计算机、终端及附属设备，通过通信设备和通信线路连接起来，在功能完善的网络软件（网络操作系统、网络通信协议和网络管理软件等）的管理和协调下，实现资源共享和信息传递的系统。

（2）网络协议

网络中计算机体系不同、软件不同，为保证传输过程中数据正确有效接收，要求通信双方遵守统一的规则，称为网络协议。目前互联网主要的网络协议是 TCP/IP 协议，是一个协议簇。

（3）网络分类

① 按范围划分网络可以分为局域网、城域网、广域网。

局域网（Local Area Network，LAN）：局部地区形成的一个区域网络，其特点就是分布地区范围有限，可大可小。大到一栋建筑楼与相邻建筑之间的连接，小到办公室之间的联系。

城域网（Metropolitan Area Network，MAN）：介于 LAN 和 WAN 之间，在一个城市范围内所建立的计算机通信网。

广域网（Wide Area Network，WAN）：连接不同地区局域网或城域网计算机通信的远程网。覆盖的范围广，它能连接多个地区、城市和国家，形成国际性的远程网络。广域网并不等同于互联网。

② 按资源与通信划分网络可以分为资源子网和通信子网。

（4）计算机网络的性能指标

计算机网络的性能指标是网络服务质量的量化表示，主要包括速率、带宽、吞吐量、时延和误码率等。

① 速率。网络技术中的速率是指连接在计算机网络上的主机在数字信道上传送数据的速率，也称为数据率或比特率，单位是 bit/s。

② 带宽。带宽是指网络通信线路传输数据的能力，单位也是 bit/s。

③ 吞吐量。吞吐量表示在单位时间内通过某个网络或接口的数据量，包括全部的上传和下载的流量。

④ 时延。时延是指一个报文或分组从一个网络的一端传送到另一端所需要的时间，包括发送时延、传播时延、排队时延和处理时延 4 种，网络中的总时延是这 4 种时延的总和。

⑤ 误码率。误码率是衡量计算机网络传输可靠性的指标，它是指网络传输中错误判决的码元数占所传输的总码元数的比例，也称为出错率。

2. 计算机网络设备和传输介质

（1）计算机网络设备

① 网络主体设备。计算机网络中的主体设备称为主机（Host），主机一般可以分为中心

站（或称服务器）和工作站（或称客户机）两类。

服务器是为网络用户提供共享资源和服务的基本设备，在其上运行网络操作系统，是网络控制的核心，对工作速度、磁盘及内存容量的指标要求都较高，携带的外部设备多且大都为高级设备。服务器具有高性能、高可靠性、高可用性、吞吐能力强、存储容量大、联网和网络管理能力强等特点。随着软硬件技术的发展，具有各种功能、能适应不同环境的服务器相继出现，分类标准也更加多样化，按应用层次、处理器架构、处理器指令系统、机箱架构、用途等分类标准可将服务器划分为多种类型。

客户机是网络用户入网操作的节点，有自己的操作系统。用户既可以通过运行客户机上的网络软件，共享网络上的公共资源，也可以不进入网络单独工作。客户机一般配置要求不是很高，大多采用个人计算机并携带相应的外部设备，如打印机、扫描仪、绘图仪、手写输入板、游戏手柄等。

② 网络连接设备。网络连接设备是指把网络中的通信线路连接起来的各种设备的总称，这些设备包括网卡、中继器、集线器、网桥、网关、交换机、路由器和防火墙等。

（2）计算机网络传输介质

计算机网络传输介质是指在网络中传输信息的载体，是网络中发送方与接收方之间的物理通路。常用的传输介质分为有线传输介质和无线传输介质两大类。

① 有线传输介质。有线传输介质是指在两个通信设备之间的物理连接部分，它能将信号从一方传输到另一方，有线传输介质主要有双绞线、光纤和同轴电缆等。

a. 双绞线。双绞线是局域网中应用最为广泛的传输介质，与其他传输介质相比，双绞线在传输距离、信道宽带和数据传输速度等方面均会受到一定限制，但优点是价格较为低廉。利用双绞线传输信号时，信号的衰减比较大，所以双绞线适用于较短距离的信息传输，其传输距离一般不超过 100 m。

b. 光纤。光纤是传输光信号的通信线路。光纤比铜芯电缆具有更大的传输容量，传输距离长、体积小、质量轻，且不受电磁干扰，是远距离通信以及互联网主干中传输数据的主要介质。

c. 同轴电缆。同轴电缆本来是用于传输电视信号的，后来被广泛用于早期的局域网中。在同轴电缆的不同层面上都可以相同的中心构成传输信道，最外层的信道一般作为地线。通过放大器的放大功能，同轴电缆可以将信号传输到很远的地方。

② 无线传输介质。在计算机网络中，可在自由空间利用电磁波发送和接收信号实现无线传输。常见的无线传输介质有无线电波、微波和红外线等。与有线传输介质相比，无线传输介质有其独特的优势，特别是在一些无法铺设有线电缆的地方或者一些需要临时接入网络的地方。

3. Internet 概述

Internet 的中文译名为因特网，又称为国际互联网，它通过统一的协议（TCP/IP）连接各个国家、各个地区、各个机构的成千上万台计算机，是一个覆盖全球的大型计算机互联网络。它是借助现代通信技术和计算机技术实现全球信息传递的一种快捷、有效、方便的工具，为用户提供了用以创建、浏览、获取、搜索和交流信息等形形色色的服务。

现在，Internet 已经覆盖了全球的每个国家和地区，其应用渗透到人们的生活、学习和工作中，已全面进入科技、教育、文化、政治、经济等应用领域。利用 Internet 可以传输文本、图像、音频、视频等，也可以实现语音对话，其缺点是安全性难以让人满意。

4. WWW 服务

WWW 也称为 Web、3W，是使用 Internet 最普通、最简单的一种信息服务。WWW 是基于客户机/服务器（Client/Server）模式的服务系统。WWW 服务器通过超文本标记语言（Hypertext Markup Language，HTML）把信息组织成图文并茂的超文本（Hypertext），利用超链接（Hyperlink）从一个站点跳到另一个站点。

（1）Web 浏览器。Web 浏览器是一种客户端软件，用于在计算机上浏览和访问 Web 服务器上的资源，并让用户与这些资源互动。目前流行的 Web 浏览器有微软 IE（Internet Explorer）浏览器、谷歌 Chrome 浏览器、苹果 Safari 浏览器、火狐 Firefox 浏览器、360 浏览器等。Web 浏览器具有“收藏夹”功能，可以将个人喜欢或常用的网址收藏起来，方便下次快速直接访问；Web 浏览器的“自动完成”功能可以自动记录地址栏输入的网址、网页表单输入的信息和表单上的用户名与密码信息等。

（2）HTML。HTML 是创建 HTML 文档时需要遵循的一组规范，这些规范保证了服务器端的 HTML 文档显示在用户的浏览器窗口中就是直观的网页。HTML 是表示信息的规范，通过浏览器将 HTML 文档（网页）存储在 Web 服务器中。

（3）HTTP。超文本传送协议（Hypertext Transport Protocol，HTTP）用于传输超文本信息。利用 HTTP，用户可以通过浏览器访问各种 Web 资源。HTTP 既能够将浏览器的 Web 资源访问请求发送到 Web 服务器上，也可以将 Web 服务器的响应返回客户的浏览器。

（4）URL。统一资源定位符（Uniform Resource Locator，URL）是专为标识 Internet 上的资源位置和访问这些资源而设置的一种编址方式，平时所说的网页地址指的就是 URL。URL 由资源类型、存放该资源的计算机域名和资源文件名三部分组成。

URL 给资源的位置提供一种抽象的表示方法，并用这种方法给资源定位。只要能够对资源定位，用户就可以对资源进行各种操作，如存取、更新、替换和查看属性。这里的“资源”是指在 Internet 上可以被访问的任何对象，包括目录、文件、图像、声音、视频，以及与 Internet 相连的任何形式的数据。URL 相当于文件名在网络范围的扩展。

HTTP 是用于传输超文本信息的协议，URL 则用于帮助浏览器在浩瀚的 Internet 海洋中定位 Web 服务器。在 Internet 中，每种信息资源都可以通过 URL 来表示。由于访问不同资源所使用的协议不同，因此 URL 以协议规范（如 http://）开头，目的是表明 URL 访问某个资源时所使用的协议。URL 的一般形式如下：“<协议>://<主机>:<端口>/<路径>/<文件名>”。

（5）超链接。超链接是一种允许不同网页或站点之间进行链接的元素，是指从一个网页指向一个目标的链接关系，这个目标可以是另一个网页，也可以是相同网页上的不同位置，还可以是一张图片、一个电子邮件地址、一个文件，甚至是一个应用程序。

超链接是 Web 页面区别于其他媒体的重要特征之一，网页浏览者只要单击网页中的超链接就可以自动跳转到超链接的目标对象，且超链接的数量是不受限制的。

5. 电子邮件

电子邮件（E-mail）是一种用电子手段提供信息交换的通信方式，是互联网应用最广泛的服务之一。通过电子邮件系统，用户可以以非常低廉的价格、非常快速的方式，与世界上任何一个角落的网络用户联系。电子邮件可以包含文字、图像、声音、视频等多种内容。同时，用户可以得到大量免费的新闻、专题邮件，并轻松实现信息搜索。电子邮件的存在极大地方便了人与人之间的沟通与交流，促进了社会的发展。

电子邮件地址格式的基本形式是：用户名@邮件服务器域名，由三部分组成。如“username@qq.com”，第一部分“username”是 QQ 用户账号，对同一个邮件接收服务器来说，这个账号必须是唯一的；第二部分“@”是分隔符；第三部分“qq.com”是用户邮箱的邮件接收服务器域名，用以标记其所在位置。

收发电子邮件需要有专门的软件，目前常用的软件包括专门的客户端软件，如腾讯 QQ 邮箱、网易 163 邮箱、新浪邮箱、Coremail、Outlook Express 等。在利用邮件软件发送电子邮件时，可通过邮件软件中的“添加附件”功能来增加邮件的附件内容。

二、预习测试

单项选择题

（1）以下关于服务器特性的描述，错误的是____。

A. 高可靠性，支持长时间运行　B. 吞吐能力强，处理大量请求

C. 配置要求低，与普通 PC 相同　D. 联网和网络管理能力强

（2）下列各项指标中，不属于计算机网络性能指标的是____。

A. 分辨率　B. 带宽　C. 吞吐量　D. 时延

（3）Internet 实现了分布在世界各地的各类网络的互联互通，其最基础、最核心的协议是____。

A. TCP/IP　B. HTTP　C. UDP　D. FTP

（4）下列计算机网络不是按覆盖地理范围划分的是____。

A. 广域网　B. 城域网

C. 局域网　D. 星状网

（5）Internet 的缺点是____。

A. 不能传输文件　B. 不够安全

C. 不能实现实时对话　D. 不能传输声音

（6）用户在浏览网页时，有些是以醒目方式显示的单词、短语或图形，可以通过它们跳转到目的网页，这种文本组织方式称为____。

A. 超文本方式　B. 超链接　C. 文本传输　D. HTML

（7）URL 用于____。

A. 定位资源的地址　B. 定位主机的地址

C. 域名与 IP 地址转换　D. 表示电子邮件地址

（8）Internet 与 WWW 的关系是____。

A. 都表示互联网，只不过名称不同

B. WWW 是 Internet 上的一个应用功能

C. Internet 与 WWW 没有关系

D. WWW 是 Internet 上的一种协议

（9）电子邮件中所包含的信息____。

A. 只能是文字信息　B. 只能是文字与图像信息

C. 只能是文字与声音信息　D. 可以是文字、声音、图像和视频信息

（10）合法的电子邮件地址是____。

A. 用户名#邮件服务器域名　B. 用户名+邮件服务器域名

C. 用户名@邮件服务器域名　D. 用户名#邮件服务器名

三、预习情况解析

1. 涉及知识点

计算机网络特征和网络设备、获取 Internet 信息和资源、Web 浏览器、超链接、URL、电子邮件等。

2. 预习测试题解析

见表 10-1。

表 10-1　“认识计算机网络及 AI 工具使用”预习测试题解析

测试题序号	答案	参考知识点	测试题序号	答案	参考知识点
（1）	C	见课前预习“2.（1）”	（6）	A	见课前预习“4.”
（2）	A	见课前预习“1.（4）”	（7）	A	见课前预习“4.（4）”
（3）	A	见课前预习“1.（2）”	（8）	B	见课前预习“4.”
（4）	D	见课前预习“1.（3）”	（9）	D	见课前预习“5.”
（5）	B	见课前预习“3.”	（10）	C	见课前预习“5.”

10.2.2　任务实现

一、获取 Internet 信息和资源

涉及知识点：IP 地址、域名、网页的浏览、保存和收藏

【任务 1】认识 IP 地址和域名。

步骤 1：认识 IP 地址。

IP 地址（Internet Protocol Address）是 IP 提供的一种统一的地址格式，为互联网上的每个网络和每台主机分配一个逻辑地址，以此来屏蔽物理地址的差异。通过 IP 地址能够识别 Internet 上的计算机或其他网络设备。

IP 地址目前有两个版本，分别是 IPv4 和 IPv6，这两个版本的 IP 地址的主要区别是地址长度不同、进制表示不同、地址类型不同。

① IPv4 地址。目前计算机中使用的大多还是 IPv4 地址，IPv4 地址由 4 个字节 32 位二进制码组成。为了便于管理和使用，IPv4 地址采用“点分十进制”形式表示，即每个字节作为一段以一个十进制数字（范围为 0～255）表示，每段间用“.”分隔。例如，192.168.10.110 是一个有效的 IPv4 地址，256.100.202.101 是一个无效的 IPv4 地址。

② IPv6 地址。IPv6 地址是在 IPv4 地址短缺问题出现的基础上提出的一套地址规范，可以理解为是 IPv4 地址的升级版。IPv6 地址长度为 16 个字节 128 位，是 IPv4 地址长度的 4 倍，采用“冒分十六进制数”形式表示，地址表示形式为×:×:×:×:×:×:×:×，其中，×是一个 4 位十六进制整数，即 IPv6 地址分为 8 组，每组的 4 位十六进制数间用“:”分隔。例如，FC00:0000:0000:130F:0000:009C:876A:0B13 是一个有效的 IPv6 地址。当然，IPv6 地址的表示还有其他形式，如前导 0 省略方式、0 压缩方式和内嵌 IPv4 地址等。

步骤 2：认识域名。

IP 地址可以唯一地标识 Internet 中的每台计算机，但其缺乏直观性，不方便记忆并且不能显示地址组织的名称和性质，用户难以使用 IP 地址直观地认识和区别互联网上的计算机。为解决这个问题，Internet 委员会引入了一套字符型的地址来标识网络中的计算机，这个与 IP 地址相对应的名称被称为域名，也称为域名地址。

IP 地址和域名是一一对应的，域名地址信息存放在一个称为域名服务器（Domain Name Server，DNS）的主机内，用户只需了解易记的域名地址，对应的转换工作留给域名服务器即可。域名服务器是一个提供 IP 地址和域名转换服务的服务器。

域名采用分层管理模式，由若干子域名组成，书写时按照由小到大的顺序，顶级域名放在最右边，级别最低的域名（如主机名）写在最左边，各级子域名间用“.”隔开，如“主机

名.三级域名.二级域名.顶级域名"，完整的域名最长不超过 255 个字符。一个域名可以包含的下级域名的数目并没有明确的规定，各级域名由各自的上一级域名管理机构管理，而最高级的顶级域名则由 Internet 的有关机构管理。

例如，有一域名为 www.ahdy.edu.cn，其中，顶级域名 cn 表示中国，二级域名 edu 表示教育机构，三级域名 ahdy 表示安徽电子信息职业技术学院，www 表示 ahdy.edu.cn 域中名称为"www"的主机。顶级域名的划分采用组织模式和地理模式两种，部分顶级域名及其含义如表 10-2 所示。

表 10-2　部分顶级域名及其含义

地理模式顶级域名				组织模式顶级域名	
域名	含义	域名	含义	域名	含义
.cn	中国	.ru	俄罗斯	.com	商业组织
.kr	韩国	.uk	英国	.gov	政府部门
.jp	日本	.fr	法国	.edu	教育机构
.sg	新加坡	.de	德国	.net	网络服务商
.au	澳大利亚	.it	意大利	.org	非营利组织
.in	印度	.ca	加拿大	.int	国际组织
.za	南非	.us	美国	.mil	军事机构

【任务 2】接入 Internet 后，使用 Web 浏览器浏览相关 Web 站点和网页，并对网页进行保存和收藏。

步骤 1：了解网址。

网址是指用于标识和访问特定网络资源的字符序列，通常以"http://"或"https://"开头，后跟域名或 IP 地址。网址在互联网中起着非常重要的作用，它是人们访问网页、下载文件、发送电子邮件等网络活动的基础。

步骤 2：使用 Web 浏览器浏览中华人民共和国教育部主页。

双击桌面 Microsoft Edge 图标，打开 Microsoft Edge 浏览器，在地址栏中输入"www.moe.gov.cn"，按 Enter 键，打开中华人民共和国教育部主页，并通过单击页面上具有超链接功能的栏目、图片、文字等查看具体内容，如图 10-1 所示。

图 10-1　使用 Web 浏览器浏览网页

步骤 3：将中华人民共和国教育部网站首页另存为本地文档。

单击 Microsoft Edge 浏览器地址栏后的 ··· 按钮，在弹出的菜单中选择【更多工具】|【将页面另存为】选项，打开“另存为”对话框，保存类型选择为“网页，全部（*.html;*htm）”，设置文件名，单击“保存”按钮完成操作，如图 10-2 所示。

步骤 4：将教育部网站添加到本地“收藏夹”中。

单击 Microsoft Edge 浏览器地址栏后的“收藏夹”图标，在显示的收藏夹窗口中单击“将此页添加到收藏夹”图标，当前网页就可以添加到“收藏夹栏”中，如图 10-3 所示。

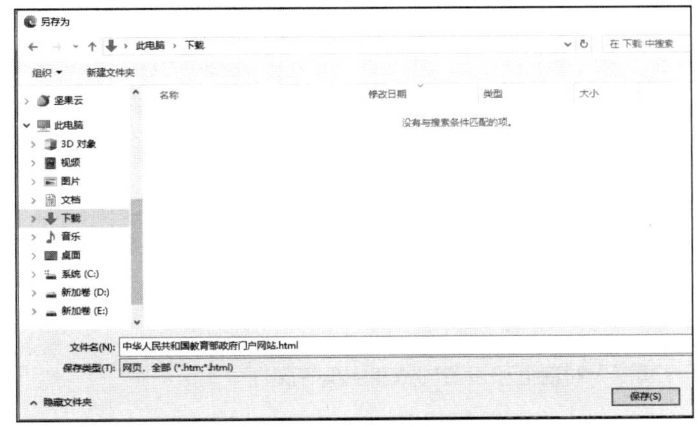

图 10-2 保存浏览器中的网页

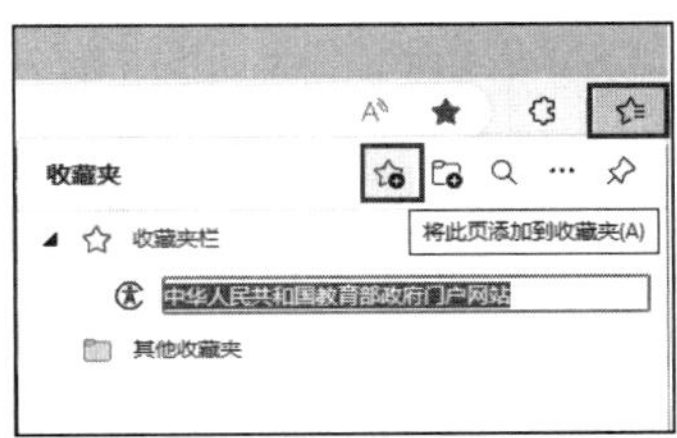

图 10-3 将网页添加到收藏夹

说明：

① 收藏夹主要用于收藏用户在使用浏览器上网时个人喜欢或常用的网页。把网页放到一个收藏夹里，用户想用的时候可以方便、快速地找到并打开。

② 默认的创建位置是“收藏夹”，也可以新建文件夹收藏，在创建好新文件夹后可以将当前网页收藏到其中。

③ 用户可以根据需要对收藏夹中的网页进行整理操作，如移动、重命名、删除等。

④ Administrator 用户收藏夹默认地址为 C:\Users\Administrator\Favorites。用户也可以根据实际需要更改收藏夹的位置。

二、设置 Web 浏览器的功能选项

涉及知识点：Web 浏览器功能选项的设置

【任务 3】设置 IE 浏览器的功能选项，以获取个性化的浏览器功能和浏览环境。

步骤 1：打开 Edge 浏览器“Internet 属性”对话框。

双击桌面 Microsoft Edge 图标，打开 Microsoft Edge 浏览器，单击“设置及其他”，选择【更多工具】|【Internet 选项】选项，打开“Internet 属性”对话框，如图 10-4（a）所示。

步骤 2：设置浏览器主页。

在“常规”选项卡中，设置浏览器主页为“https://www.hao123.com”，并选中“退出时删除浏览历史记录”复选框，如图 10-4（b）所示。

步骤 3：将网址 https://www.hao123.com 添加为受信任站点。

在“安全”选项卡中，选择“受信任的站点”，如图 10-5 所示；单击“站点”按钮，打开“受信任的站点”对话框，在“受信任的站点”对话框中将网址 https://www.hao123.com 添

加到受信任站点列表中，如图 10-6 所示。

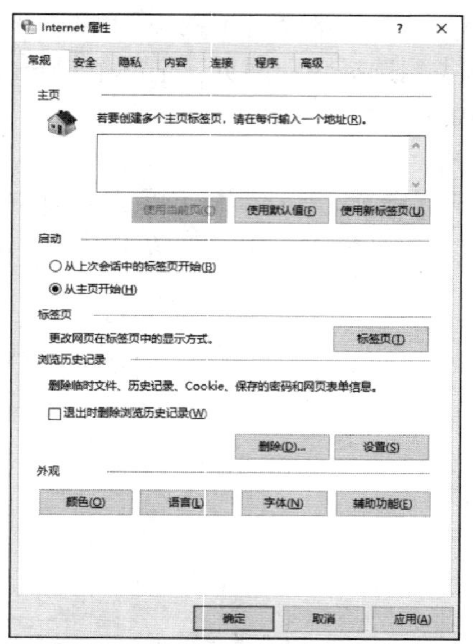

（a）“Internet 属性”对话框　　　　（b）设置浏览器主页等属性

图 10-4　“Internet 属性”对话框和设置浏览器主页等属性

步骤 4：设置 Edge 浏览器其他相关的功能和属性。

在“高级”选项卡中，可以设置 Microsoft Edge 浏览器相关的功能和属性，以使浏览器达到更好的使用效果，如图 10-7 所示。

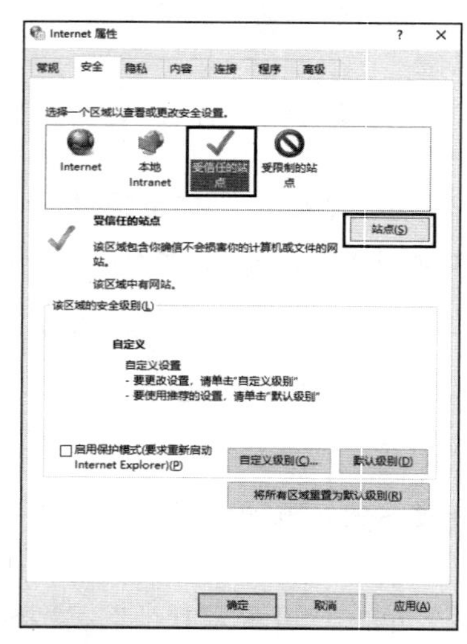

图 10-5　“安全”选项卡

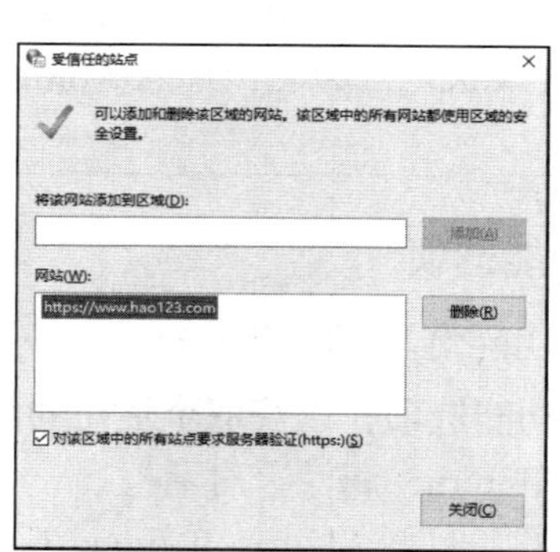

图 10-6　添加受信任的站点

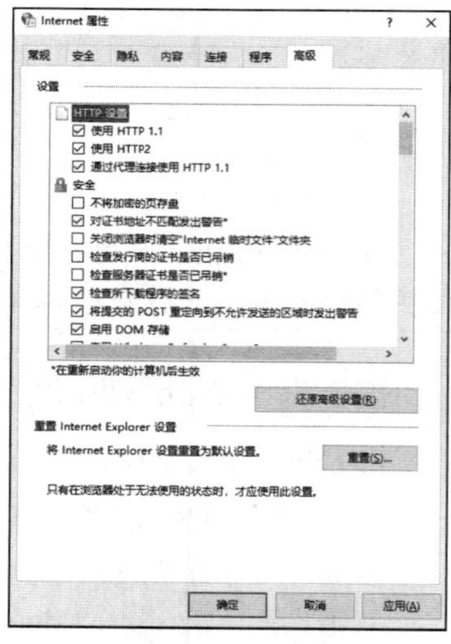

图 10-7　“高级”选项卡

三、收发电子邮件

涉及知识点：电子邮件的收发

【任务 4】查阅电子邮箱内容并发送电子邮件。

步骤 1：使用 Web 浏览器打开电子邮箱主页。

国内常见的电子邮箱主要包括 QQ 邮箱、网易邮箱等，各大电子邮箱收发电子邮件的操作大同小异。打开 Microsoft Edge 浏览器，在地址栏中输入“mail.qq.com”，按 Enter 键，打开 QQ 邮箱登录页面，如图 10-8 所示。注册后输入登录信息，单击“登录”按钮即可进入邮箱主界面，如图 10-9 所示。

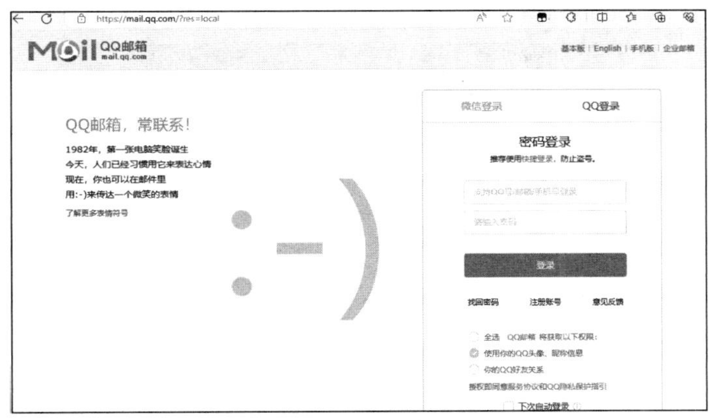

图 10-8　QQ 邮箱登录页面

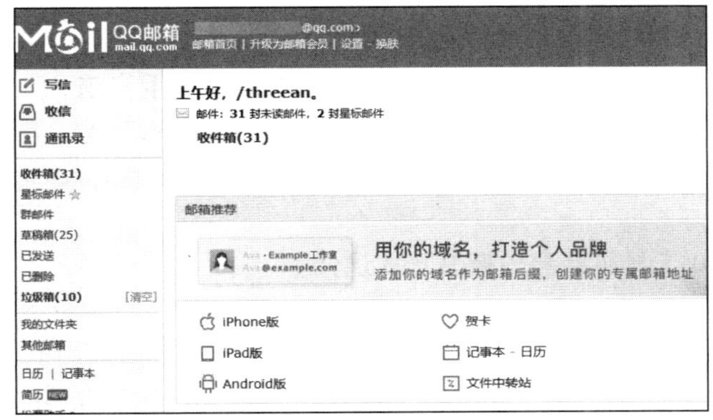

图 10-9　邮箱主界面

步骤 2：查收电子邮件。

单击页面左上角的“收信”按钮，可以查看邮件，其中和图标表示邮件是否已被查看，表示该邮件含附件，!图标表示该邮件为紧急投递，如图 10-10 所示。

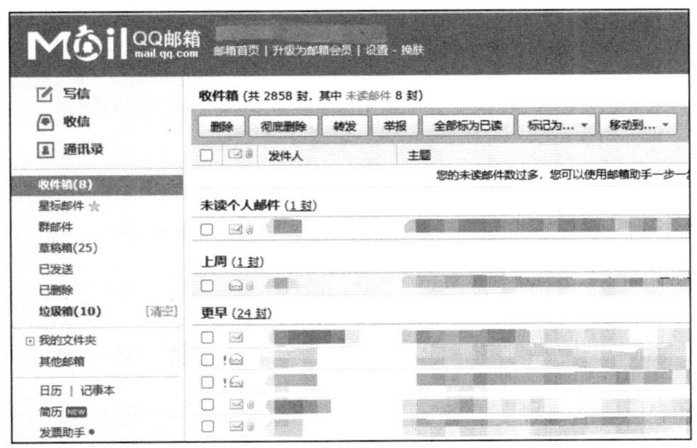

图 10-10　查看邮件

步骤 3： 发送电子邮件。

单击页面左上角的“写信”按钮，可以发送邮件，依次输入收件人电子邮箱地址、邮件主题和邮件正文，根据需要插入附件等内容，单击“发送”按钮即可发送电子邮件，如图 10-11 所示。

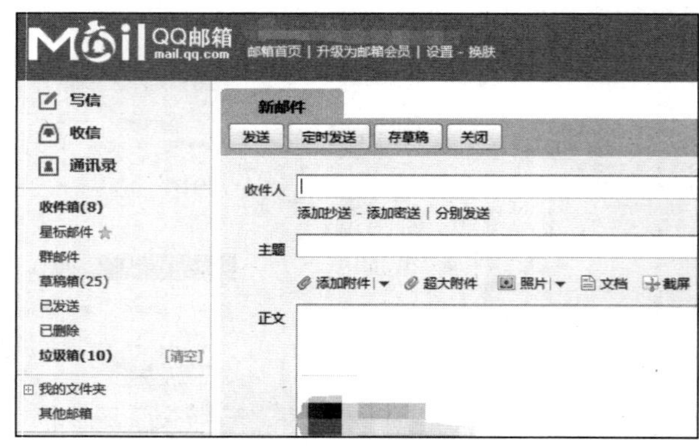

图 10-11　发送邮件

四、应用 AI 工具平台完成常见工作任务

涉及知识点：DeepSeek、文心一言等 AI 工具平台使用方法

国内常见的大模型 AI 工具平台有 DeepSeek、Kimi、文心一言、豆包、通义千问及讯飞星火等，利用 AI 工具可以高效地完成传统工作任务。下面以 DeepSeek、文心一言等为例完成工作任务。

【任务 5】利用 AI 工具平台高效撰写正式通知。

步骤 1： 访问 DeepSeek。

DeepSeek 是杭州深度求索人工智能基础技术研究有限公司推出的一系列人工智能产品及相关技术的统称。用户可通过网页版（chat.deepseek.com）或官方 App 与 DeepSeek 的模型进行互动交流。

双击桌面“Microsoft Edge”图标，打开 Microsoft Edge 浏览器，在地址栏中输入 DeepSeek 平台网址，按 Enter 键，完成注册并登录后，打开 DeepSeek 主页面，如图 10-12 所示。在该页面中，输入框用于输入具体的提示信息；左侧边栏可以查看历史对话。

图 10-12　DeepSeek 主页面

步骤 2： 输入通知的基本信息。

在提示输入框中输入具体的提示信息，如“一月二日将在公司学术报告厅举办年终工作总结会议，全体员工参加，请编写通知，要求格式规范、内容翔实。"，输入完成后按 Enter 键发送提示词。

步骤 3：生成并优化通知。

根据用户提供的提示词，DeepSeek 自动生成一份通知草稿（每次生成结果可能会有差异），如图 10-13 所示。生成结果下方有一排按钮（复制、重新生成、喜欢、不喜欢），用户可以根据需要单击相应按钮。

图 10-13　生成通知初稿

将生成的通知内容复制到 Word 文档中，并依据公司的通知格式规范及具体需求，对内容进行必要的修改和完善，最终形成正式的通知定稿。

【任务 6】利用 AI 工具平台为学习小组设计一款具有独特风格的小组 LOGO。

本任务具体的设计需求是：简约风格的时间元素 LOGO，需体现珍惜时间、奋进向上的精神风貌，颜色限定为蓝色和白色。可以利用 AI 工具，输入文本智能生成 LOGO 图像。

步骤 1：访问"文心一言"平台。

"文心一言"是百度推出的一个 AI 工具，目前具备文本生成和文字生图（AI 绘图）两大核心功能，可以满足不同场景下的创作需求。

设计小组 LOGO 时，先登录"文心一言"平台。双击桌面"Microsoft Edge"图标，打开 Microsoft Edge 浏览器，在地址栏中输入"文心一言"平台网址，按 Enter 键，完成注册并登录后，打开"文心一言"主页面，如图 10-14 所示。

"文心一言"平台目前默认打开的是"文心 4.0 Turbo"版本界面，此版本可以一次生成 4 张图供选择。用户还可以在"文心一言"主页面上方，单击"文心 4.0 Turbo"右侧下拉箭头，打开下拉列表，选择其他版本。

步骤 2：打开设计界面。

单击"文心一言"主页面左侧或者下方的"智慧绘图"按钮，打开"智慧绘图"模板窗口，单击"文字生图"，然后单击"LOGO 设计"标签，再单击任一主题图形，进入 LOGO 设计模板界面，模板界面中可以输入用户设计参数，如图 10-15 所示。

图 10-14 “文心一言”主页面

图 10-15 LOGO 设计模板界面

步骤 3： 设置设计参数并生成 LOGO。

在 LOGO 设计模板界面，修改提示词，输入具体的设计需求，将图 10-15 所示的文字更替为“请帮我设计一个时间元素的 logo，简约风格，主色为蓝色和白色，画面内容为体现珍惜时间、奋进向上的精神风貌，画面比例为 1 : 1。”，按 Enter 键或者单击“立即生成”按钮。系统自动生成 4 张图（每次生成结果可能会有差异），如图 10-16 所示。

步骤 4： 查看、调整并完成 LOGO 设计。

对系统自动生成的 4 款 LOGO 设计图（每次生成结果可能会有差异），如果满意可以下载或分享，如果不满意可以单击“重新生成”按钮或者对提示词进行必要的调整，重新生成 LOGO。

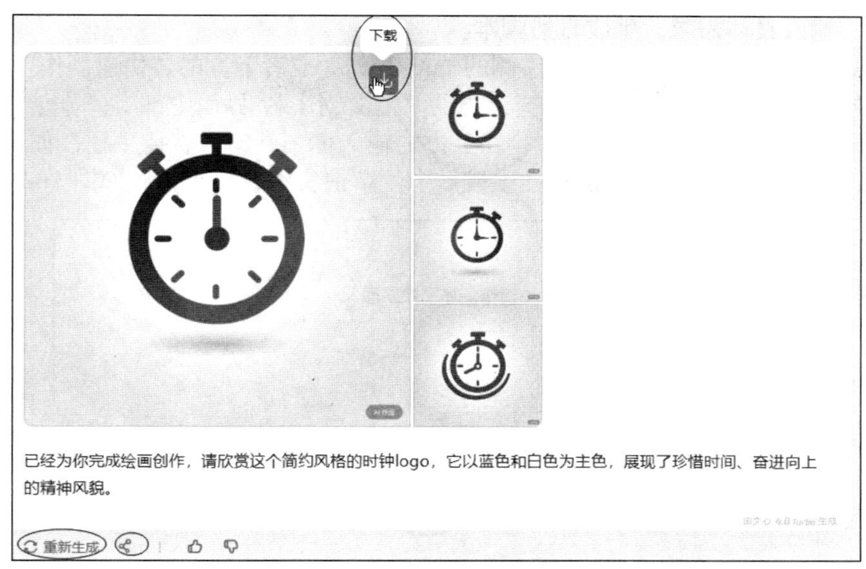

图 10-16 生成图形

五、应用办公软件内置 AI 功能完成常见工作任务

涉及知识点：WPS 内置 AI 助手“WPS 灵犀”的使用、办公软件 AI 插件的安装与使用

【任务 7】使用“WPS 灵犀”制作直播脚本。

WPS 在文字、表格、演示等模块中均有 WPS AI 功能可以直接调用，在 3.5 节、7.4 节、9.4 节已进行介绍。2024 年 10 月 WPS 又新增“WPS 灵犀”AI 新功能，2025 年 2 月 WPS 灵犀全面接入 DeepSeek R1 大模型，为用户提供了更强大的智能办公体验。目前 WPS 灵犀处于 Beta 阶段。

步骤 1：进入“WPS 灵犀”工作界面。

单击 WPS 首页标签，进入 WPS 首页，在左侧功能区单击“灵犀”按钮，如图 10-17 所示，进入“WPS 灵犀”工作界面，如图 10-18 所示，在界面左侧和下方有相应选项可以选择。

图 10-17 WPS 首页功能区

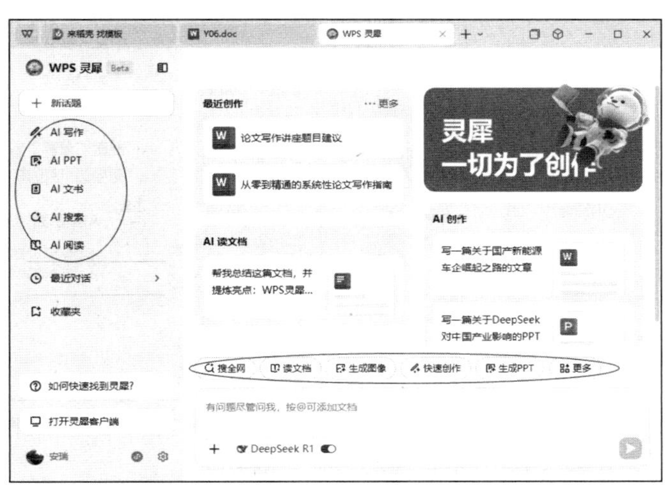

图 10-18 “WPS 灵犀”工作界面

步骤 2：输入具体需求，生成直播脚本。

在“WPS 灵犀”工作界面，单击左侧的“AI 写作”或者下方的“快速创作”选项，进入“AI 写作”界面，如图 10-19 所示。选择上方的“短文创作”，界面中部有一排创作类型选项，选择“营销”，单击“直播脚本”按钮，在上方的输入框中，输入直播主题，如“兰草”（还可以更具体），按 Enter 键。此时会自动生成一个兰草销售的直播脚本，如图 10-19 所示。

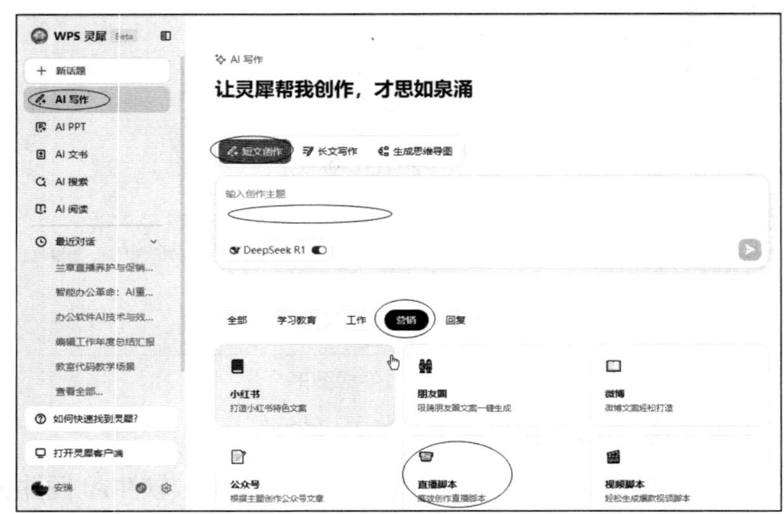

图 10-19　WPS 灵犀“AI 写作”界面

步骤 3：查看、修改、保存直播脚本。

在图 10-20 所示界面查看生成的脚本，如果整体不满意，可以单击界面中部的“重生成”按钮 C，AI 再次生成一个脚本；如果需要在此基础上调整可以在输入框中输入修改意见后按 Enter 键，或者单击 AI 提示的修改意见；如果满意，可以单击界面中部的“复制”或“分享”或“收藏”按钮，也可以单击“确认大纲并生成文档”按钮，生成一个 WPS 文档下载保存。

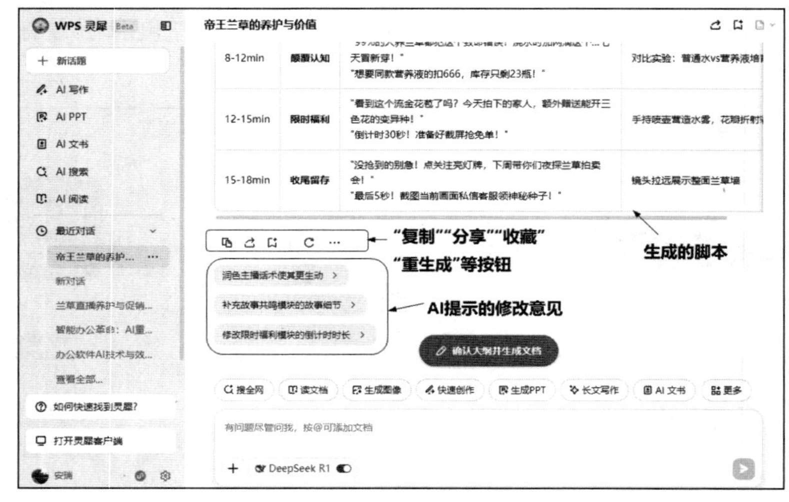

图 10-20　AI 生成文档

【任务 8】将 AI 插件置入办公软件。

下载并安装 Office AI 助手插件，访问 Office AI 助手插件的下载页面，下载并安装插件。

安装完成后，打开 WPS 或 Microsoft Office，进入设置以启用 AI 助手。

在 WPS 中，单击【文件】|【选项】|【信任中心】选项，选中“启用所有第三方 COM 加载项”复选框，然后重启 WPS。重启后，菜单栏会多出一个 Office AI 的选项，就可以使用这个 AI 插件了。

10.3 任务二　信息检索

10.3.1 课前准备

为保证任务顺利完成，请在实际操作前预习以下内容：信息检索、搜索引擎等基础知识。

一、课前预习

1. 信息检索

信息检索（Information Retrieval, IR）起源于图书馆的参考咨询和文献索引工作。广义的信息检索是指将信息按一定的方式组织和存储起来，并且能够根据用户的需求找出其中相关信息的过程。其全称为信息存储与检索（Information storage and Retrieval，Is and R），包括信息的“存”与“取”两个环节。它涉及信息的表示、存储、组织、搜索和访问等多个方面。而狭义的信息检索是指根据一定的方法和策略，从组织好的大量信息集合群中快速准确地获取特定信息的过程，更侧重于从已有的信息集合中，通过特定的手段和技术，精准地定位并提取出用户所需的信息，相当于“信息查询”或“信息查找”。计算机网络信息检索技术主要有布尔逻辑检索技术、截词检索技术、全文检索技术等。

（1）布尔逻辑检索技术

布尔逻辑检索技术是一种基于布尔代数（包括“与”“或”“非”3 种基本运算）的信息检索方法。用户通过构建布尔表达式来指定检索条件，从而精确控制检索结果的范围。

逻辑与（AND）要求结果中同时包含所有指定的关键词，逻辑与增强了检索的专指性，使检索范围缩小。例如，“计算机 AND 网络”检索式将返回同时包含“计算机”和“网络”两个词的信息。

逻辑或（OR）只要结果中包含任意一个指定的关键词即可。逻辑或可使检索范围扩大，相当于增加检索主题的同义词，同时能起到去重的作用。例如，“网络 OR 互联网”将返回包含“网络”或“互联网”的信息。

逻辑非（NOT）排除包含指定关键词的结果。逻辑非用于排除不希望出现的检索词，它能够缩小检索范围，增强检索的准确性。例如，“计算机 NOT 网络”将返回包含“计算机”但不包含“网络”的信息。

对于一个复杂的布尔逻辑检索式，检索系统的处理是从左向右进行的。在有括号的情况下，先执行括号内的逻辑运算；有多层括号时，先执行最内层括号中的运算，再逐层向外进行；在没有括号的情况下，AND、OR、NOT 的运算优先级为 NOT>AND>OR。布尔逻辑检索技术因其灵活性和精确性，成为许多信息检索系统的基础。

（2）截词检索技术

截词检索技术用于处理词形变化或拼写错误的问题，通过允许搜索词的部分匹配来扩大检索范围。根据截断的位置和方式，截词检索可分为前截词、后截词和中截词。不同的系统所用的截词符也不同，常用的有“*”“?”等。前截词较不常用，因为通常无法有效缩小检索范围。后截词允许检索词末尾的字符变化，如检索“comput*”可以匹配“computer”“computing”等。中截词用于检索词中间可能变化的部分，通常用于复合词或短语中，如“*net*”可能匹配“internet”“network”等。

截词检索技术提高了检索的包容性和灵活性，尤其适用于处理英文等具有复杂词形变化的语言，可以显著提高查全率。

（3）全文检索技术

全文检索技术是一种对文档内容进行全面分析，并根据用户查询返回相关文档的方法。它超越了简单的关键词匹配，能够理解和处理文本中的上下文信息，提供更精确的检索结果。全文检索技术通常包括以下步骤。

① 文本预处理：包括分词、去停用词、词干提取等。

② 索引创建：将预处理后的文本数据转换为索引结构，便于快速检索。

③ 查询处理：对用户输入的查询进行解析，转换为适合全文检索系统处理的格式。

④ 结果排序：根据相关性算法对检索结果进行排序，优先展示最相关的文档。

全文检索技术广泛应用于搜索引擎、数字图书馆、学术论文数据库等领域，极大提升了信息检索的效率和用户体验。

布尔逻辑检索、截词检索和全文检索共同构成了现代信息检索系统的基石，现代计算机网络信息检索技术还包括自然语言处理、语义检索、个性化推荐等高级技术。随着技术的不断进步，信息检索将更加智能化、个性化和高效化，为用户提供更加便捷、准确的信息获取途径。

2. 搜索引擎

搜索引擎（Search Engine）是指根据一定的策略、运用特定的计算机程序从 Internet 上采集信息，在对信息进行组织和处理后，为用户提供检索服务，将检索的相关信息展示给用户的系统。搜索引擎是工作在 Internet 上的一项检索系统，它可以提高人们获取、搜集信息的速度，为人们提供更好的网络使用环境。

根据功能和原理的不同，搜索引擎大致可以分为四大类：全文搜索引擎、元搜索引擎、垂直搜索引擎和目录搜索引擎。全文搜索引擎是最为常见的一种，它通过爬取互联网上的网页内容，建立庞大的索引数据库。当用户输入查询关键词时，它能够迅速从索引数据库中检索出相关的信息并展示给用户。元搜索引擎则是一个搜索引擎的集合，它将用户的查询请求同时发送到多个搜索引擎，然后将这些搜索引擎返回的结果进行整合、排序后再展示给用户，从而帮助用户获取更全面的信息。垂直搜索引擎专注于某一特定领域或主题的信息检索，如购物搜索引擎、学术搜索引擎等，它能够提供更加精准、专业的检索结果。目录搜索引擎则是通过人工或自动的方式将互联网上的资源进行分类整理，形成层级目录，用户可以通过浏览目录来查找所需信息。

搜索引擎一般包含 4 个核心功能模块：搜索器、索引器、检索器和用户接口。搜索器是搜索引擎的“眼睛”，它负责从互联网上采集信息，通过网络爬虫技术不断地遍历网页，收集新的数据。索引器则是对采集到的数据进行预处理和加工，提取出关键信息，如关键词、标题、链接等，并生成索引数据库，以便后续能够快速检索。检索器是搜索引擎的“大脑”，它根据用户的查询请求，在索引数据库中快速查找匹配的记录，并按照一定的排序规则将结果返回给用户。用户接口则是搜索引擎与用户之间的桥梁，它负责展示查询结果，提供用户交互功能，如搜索提示、分页显示等。

搜索引擎的工作流程通常包括数据采集、数据预处理、数据处理和结果展示等阶段。在数据采集阶段，搜索器会利用网络爬虫技术从互联网上抓取网页，并将其存储在本地服务器中供后续处理。数据预处理阶段对采集到的网页进行去重、解析、清洗等操作，提取出有用的信息。数据处理阶段对预处理后的数据进行索引和存储，建立索引数据库。在结果展示阶段，当用户输入查询关键词时，检索器会在索引数据库中查找匹配的记录，并按照一定的排序规则将结果返回给用户接口进行展示。

搜索引擎作为现代信息社会的重要组成部分，不仅为人们提供了便捷的信息检索服务，还推动了信息技术的发展和创新。目前，Internet 市场上可使用的搜索引擎有很多，在我国比较著名的搜索引擎有百度、360 搜索等。

二、预习测试

1. 单项选择题

（1）信息检索的广义定义是指____。

A. 从组织好的大量信息集合群中快速准确地获取特定信息

B. 将信息按一定的方式组织和存储起来，并且能够根据用户的需求找出其中相关信息

C. 布尔逻辑检索技术的应用

D. 搜索引擎的工作原理

（2）布尔逻辑检索技术中的逻辑与（AND）运算的作用是____。

A. 扩大检索范围　　B. 缩小检索范围

C. 排除指定关键词　　D. 匹配任意关键词

（3）全文检索技术中，____步骤是对文本内容进行全面分析并转换为索引结构的。

A. 文本预处理　　B. 索引创建

C. 查询处理　　D. 结果排序

（4）____专注于某一特定领域或主题的信息检索。

A. 全文搜索引擎　　B. 元搜索引擎

C. 垂直搜索引擎　　D. 目录搜索引擎

（5）搜索引擎的核心功能模块中，____负责从互联网上采集信息。

A. 索引器　　B. 检索器　　C. 搜索器　　D. 用户接口

2. 判断题

（1）截词检索技术中的前截词常用于处理英文等具有复杂词形变化的语言。（　　）

（2）搜索引擎是一种能够为用户提供检索功能的工具，它通过对 Internet 上的信息进行搜集、解释、处理、提取、组织、存储，为用户提供检索服务。（　　）

（3）在我国市场上，百度和谷歌是占有率最高的搜索引擎品牌。（　　）

三、预习情况解析

1. 涉及知识点

信息检索的定义、布尔逻辑检索、截词检索、全文检索、搜索引擎及其分类、搜索引擎工作过程等。

2. 预习测试题解析

见表 10-3。

表 10-3 “信息检索”预习测试题解析

测试题序号	答案	参考知识点	测试题序号	答案	参考知识点
1.（1）	B	见课前预习“1.”	1.（5）	C	见课前预习“2.”
1.（2）	B	见课前预习“1.（1）”	2.（1）	×	见课前预习“1.（2）”
1.（3）	B	见课前预习“1.（3）”	2.（2）	√	见课前预习“2.”
1.（4）	C	见课前预习“2.”	2.（3）	×	见课前预习“2.”

10.3.2　任务实现

一、使用搜索引擎

涉及知识点：搜索引擎基本查询与高级查询，布尔逻辑检索与限制检索指令

百度和谷歌是搜索引擎的典型代表，下面以百度搜索引擎为例进行介绍。

【任务 1】使用搜索引擎（百度）进行基本查询操作，检索关键字为“全国高校一览表”的相关信息。

步骤 1：打开百度搜索引擎首页。

双击桌面上的 Microsoft Edge 图标，打开 Microsoft Edge 浏览器，在地址栏中输入网址“www.baidu.com”，按 Enter 键，打开百度搜索引擎首页，如图 10-21 所示。

图 10-21　百度搜索引擎首页

步骤 2：显示查询到的网页。

在搜索文本框中输入检索关键字“全国高校一览表”，单击右侧的“百度一下”按钮（也可以直接按 Enter 键），则显示检索到的相关网页，如图 10-22 所示。

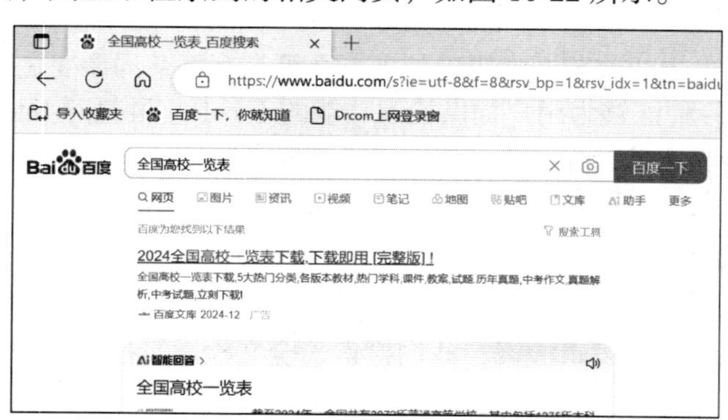

图 10-22　检索到的相关网面

说明：

① 在搜索文本框下方有一排按钮，根据查询需要进行选择，显示相应类型的查询结果，如先单击“资讯”按钮资讯，再在搜索文本框中输入搜索关键词“物联网”，则显示“物联网”相关的资讯信息。

② 单击搜索文本框右侧的按钮，可以搜索该图片相应信息。

③ 打开搜索到的信息链接，单击鼠标右键，在弹出的快捷菜单中单击“另存为”命令，打开“另存为”对话框，可以将信息保存到本地计算机中。

【任务 2】使用搜索引擎（百度）进行高级查询操作，利用其布尔逻辑检索功能，检索全国高校一览表的相关信息。

步骤 1：打开百度搜索引擎首页。

步骤 2：设置搜索参数，显示查询到的网页。

将鼠标指针悬停于网页右上角“设置”文字标签处，在出现的悬浮菜单中单击“搜索设置”菜单项，打开设置搜索参数的对话框，选择“高级搜索”选项卡，如图 10-23 所示。

搜索设置　首页设置　高级搜索
搜索结果：包含全部关键词　高校 一览表　包含完整关键词
包含任意关键词　全国 中国 国内　不包括关键词
时间：限定要搜索的网页的时间是　时间不限
文档格式：搜索网页格式是　所有网页和文件
关键词位置：查询关键词位于　网页任何地方　仅网页标题中　仅URL中
站内搜索：限定要搜索指定的网站是　例如：baidu.com
高级搜索

图 10-23　“高级搜索”选项卡

在“包含全部关键词”文本框中输入“高校 一览表”，要求查询结果页面中包含“高校”和“一览表”；在“包含任意关键词”文本框中输入“全国 中国 国内”，要求查询结果页面中包含“全国”或者“中国”或者“国内”，查询结果如图 10-24 所示。

在查询结果页面，搜索文本框中显示“高校 一览表 (全国 | 中国 | 国内)”。

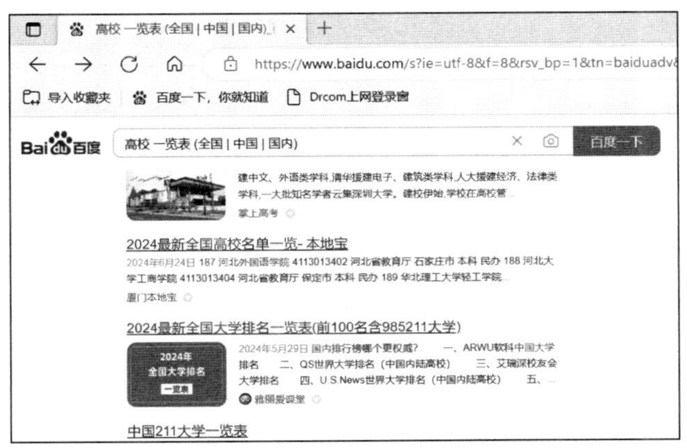

图 10-24　查询结果

说明：

① 在百度“高级搜索”选项卡的“包含全部关键词”文本框中输入多个关键词并以空格隔开，如“关键词 1 关键词 2”，可以起到“与”的作用，要求查询结果页面中同时包含“关键词 1”和“关键词 2”。

② 在“包含任意关键词”文本框中输入多个关键词并以空格隔开，可以起到“或”的作用，百度使用“|”作为通配符来实现逻辑或。

③ 在“不包含关键词”文本框中输入关键词，可以起到“非”的作用，百度使用“-”作为通配符来实现逻辑非。

④ 在“包含完整关键词”文本框中输入关键词，要求查询结果页面中关键字不被拆分。

【任务 3】使用搜索引擎（百度）进行高级查询操作，利用其限制检索功能，在“安徽电子信息职业技术学院网站（域名：www.ahdy.edu.cn）中，查询一年内标题中包含“学术讲座”的信息。

按照任务 1 和任务 2 的方法，打开百度搜索引擎首页，再打开“高级搜索”选项卡。在“包含全部关键词”文本框中输入“学术讲座”关键词；“时间”选择“一年内”；“关键词位置”选择“仅网页标题中”；“站内搜索”文本框中输入网站域名“www.ahdy.edu.cn”。查询结果如图 10-25 所示。在查询结果页面的搜索文本框中显示“intitle: (学术讲座) site:www.ahdy.edu.cn”，此为限制搜索指令。

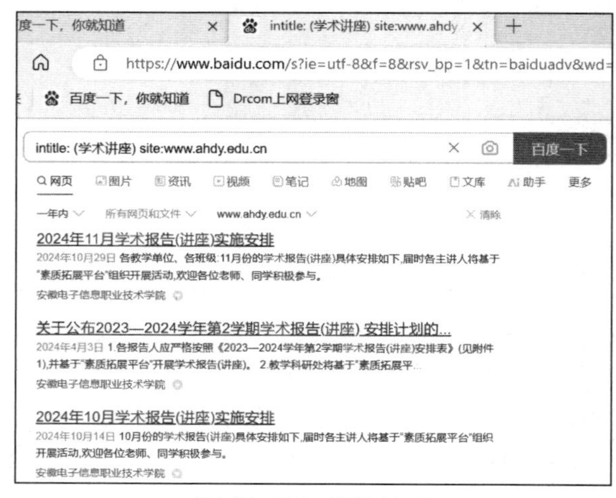

图 10-25　查询结果

说明：

限制搜索主要指令如下。

① site：限制搜索结果只在特定网站内进行搜索。

② intitle：限制搜索结果只包含特定网页标题内的关键字。

③ filetype：限制搜索结果只包含特定文件类型的文件。例如“filetype:pdf 机器学习”，此命令将只搜索包含“机器学习”关键字的 pdf 文件。

④ 如果未使用限制搜索指令，在查询结果页面的搜索文本框下方会有 搜索工具 按钮，单击该按钮，会出现 时间不限 所有网页和文件 站点内检索 按钮，用户也可以在此进行相关设置。

二、学术数据库检索

【任务 4】登录中国知网，找出“工业互联网”相关学术文章了解总体情况，再检索同时包含关键词“工业互联网”和“5G”的学术文章。

步骤 1：打开中国知网主页面。

双击桌面上的 Microsoft Edge 图标，打开 Microsoft Edge 浏览器，在地址栏中输入网址“www.cnki.net”，按 Enter 键，打开中国知网主页面，如图 10-26 所示。

步骤 2：使用一框式检索进行学术数据库检索。

采用一框式检索找出“工业互联网”相关学术文章。直接在首页检索文本框中输入“工业互联网”并单击“检索”按钮（也可以直接按 Enter 键），即可显示检索到的相关网页，如图 10-27 所示。

图 10-26　中国知网主页面

图 10-27　一框式检索结果页面

步骤 3：打开高级检索页面。

单击导航栏中的“检索”下拉按钮，在弹出的下拉菜单中单击“高级检索”命令，打开高级检索页面，如图 10-28 所示。

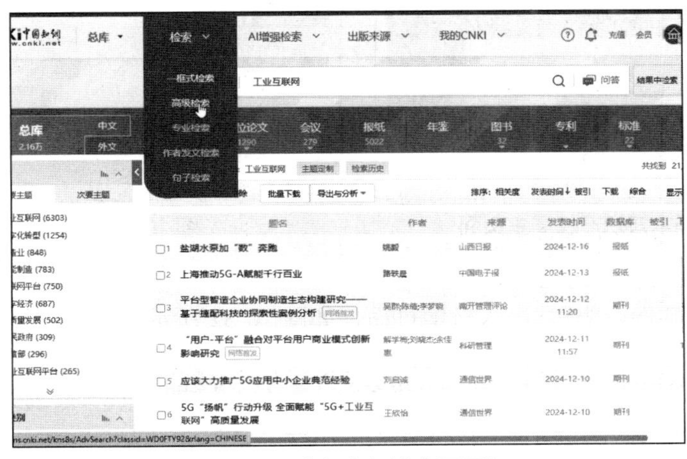

图 10-28　进入高级检索页面入口

步骤 4：使用高级检索进行学术数据库检索。

在高级检索页面中，分别设置前两项搜索条件为“关键词”，内容分别为“工业互联网”和“5G”，如图 10-29 所示，单击“检索”按钮，即可显示检索到的相关网页。

图 10-29　设置高级检索词

三、专利文献信息检索

【任务 5】登录国家知识产权局网站，查阅“无人机”相关专利文献信息。

步骤 1：打开国家知识产权局主页面。

打开 Microsoft Edge 浏览器，在地址栏中输入“www.cnipa.gov.cn”，按 Enter 键，打开国家知识产权局主页面，如图 10-30 所示。

步骤 2：进入专利检索网站。

在首页中找到政务服务区域，单击“专利检索”图标进入检索网站，如图 10-31 所示。

图 10-30　国家知识产权局主页面

图 10-31　专利检索入口

步骤 3：进入专利检索页面。

阅读并同意“免责声明”，进入检索页面，如图 10-32 所示。

步骤 4：输入检索信息，执行专利检索。

在检索页面注册用户并登录，输入检索条件“无人机”，即可显示检索到的相关专利信息，如图 10-33 所示。

图 10-32　进入专利检索页面

图 10-33　检索结果页面

四、商标信息检索

【任务 6】登录国家知识产权局商标局中国商标网网站，查阅“华为技术有限公司”相关商标信息。

步骤 1：打开国家知识产权局中国商标网主页面。

打开 Microsoft Edge 浏览器，在地址栏中输入“sbj.cnipa.gov.cn”，按 Enter 键，打开国家知识产权局商标局中国商标网主页面，如图 10-34 所示，单击“商标网上查询”图片链接进入商标查询页面。

步骤 2：执行登录操作。

同意商标查询使用说明后，注册用户并完成登录，如图 10-35 所示。

图 10-34　国家知识产权局商标局中国商标网主页面

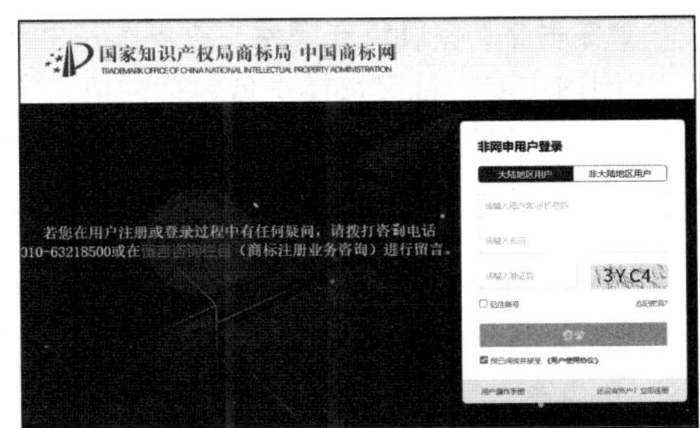

图 10-35　商标网登录界面

步骤 3：执行商标综合查询。

单击“商标综合查询”按钮，进入综合查询界面，可输入国际分类等信息开始查询，如图 10-36 所示。在“申请人名称（中文）”栏中输入检索内容“华为技术有限公司”，单击“查询”按钮进入查询结果页面。

图 10-36　进入综合查询界面

步骤 4：查看检索结果。

在查询结果页面可查看检索到的相关商标信息，如图 10-37 所示。

WWW.CNIPA.GOV.CN WCJS.SBJ.CNIPA.GOV.CN　English　帮助　当前数据截至：(2024年12月20日)

检索到20854件商标　　仅供参考，不具有法律效力

序号	申请/注册号	国际分类	申请日期	商标	申请人名称
1	82407402	9	2024年12月06日	海思星云	华为技术有限公司
2	82405718	9	2024年12月06日	临境	华为技术有限公司
3	82387198	43	2024年12月05日	AMBER 安朴	华为技术有限公司
4	82387037	43	2024年12月05日	AMBER	华为技术有限公司
5	82386948	43	2024年12月05日	AMBER	华为技术有限公司

图 10-37　检索结果页面

五、社交媒体信息检索

【任务 7】登录抖音网站，查阅冬至节气民俗“消寒图”相关社交媒体信息。

国内主要的社交媒体平台包括微信、微博、抖音、快手、哔哩哔哩（Bilibili）、小红书、知乎、百度贴吧、豆瓣等。

步骤 1：打开社交媒体主页。

打开 Microsoft Edge 浏览器，在地址栏中输入“https://www.douyin.com/”，按 Enter 键，在打开的登录页面中可注册后登录，打开抖音网站主页面，如图 10-38 所示。

步骤 2：开展社交媒体信息检索。

在搜索栏中输入检索关键词“消寒图”，按 Enter 键，即可查看该民俗相关的社交媒体信息，如图 10-39 所示。

图 10-38　抖音网站主页面

图 10-39　检索结果页面

10.4 项目总结

在本项目中，我们学习了计算机网络、Internet 等方面的基础知识，掌握了 Internet 的应用、信息检索等技能。

① 了解了计算机网络的概念、功能、主要性能指标、网络设备和传输介质、IP 地址和域名等知识，具备应用 Internet 尤其是使用 AI 工具协助处理工作任务的能力，会获取 Internet 信息和资源等操作。

② 了解了信息检索基础知识，会利用搜索引擎、中国知网和国家知识产权局官网等资源开展各类信息检索操作。

完成本项目的学习，读者可具备 Internet 应用的基本能力，会收发电子邮件，能够使用常见 AI 工具，掌握常见信息检索技术并利用 Internet 获取信息和资源。

10.5 技能拓展

10.5.1 理论考试练习

单项选择题

（1）计算机网络的目标是实现____。

A. 文件查询　　　　B. 信息传输与数据处理

C. 数据处理　　D. 信息传输与资源共享

（2）计算机网络通信中使用____作为衡量数据传输可靠性的指标。

A. 传输率　　B. 频带利用率　　C. 误码率　　D. 信息容量

（3）在互联网主干线路中采用的传输介质主要是____。

A. 双绞线　　B. 同轴电缆　　C. 无线电　　D. 光纤

（4）某计算机的 IPv4 地址是 192.168.0.1，该地址属于____地址。

A. A 类　　B. B 类　　C. C 类　　D. D 类

（5）IP 地址有 IPv4 和 IPv6 两个版本，IPv4 地址和 IPv6 地址的二进制位数分别是____。

A. 32 位和 64 位　　B. 4 位和 64 位

C. 32 位和 128 位　　D. 4 位和 8 位

（6）域名系统中的顶级域名中，组织模式域名.com 的含义是____。

A. 非营利组织　　B. 教育机构

C. 国际组织　　D. 商业组织

（7）在 Internet 中，通过____将域名转换为 IP 地址。

A. Hub　　B. WWW　　C. BBS　　D. DNS

（8）URL 中的 HTTP 是指____，在其支持下，WWW 可以使用 HTML。

A. 文件传输协议　　B. 计算机域名

C. 超文本传送协议　　D. 电子邮件协议

（9）人们若想通过 ADSL 宽带上网，____不是必需的。

A. 网卡　　B. 采集卡　　C. 网线　　D. 用户名和密码

（10）和广域网相比，局域网具有的特点是____。

A. 有效性好但可靠性差　　B. 有效性差但可靠性好

C. 有效性好可靠性也好　　D. 只能采用基带传输

10.5.2　实践案例

收发电子邮件。

小张编制了部门年度工作计划草案，文件名为“信息技术部年度工作计划（草案）.docx”，现需要通过电子邮件将这份草案发送给部门经理张先生审阅，同时抄送给公司总经理柳先生，请根据以下要求发送该电子邮件。

收 件 人：zhangruoxue001@qq.com。

抄　　送：liuxufeiceo@163.com。

主　　题：信息技术部年度工作计划（草案）。

邮件内容：张经理：信息技术部年度工作计划（草案）已经编制，已通过邮件发送给您，请审阅。如有修改意见请及时反馈。具体计划见附件文档。

注：电子邮件地址可根据实际要求变更，题中为模拟地址。

项目十一　新一代信息技术

学习目标

新一代信息技术是以人工智能、物联网、区块链等为代表的新兴技术。它既是信息技术的纵向升级，也是信息技术之间及其与相关产业的横向融合。

通过对本项目的学习，达到下列学习目标。

知识目标：

- 了解新一代信息技术及其主要代表技术的基本概念。
- 了解物联网、云计算、大数据和人工智能等新一代信息技术的特点。

技能目标：

- 掌握新一代信息技术各主要代表技术的典型应用。

11.1　项目总要求

小明通过了解新一代信息技术及其主要代表技术在不同技术领域中的应用来加深对信息技术的认识。他需要了解计算机在物联网、云计算、大数据、人工智能、区块链等领域的应用。

11.2　任务一　了解新一代信息技术

11.2.1　课前准备

为保证任务能够顺利完成，请在实际操作前预习以下基本概念：信息、信息技术及新一代信息技术。

一、课前预习

1. 信息、数据与数据处理

信息（Information）是对现实世界事物的存在方式或运动状态的反映。人们通过信息认识事物，并借助信息进行交流、沟通、互相协作，从而推动社会不断前进。

数据是描述事物的符号，它有多种表现形式，可以是数值、文字、声音、图形、图像等。数据是信息的载体，而信息则是数据的内涵，是对数据的语义解释。

数据处理是指对各种数据进行收集、存储、加工和传播的一系列活动的总和。其目的是从大量的原始数据中进行收集、处理，最后得出具有价值的信息，供人们决策参考。

2. 信息技术

信息技术（Information Technology，IT）是指用于管理和处理信息所采用的各种技术的总称。它涵盖了所有与信息的获取、存储、传输、加工和应用相关的技术、方法和设备。

信息技术的核心在于信息的处理，包括数据的收集、存储、检索、加工、分析和展示等多个环节。这些技术通过计算机硬件、软件、网络通信设备以及相应的系统和服务来实现。其中，计算机硬件是信息技术的物质基础，软件则是实现信息处理功能的关键。

随着科技的不断发展，信息技术的内涵也在不断扩展。从最初的计算机和通信技术，到现在的云计算、大数据、人工智能等前沿技术，信息技术已经渗透到社会的各个领域，成为推动社会进步和发展的重要力量。

3. 新一代信息技术

新一代信息技术作为国务院确定的战略性新兴产业之一，涵盖了互联网、大数据、物联网、人工智能、区块链、云计算以及移动通信等多个前沿领域，是推动数字化转型和创新发展的重要力量。新一代信息技术具有鲜明的特征，如从互联网技术发展到物联网技术，从虚拟现实技术发展到增强现实技术，从网格计算技术发展到云计算技术，以及从机器学习技术发展到深度学习技术等。这些技术之间的交叉融合，催生了智能制造、混合现实、大数据和人工智能等典型的交叉领域。

新一代信息技术在各个领域的应用广泛而深入，推动了产业结构的优化升级和经济社会的高质量发展。

二、预习测试

单项选择题

（1）____不是信息处理的内容。

A. 信息收集　B. 信息加工　C. 信息存储　D. 信息销毁

（2）数据与信息的关系是____。

A. 数据是信息的载体，信息是数据的内涵

B. 信息是数据的载体，数据是信息的内涵

C. 数据与信息是完全相同的

D. 数据与信息没有任何关系

（3）信息技术的核心在于____。

A. 数据的收集　B. 数据的存储　C. 信息的处理　D. 信息的展示

（4）新一代信息技术不包括____领域。

A. 大数据　B. 物联网　C. 传统印刷技术　D. 人工智能

三、预习情况解析

1. 涉及知识点

信息、数据、数据处理、信息技术、新一代信息技术。

2. 预习测试题解析

见表 11-1。

表 11-1 “了解新一代信息技术”预习测试题解析

测试题序号	答案	参考知识点	测试题序号	答案	参考知识点
（1）	D	见课前预习“1.”	（3）	C	见课前预习“2.”
（2）	A	见课前预习“1.”	（4）	C	见课前预习“3.”

11.2.2 任务实现

信息技术是当今创新性最强、渗透性最强、影响面最广的领域之一。新一代信息技术是以人工智能、量子信息、移动通信、物联网、区块链等为代表的新兴技术。新一代信息技术正以前所未有的速度转化为现实生产力，深刻改变着世界科技和经济发展形态，其中以物联

网、云计算、大数据、人工智能等应用领域最为典型。

一、认识物联网

涉及知识点：物联网的概念、技术特点和典型应用

随着计算机信息技术和微电子技术的发展，物联网得到国家的高度重视和较快发展。党的二十大报告提出：加快发展物联网，建设高效顺畅的流通体系，降低物流成本。我国物联网产业跨越电子信息制造业、智能装备制造业、软件和信息服务业三大产业，其特点是产业链长、和行业结合的信息渗透能力强、经济带动能力强。物联网产业被认为是继计算机、互联网之后的世界信息产业的第三次浪潮。

物联网（Internet of Things，IoT）是指通过射频识别（Radio Frequency Identification，RFID）、红外感应器、全球定位系统、激光扫描器等信息传感设备，按约定的协议，把物品与互联网连接起来，进行信息交换和通信，以实现智能化识别、定位、跟踪、监控和管理的一种网络。

自“物联网”这个词被提出后，物联网的概念就一直在被不断地发展和扩充。如果从宏观的角度来说，物联网就是“物物相连的互联网”，这有两层意思：第一，物联网的核心和基础仍然是互联网，是在互联网的基础上延伸和扩展的网络；第二，其用户端延伸和扩展到物品与物品之间，并进行信息交换和通信。

物联网技术具有高集成性以及高智能化的技术特点。首先，物联网技术融合了传感器技术、无线通信技术、云计算技术、大数据处理等多种先进技术，实现了物理世界与数字世界的无缝对接。通过高度集成的系统架构，物联网能够高效采集、传输、处理和分析来自各类物体的数据，具有高度的集成性与融合性。其次，物联网技术借助先进的人工智能算法和机器学习技术，能够自主识别、分析并响应环境变化，实现智能控制、预测预警等功能。这种智能化特性不仅提高了系统的运行效率，还极大地增强了系统的适应性和灵活性。

物联网技术在智慧城市、智能制造等领域得到广泛而深入的应用。在智慧城市领域，物联网技术被广泛应用于智能交通、环境监测、公共安全、能源管理等方面，通过实时监测和分析城市运行数据，提升城市管理效率和服务质量，助力构建宜居、可持续发展的城市环境。在工业制造领域，物联网技术推动了智能制造的发展，实现了生产过程的自动化、智能化和精细化管理。通过部署各类传感器和执行器，物联网能够实时监测生产设备的运行状态、产品质量和库存情况，为生产计划调度、故障诊断和预防性维护提供数据支持，有效降低了生产成本，提高了生产效率和产品质量。此外，物联网技术还在农业、医疗健康、物流仓储等领域发挥着重要作用，通过精准管理、智能服务和数据驱动决策，推动了相关产业的转型升级和高质量发展。

二、云计算

涉及知识点：云计算的概念、技术特点和典型应用

云计算（Cloud Computing）是分布式计算的一种，是指通过网络“云”将庞大的数据计算处理程序分解成无数个小程序，通过多部服务器组成的系统处理和分析这些小程序得到的结果返回用户。过去往往用“云”来表示电信网，后来也用其来表示互联网和底层基础设施的抽象形态。用户可通过计算机、笔记本计算机、手机等接入数据中心，按自己的需求进行运算。

技术特点上，云计算具备高度的可扩展性、灵活性、安全性和可靠性。它允许用户根据实际需求动态调整计算资源和存储空间，无论是初创企业还是大型机构，都能迅速响应市场

变化，实现资源的弹性配置。这种按需服务的能力不仅降低了企业的 IT 成本，还加快了创新进程，使得新业务模式和技术应用的快速部署成为可能。云服务商通常采用多层安全防护措施，包括数据加密、访问控制、身份验证等，确保用户数据在传输和存储过程中的安全。同时，通过多副本存储、负载均衡和故障转移等技术手段，云计算能有效抵御单点故障，保障服务的连续性和可用性，即便是面对自然灾害或大规模网络攻击，也能迅速恢复服务，减少业务中断风险。

云计算技术在多个领域得到广泛应用。在教育领域，云计算为在线教育平台提供了强大的基础设施支持，使得远程教育、个性化学习成为可能，促进了教育资源的均衡分配，提升了教学质量和学习效率。通过云端存储和共享，师生可以随时随地访问教学资料和协作工具，推动教育数字化转型。在金融行业，云计算的引入极大地提升了金融服务的智能化水平和运营效率。银行、保险等金融机构利用云计算进行大数据分析、风险管理和客户服务优化，实现了业务流程的自动化和智能化，降低了运营成本，提高了风险防控能力。同时，云计算还支持快速开发和部署新产品，如移动支付、在线理财等，满足了用户多样化的金融需求，推动了金融创新的步伐。此外，云计算还在政务、医疗、制造等多个领域发挥着重要作用，通过提升数据处理能力、优化资源配置、促进信息共享，推动了社会经济的高质量发展。

三、大数据

涉及知识点：大数据的概念、技术特点和典型应用

大数据（Big Data）是继云计算、物联网之后，信息技术行业的又一大颠覆性的技术革命。人们用它来描述和定义信息爆炸时代产生的海量数据，并用它命名与之相关的技术发展与创新。“大数据”时代已经降临，做出决策将逐渐基于数据和分析。

大数据具有以下技术特点。

① 数据处理量大。大数据技术具备处理海量数据的能力，其起始数据规模至少是 PB（1024 TB）、EB（1024 PB）或 ZB（1024 EB），显示出强大的数据吞吐量。

② 数据类型多样化处理能力。大数据技术能够处理包括网络日志、音频、视频、图片、地理位置信息等多种类型的数据，这种多样化的数据处理能力对技术的灵活性和适应性提出了更高要求。

③ 数据价值提取效率高。尽管大数据的价值密度相对较低，但大数据技术通过先进的算法和模型，能够高效地提取和提纯数据中的价值，解决信息冗余和价值识别难题。

④ 处理速度快、时效性高。大数据技术的显著特点之一是处理速度快，能够迅速响应数据需求，满足高时效性的要求，这与传统数据挖掘技术相比具有明显优势。

大数据技术的迅猛发展，正以前所未有的深度和广度影响着各行各业。在商业领域，大数据的应用极大地提升了企业的决策效率和市场竞争力。通过对海量消费者行为数据、市场趋势数据以及企业内部运营数据的深度挖掘和分析，企业能够更精准地把握市场需求，优化产品设计，制定个性化的营销策略，实现精准营销和客户服务。同时，大数据还助力企业构建风险预警系统，及时发现并应对潜在的市场风险，保障企业的稳健发展。此外，大数据技术还深度赋能医疗健康、金融、教育等多个领域。通过对各领域产业数据的深度挖掘与综合分析，大数据技术能够揭示行业发展中存在的问题与短板，为产业政策的科学制订与适时调整提供坚实的数据支撑，为管理者提供精准决策依据，从而推动产业的持续健康发展。

四、人工智能

涉及知识点：人工智能的概念、技术特点和典型应用

人工智能（Artificial Intelligence，AI）是解释和模拟人类智能、智能行为及其规律的学科。主要任务是建立智能信息处理理论，进而设计可展现近似于人类智能行为的计算机系统。人工智能的研究领域包括机器人、语言识别、图像识别、自然语言处理和专家系统等。

技术特点上，人工智能的发展遵循两条主要路径：结构模拟与功能模拟。结构模拟致力于仿照人脑的内部神经网络结构，构建出具有生物神经元特性的计算模型，以期实现更高层次的智能模拟。而功能模拟则侧重于对人脑思维的信息处理过程进行模拟，通过算法和模型来模拟人类的感知、记忆、学习、推理等智能行为。现代电子计算机及其相关技术，如深度学习、机器学习等，便是功能模拟的典型代表，它们通过大规模的数据处理和复杂的算法运算，实现了对人类智能功能的部分替代和增强。

人工智能从诞生以来，理论和技术日益成熟，应用领域也不断扩大。党的二十大强调，推动战略性新兴产业融合集群发展，构建新一代信息技术、人工智能、生物技术、新能源、新材料、高端装备、绿色环保等一批新的增长引擎。截至 2022 年 11 月，我国已建设 11 个“国家新一代人工智能创新应用先导区”和 18 个“国家新一代人工智能创新发展试验区”，形成了产业区域覆盖面积最广、应用场景最多、科技企业最集中的区域协同的发展体系。融入千行百业，蓬勃向上的人工智能产业将为国家的发展提供强大的动力和支持。

11.3 项目总结

本项目主要介绍了信息、数据和数据处理，新一代信息技术及其主要代表技术的基本概念、技术特点和典型应用。

完成本项目的学习，读者可理解信息、信息技术的基本概念，了解新一代信息技术及其主要代表技术的发展历程，熟悉各主要代表技术的核心技术特点和产业应用领域，从而掌握新一代信息技术对其他产业和人们日常生活的影响。

11.4 技能拓展

单项选择题

（1）____不属于新一代信息技术的代表。

A. 人工智能　　B. 量子信息

C. 移动通信　　D. 传统数据库

（2）物联网（IoT）的核心理念是____。

A. 将人与互联网连接起来

B. 将任何物品与互联网连接起来进行信息交换和通信

C. 仅将电子设备与互联网连接起来

D. 将计算机与互联网连接起来

（3）物联网技术的____特点体现了其高智能化。

A. 高集成性

B. 低能耗

C. 自主识别、分析并响应环境变化

D. 仅依赖于传感器技术

（4）____不是云计算技术的主要特点。

A. 高度的可扩展性　　B. 低灵活性

C. 安全性　　D. 可靠性

（5）在商业领域，大数据通过____助力企业提升市场竞争力。

A. 仅广告推广

B. 减少员工数量

C. 深度挖掘和分析消费者行为数据

D. 仅依靠传统市场调研

（6）人工智能的发展遵循____两条主要路径。

A. 硬件升级与软件优化　　B. 结构模拟与功能模拟

C. 自动化与智能化　　D. 机器学习与深度学习

（7）____不是人工智能的典型应用领域。

A. 机器人　　B. 语言识别

C. 传统手工艺　　D. 专家系统

项目十二　信息素养

学习目标

信息素养与社会责任是指在信息技术领域，通过对信息行业相关知识的了解，内化形成的职业素养和行为自律能力。信息素养与社会责任对个人在各自行业内的发展起着重要作用。

通过对本项目的学习，达到下列学习目标。

知识目标：

- 了解信息素养的基本概念及主要要素。
- 了解信息安全的基本概念和相关法律法规。
- 了解信息伦理知识。

技能目标：

- 了解信息技术发展史。
- 了解使用工具维护信息安全。
- 了解相关法律法规与职业行为自律的要求。

12.1　项目总要求

小张想提升自己的信息素养，他了解到除了学习信息素养基本概念和内容，还需要了解信息技术发展史，掌握信息安全知识，并通过了解相关法律法规、信息伦理与职业行为自律的要求，帮助自己在踏入职业岗位后在行业内取得更好的发展。

12.2　任务一　提升信息素养，形成社会责任意识

12.2.1　课前准备

为保证任务能够顺利完成，请在实际操作前预习以下内容。

一、课前预习

信息素养（Information Literacy）是指人们利用网络、各种软件工具来确定、查找、评估、组织和有效地生产、使用和交流信息，以及解决实际问题或进行信息创造的能力。这一概念最早由美国图书馆协会（ALA）在1974年提出，并在后续的几十年中得到了广泛的推广和应用。

信息素养的核心内容包括媒介素养、数据素养、安全素养、网络素养等数字化生存与学习技能。它不仅涉及信息的获取和处理，还包括对信息的批判性思考和创造性应用。

信息意识体现了个体对信息的敏感度和认知水平，它促使人们从信息的视角去理解和评价自然界及社会的各种现象、行为及理论观点。信息意识涵盖了信息经济与价值认知、信息获取与传播意识、信息安全与保密意识、信息合规与法律意识以及信息动态变化的敏感性等方面。它是激发个体信息需求、形成信息动机，并驱动个体主动寻求、利用信息，培养信息兴趣的内在动力源泉。

信息知识是指个体在利用信息技术工具或信息传播渠道以提高信息交流效率的过程中所积累的专业知识和实践经验。这包括传统文化素养、信息基础知识以及现代信息技术知识等多个层面，为个体有效运用信息提供了坚实的基础。

信息能力是指个体运用信息知识、技术和工具解决实际问题的能力。它涵盖了专业知识能力、信息检索与分析能力、信息评价与组织能力、信息利用能力以及信息交流能力等多个方面。信息能力直接决定了个体在信息社会中的竞争力和适应能力。

信息道德是指在信息采集、加工、存储、传播和利用等各个环节中，用于规范信息活动中产生的各种社会关系的道德准则、道德规范和道德行为。它通过社会舆论、传统习俗等，引导个体形成正确的信息行为观念和价值观，从而自觉规范自身的信息行为。信息道德以其强大的约束力，在潜移默化中塑造着个体的信息行为模式，是信息政策和信息法律得以有效实施的重要基础。

在数字化时代，信息素养已成为全球范围内教育和社会发展的重要议题。随着信息技术的快速发展和信息量的爆炸式增长，信息素养对于个人和社会的重要性日益凸显。对于当代大学生来说，信息素养已成为开展终身学习和适应未来社会的关键要素之一。

二、预习测试

单项选择题

（1）信息意识体现了个体对信息的____。

A. 处理速度　　B. 敏感度和认知水平

C. 存储容量　　D. 传播效率

（2）在信息素养中，____是激发个体信息需求、形成信息动机的内在动力源泉。

A. 信息知识　　B. 信息能力　　C. 信息意识　　D. 信息道德

（3）____不属于信息知识的内容。

A. 传统文化素养　　B. 信息基础知识

C. 市场营销知识　　D. 现代信息技术知识

（4）信息能力的核心在于解决____的能力。

A. 人际交往　　B. 信息检索与分析

C. 艺术创作　　D. 体育竞技

（5）信息道德主要规范的是信息活动中的____。

A. 经济利益　　B. 社会关系　　C. 政治立场　　D. 家庭关系

三、预习情况解析

1. 涉及知识点

信息素养、信息安全的基本特征、引发信息安全的原因、计算机安全法规等。

2. 预习测试题解析

见表 12-1。

表 12-1 “提升信息素养，形成社会责任意识”预习测试题解析

测试题序号	答案	参考知识点	测试题序号	答案	参考知识点
（1）	B	见课前预习	（4）	B	见课前预习
（2）	C	见课前预习	（5）	B	见课前预习
（3）	C	见课前预习			

12.2.2　任务实现

一、了解信息技术发展及信息安全

涉及知识点：信息技术4次变革、信息安全的特征、计算机病毒与查杀、信息安全法律法规

1. 信息技术的发展史

信息技术的出现与持续进步，是推动人类历史前行的关键力量，它不仅深刻影响了人类的生产生活方式，更在经济和社会层面引发了广泛的变革。信息技术先后经历了4次重大的革命性飞跃，每一次都以其独特的方式，将人类文明推向了新的高度。

（1）语言的使用发展到文字的创造。距今35000～50000年前，语言的产生是人类社会化信息活动的首要条件，文字的创造是人类历史上的第一次信息革命。文字将人类的思想、语言、经验和社会现象镌刻下来，使得文化得以跨越时空，实现代代相传，社会文明得以持续发展。

（2）造纸和印刷术的发明。造纸和印刷技术的发明是第二次信息技术革命，使书籍成为重要的信息存储和传播的媒体，为知识的传播和积累提供了更为可靠的保证。大约在公元1040年，我国开始使用活字印刷技术。印刷术为知识的广泛传播、文化与文明交流创造了条件，是人类近代文明的先导。

（3）电报、电话、广播、电视的发明和普及。19世纪中叶以后，在电磁学理论基础上，以电信传播技术的发明为特征形成了第三次信息技术革命。电话、电报、广播、电视的相继问世，彻底改变了人类的生活方式。

（4）互联网的发明和普及应用。第四次信息技术革命是互联网的发明与普及。互联网将各地的计算机连接起来，形成了一个庞大的信息网络。它彻底打破了信息传播的时空限制，颠覆了传统的信息传播模式，实现了信息的自由流动与共享。

（5）新一代信息技术阶段。当前，我们正站在第五次信息技术革命的门槛上，即新一代信息技术的快速发展阶段。这一阶段，以人工智能、大数据、云计算、物联网等为核心技术，正在引领人类社会向智能化、自动化、互联化的方向迈进。新一代信息技术的兴起，不仅会深刻改变人类的生产生活方式，更将推动人类文明迈上一个新的台阶，开启一个更加智能、高效、可持续的未来。

2. 信息安全

随着计算机技术的发展，特别是计算机网络的普及，人们较多地使用计算机存储、传递和处理信息。由于人为因素或非人为因素，计算机的信息资源常常受到一些安全威胁。信息安全是指信息系统的硬件、软件和数据受到保护，不受偶然的或者恶意的原因而遭到泄露、更改和破坏，系统连续、可靠、正常地运行，信息服务不中断。

（1）信息安全的基本特征

① 完整性（Integrity）。完整性是指信息在传输、交换、存储和处理过程中保持非修改、非破坏和非丢失的特性，即保持信息原样性，使信息能正确生成、存储、传输。

② 保密性（Confidentiality）。保密性是指信息按给定要求不泄露给非授权的个人、实体，即杜绝有用信息泄露给非授权个人或实体，强调有用信息只被授权对象使用的特征。

③ 可用性（Availability）。可用性是指保证信息和信息系统随时为授权对象提供服务，保证合法用户对信息和资源的使用不会被不合理的拒绝。可用性是衡量网络信息系统面向用户的一种安全性能。

④ 可控性（Controllability）。可控性是指对流通在网络系统中的信息及具体内容能够实现有效控制的特性，即网络系统中的任何信息要在一定传输范围和存放空间内可控。

⑤ 不可否认性（Non-repudiation）。不可否认性是指通信双方在信息交互过程中，确信参与者本身，以及参与者所提供的信息的真实性与同一性，即所有参与者都不能否认或抵赖本人的真实身份，以及提供信息的原样性和完成的操作与承诺。

（2）常见的信息安全问题

通常可能对用户产生影响的信息安全问题主要包括数据丢失、被盗及损坏。

① 数据丢失是指数据不能被访问，一般是由于数据被删除，被删除的原因可能是偶然的误操作或者是故意的破坏，当然，计算机系统或者存储设备的硬件故障也可能导致数据无法被访问。

② 数据被盗通常是指未经授权的访问或者复制行为，对具有重要价值的机密数据来说，被盗所带来的损失可能要远远大于其他问题引起的损失。同时，如果系统没有配置很好的安全措施，那么数据被盗后也很难发现。

③ 数据损坏是指数据发生了非正常改变从而不能反映正确的结果，原因可能是偶然的，也可能是蓄意的破坏，通常是一些人为的恶意攻击。

（3）引发信息安全问题的原因

① 人为原因。引发信息安全问题的原因大多是人为原因，如黑客入侵、计算机病毒破坏。此外通过网络复制、散播违法信息或个人隐私，利用计算机和网络进行各种违法犯罪活动，通过系统漏洞远程控制他人计算机等行为，都会引发信息安全问题。

② 非人为原因。信息损害有时并不像想象的那么复杂，实际上，许多信息安全问题仅仅是因为一个偶然的操作失误、不正常的电力供应或者硬件的故障。

（4）计算机病毒

计算机病毒是指在计算机程序中插入的破坏计算机功能或数据的、会影响计算机使用、能自我复制的一组计算机指令或程序代码。计算机病毒是人为的特制程序，具有自我复制能力，具有隐蔽性、传染性、破坏性、潜伏性、寄生性、可执行性、可触发性、针对性等多种特征。计算机病毒具有的这些特征，为计算机病毒的预防、检测和清除等工作带来很大难度。计算机病毒的结构一般由引导模块、感染模块、破坏模块、触发模块 4 部分组成。

计算机病毒种类繁多。按寄生方式划分，可将计算机病毒分为引导型病毒、文件型病毒和复合型病毒。引导型病毒会将正常的计算机引导记录移动到其他存储空间，自身潜伏下来，伺机传染和破坏计算机系统。文件型病毒以应用程序为攻击对象，将病毒寄生在应用程序中并获得控制权，注入内存并寻找可以传染的对象进行传染。复合型病毒是指具有引导型和文件型两种寄生方式的计算机病毒。此外，计算机病毒可按破坏性划分为良性病毒和恶性病毒，按传播媒介划分为网络病毒、文件病毒及混合型病毒。

计算机病毒会对计算机系统造成很大的影响，大部分的病毒都会破坏计算机程序及数据。常见的计算机病毒主要有勒索病毒、蠕虫病毒、挖矿木马和木马病毒等。

随着计算机与网络技术的迅速发展与普及，计算机病毒制造技术越来越复杂，在各个网络应用领域中泛滥，它们侵入金融、军事、政治、电信等众多领域，产生的危害也日益加剧。新的杀毒软件出现后，又会有新的病毒出现，避免计算机系统感染病毒应以预防为主。用户预防计算机病毒的主要方法有以下 5 种。

① 在计算机系统中安装防火墙及防毒杀毒软件并及时更新。

② 尽可能不打开未知的站点和电子邮件。

③ 避免直接使用未知来源的移动介质和软件，使用前应使用防毒杀毒软件扫描该移动介

质和软件是否安全。

④ 使用正版软件，不使用盗版软件。

⑤ 对重要的数据进行备份。

即使做到以上各种预防措施，计算机也难免会感染上病毒。用户可以通过工具软件自动检测、人工检测等方法判断计算机是否感染病毒，及早发现和清除病毒，避免造成损失。工具软件自动检测是使用专门的检测软件进行检测，人工检测对用户的专业素质要求较高，但可以通过一些现象来大致判断计算机是否感染病毒。例如，计算机系统启动异常、系统运行速度异常或系统无故死机、磁盘空间迅速变小、文件无原因地发生变化（如大小、日期变化等）、有特殊文件自动生成、文件夹打不开、防毒杀毒软件无法使用或安装、正常的外部设备无法使用等。

计算机病毒会对计算机系统造成不同程度的损害，当计算机系统感染病毒后，应借助相关防毒杀毒工具及时对其进行清除，尽可能地恢复被病毒破坏的文件和数据。当前，随着人们对信息安全的重视程度越来越高，防毒杀毒工具也得到了快速的发展和应用，很多厂商开发出了高效的防毒杀毒软件产品，多数产品兼具防病毒、检测病毒和清除病毒功能。国内知名的防毒杀毒软件有 360 安全卫士、腾讯电脑管家等。

3. 信息安全相关法律法规

一直以来，我国也十分关注计算机与网络使用过程中的道德与法律问题，并通过立法方式建立了一系列的法律法规和一些有关计算机网络和信息安全方面的规范。党的二十大报告指出，网络和数据是国家安全保障体系的重要组成部分，必须坚定不移贯彻总体国家安全观。在使用计算机的过程中，要遵守的相关法律法规和道德规范，主要体现在以下几个方面。

① 有关网络空间安全方面。《中华人民共和国网络安全法》《中华人民共和国数据安全法》等，全面规范网络空间安全管理方面的问题，保护公民、法人和其他组织的合法权益，促进经济社会信息化健康发展，更好地保障网络安全，维护网络空间主权和社会公共利益、国家安全。

② 知识产权方面。《中华人民共和国著作权法》《计算机软件保护条例》等法律法规，要求计算机用户抵制盗版，尊重知识产权，不进行非法复制，不篡改他人计算机的系统信息资源等。

③ 计算机安全方面。相关道德规范要求计算机用户不蓄意破坏计算机系统和资源，不制造病毒程序，主动安装防毒软件，不泄露信息系统安全口令，定期进行系统维护等。

④ 网络行为规范方面。相关道德规范要求计算机用户不得利用互联网制作、下载、复制、查阅、发布、传播或者以其他方式使用含有泄露国家机密，破坏国家统一和主权完整，侮辱诽谤他人和宣扬封建迷信、淫秽色情、暴力恐怖等内容的信息，不得利用网络攻击他人的计算机系统等。

4. 使用工具软件保障信息安全

（1）使用 360 杀毒软件查杀计算机病毒

【任务 1】安装和设置 360 杀毒软件，并全面查杀计算机病毒。

步骤 1：从 360 官方网站上下载 360 杀毒软件，然后双击下载的安装包（.exe 文件），按安装向导完成软件安装。

步骤 2：单击 360 杀毒软件右上角的“设置”命令，打开“360 杀毒-设置”对话框，如图 12-1 所示。

步骤 3：在“360 杀毒-设置”对话框中进行相关功能的设置。

① 在“常规设置”选项卡中选中“登录 Windows 后自动启动”复选框，设置 360 杀毒

软件随 Windows 自动启动。

图 12-1 “360 杀毒-设置”对话框

② 在“升级设置”选项卡中选中“自动升级病毒特征库及程序”复选框，设置 360 杀毒软件及其病毒特征库在线自动更新。

③ 在“多引擎设置”选项卡中选择相关引擎，设置 360 杀毒软件的查杀引擎。

④ 在“病毒扫描设置”选项卡中选择需扫描的文件类型、发现病毒处理方式、定时查毒等选项，设置 360 杀毒软件查杀病毒功能。

步骤 4：使用 360 杀毒软件全面查杀计算机系统病毒，如图 12-2 所示。

图 12-2 使用 360 杀毒软件全面查杀计算机系统病毒

（2）使用 360 安全卫士防护计算机系统

【任务 2】安装 360 安全卫士，并利用其进行计算机系统体检、查杀系统木马病毒、修复系统漏洞、清理系统垃圾、优化加速系统、开启系统防护等操作。

步骤 1：在 360 官方网站上下载 360 安全卫士，然后双击下载的安装包（.exe 文件），按安装向导完成软件安装。

步骤 2： 在软件主界面上单击“电脑体检”按钮，对计算机系统进行全面体检，并根据体检结果进行系统修复，如图 12-3 所示。

图 12-3　使用 360 安全卫士对计算机系统进行全面体检，并根据体检结果进行系统修复

步骤 3： 在软件界面上单击“木马查杀”按钮，对计算机系统进行木马扫描，并根据扫描结果进行操作。

步骤 4： 在软件界面上单击“电脑清理”按钮，对计算机系统进行垃圾检测，并根据检测结果进行垃圾清理操作。

步骤 5： 在软件界面上单击“系统修复”按钮，对计算机系统进行补漏洞、装驱动、修复异常等操作。

步骤 6： 在软件界面上单击“优化加速”按钮，全面加速计算机的开机和运行速度。

步骤 7： 在“电脑体检”界面，单击左下角的“防护中心”，打开“360 安全防护中心 6.0”窗口，在该窗口中进行防护设置等操作，如图 12-4、图 12-5 所示。

图 12-4　使用 360 安全卫士进行系统防护管理

图 12-5　使用 360 安全卫士锁定浏览器设置

二、熟知信息伦理与职业行为自律

涉及知识点：信息伦理的概念、信息伦理的 3 个层次、职业行为自律

1. 掌握信息伦理知识

信息伦理作为涉及信息开发、传播、管理及利用等多个维度的伦理要求、准则与规约，是调整人们之间以及个人和社会之间信息关系的行为规范的总和，又被称为信息道德。

（1）信息伦理的主观层面和客观层面

在主观层面，信息伦理主要体现为个体在信息活动中的道德观念、情感、意志和品质。这包括个体对信息价值的认同、对信息活动的责任感以及对信息隐私和安全的尊重。个体在信息活动中应持有诚信、公正和负责任的态度，避免利用信息从事不道德或违法的行为。

在客观层面，信息伦理则关注社会信息活动中人与人之间的关系及其行为准则。这包括信息的共享、传播和利用等方面应遵循的规范和标准。在信息社会中，个体应尊重他人的信息权利，遵守信息法规，并积极参与信息伦理的建设和维护。

（2）信息伦理的 3 个层次

信息伦理的 3 个层次为信息道德意识、信息道德关系、信息道德活动。

信息道德意识是信息伦理的第一个层次，是信息伦理的基石，涉及个体对信息活动的道德认知、道德情感和道德意志。个体应树立正确的信息道德观念，具备对信息活动的道德判断能力，并在信息活动中表现出诚信、公正和负责任的态度。

信息道德关系是信息伦理的第二个层次，主要关注信息活动中人与人之间的关系及其行为准则。在信息社会中，个体与他人之间的信息关系日益复杂，需要明确的信息道德规范来指导和约束。个体应尊重他人的信息权利，避免侵犯他人的信息隐私和知识产权，同时积极参与信息伦理的建设和维护。

信息道德关系是一种特殊的社会关系，这是信息伦理的最终体现，涉及个体在信息活动中的实际行为和表现。个体应遵守信息道德规范和准则，积极履行信息道德责任，避免从事不道德或违法的信息活动。同时，个体还应积极参与信息伦理的实践活动，如信息道德教育、信息道德评价和信息道德监督等，为信息社会的健康发展贡献力量。

信息伦理不仅关注个体在信息活动中的道德表现，还涉及社会信息活动中人与人之间的关系及其行为准则，是信息社会中不可或缺的一部分，确保了信息活动的公正性、诚实性和责任性。

2. 掌握并应用职业行为自律的要求

计算机职业行为自律是指计算机从业者应自觉遵守行业规范和规定，通过限制自身行为以避免从事不道德或违法的活动的一种职业准则。这一准则主要包括诚实守信、保护用户隐私和信息安全、遵循专业道德规范以及承担社会责任 4 个方面。在处理信息和数据时，计算机从业者必须保持诚实和守信，不得利用技术手段进行非法行为；同时，应采取必要的技术和管理措施，防止用户个人信息的丢失、泄露或滥用，并提醒用户加强自身信息安全意识。此外，从业者还应具备专业知识和技能，不断提升综合素质，并遵循行业道德规范，避免利用技术为非法或不道德的目的服务。计算机从业者还应积极参与社会公益事业，运用技术为社会发展作出贡献，关注和解决计算机安全和网络隐患问题，承担起应有的社会责任。

国际计算机协会（Association for Computing Machinery，ACM）制定过计算机职业道德相关规范。其具体内容是：你不应当用计算机去伤害别人，你不应当干扰别人的计算机工作，你不应当偷窥别人的文件，你不应当用计算机进行偷盗，你不应当用计算机做伪证，你不应当使用或复制没有付过钱的软件，你不应当未经许可而使用别人的计算机资源，你不应当盗用别人的智力成果，你应当考虑你所编制的程序的社会后果，你应当用深思熟虑和审慎的态度来使用计算机。

计算机职业行为自律中的一个重要的方面是网络道德。网络在计算机系统中起着举足轻重的作用。大多数“黑客”往往开始时是出于好奇违背了职业道德，侵入了他人的计算机系统，从而逐步走向计算机犯罪。网络道德以“慎独”为主要特征，强调道德自律。“慎独”意味着人独处时，在没有任何外在的监督和控制下，也能遵从道德规范，恪守道德准则。

2023 年中国网络文明大会发布《新时代青少年网络文明公约》（以下简称《公约》）。《公约》内容如下：

强国使命心头记，时代新人笃于行。
向上向善共营造，上网用网要文明。
善恶美丑知明辨，诚信友好永传承。
传播中国好故事，抒写青春爱国情。
个人信息防泄露，谣言蜚语莫轻听。
适度上网防沉迷，饭圈乱象请绕行。
远离污秽不炫富，谨防诈骗常提醒。
与人为善拒网暴，守好底线不欺凌。
线上新知勤学习，数字素养常提升。
网络安全靠你我，共筑清朗好环境。

《公约》是在新时代背景下针对青少年网络行为制定的道德规范和行为准则，对于促进青少年安全文明上网，推动网络文明建设，动员全社会共同营造一个纯净、优良的网络空间起到十分积极的作用。

12.3 项目总结

本项目主要介绍了信息素养、信息安全、信息伦理的概念，信息技术发展史，信息伦理和职业行为自律的基础知识和使用工具软件进行计算机系统安全防护等技能。

完成本项目的学习，读者了解了信息素养的基本概念和信息技术发展史，能利用工具软件保障信息安全，具备一定的信息安全防范能力，掌握信息安全和信息素养基本知识，明确不同行业内职业发展的共性途径和方法。

12.4 技能拓展

单项选择题

（1）下列不属于信息素养核心要素的是____。

A. 信息加密　　B. 信息知识

C. 信息能力　　D. 信息道德

（2）下列不属于信息安全基本特征的是____。

A. 完整性　　B. 保密性

C. 可控性　　D. 准确性

（3）以下安全问题不属于信息安全的是____。

A. 商业信息泄露　　B. 业务需求分析风险

C. 伪造篡改交易信息　　D. 网银资金被盗

（4）以下不是计算机病毒特征的是____。

A. 可预见性　　B. 潜伏性

C. 破坏性　　D. 隐蔽性

（5）为更好地保障网络安全，维护网络空间主权和国家安全、社会公共利益，保护公民、法人和其他组织的合法权益，促进经济社会信息化健康发展，我国制定的法律是____。

A.《中华人民共和国网络安全法》

B.《中华人民共和国国家安全法》

C.《中华人民共和国计算机信息系统安全保护条例》

D.《中华人民共和国计算机信息网络国际联网管理暂行规定》

（6）信息伦理在主观层面主要体现为个体的____道德特质。

A. 财富积累　　B. 权力追求

C. 道德观念、情感、意志和品质　　D. 社交技巧

（7）____不属于信息伦理的客观层面内容。

A. 信息共享的规范　　B. 信息传播的准则

C. 信息存储的技术　　D. 信息利用的标准